U0382856

青田稻鱼共生系统
生态学基础及保护与利用

陈　欣　唐建军　胡亮亮
　　　　　　　　　　　　等　著
吴敏芳　任伟征

科学出版社
北　京

内 容 简 介

稻鱼共生系统是人类利用稻田浅水环境将水稻和鱼类种养在同一稻田空间中的系统。分布在浙南山区的青田稻鱼共生系统具有千余年的历史，2005年被联合国粮食及农业组织等国际机构列为首批全球重要农业文化遗产保护试点。青田稻鱼共生系统的生态学效应和机制是什么？实现其可持续发展需要什么样的技术？本书的作者围绕这些问题展开了持续十几年的研究探讨。基于此，本书着重阐述了青田稻鱼共生系统的起源和发展及其依存的自然与社会条件、青田稻鱼共生系统的生态效应和机制、青田稻鱼共生模式的关键技术，并论述了青田稻鱼共生系统的保护及其对中国乃至全球可持续农业的启示意义。

本书可供大专院校、科研机构从事生态学研究的教师、学生和研究人员，以及广大从事农业生产的技术人员阅读、参考。

图书在版编目（CIP）数据

青田稻鱼共生系统生态学基础及保护与利用/陈欣等著. — 北京：科学出版社，2021.3

ISBN 978-7-03-066269-9

I. ①青⋯ Ⅱ. ①陈⋯ Ⅲ. ①稻田养鱼-研究 Ⅳ. ①S964.2

中国版本图书馆CIP数据核字（2020）第183567号

责任编辑：陈 新 尚 册 / 责任校对：郑金红
责任印制：肖 兴 / 封面设计：无极书装

科 学 出 版 社 出版

北京东黄城根北街16号
邮政编码：100717
http://www.sciencep.com

北京九天鸿程印刷有限责任公司 印刷
科学出版社发行 各地新华书店经销

*

2021年3月第 一 版 开本：720×1000 1/16
2021年3月第一次印刷 印张：14 1/2
字数：288 000

定价：**168.00元**

（如有印装质量问题，我社负责调换）

《青田稻鱼共生系统生态学基础及保护与利用》
著者名单

主要著者

陈　欣　唐建军　胡亮亮　吴敏芳　任伟征

其他著者（以姓名汉语拼音为序）

丁丽莲　傅勇毅　郭　梁　郭晓勇　季子钧

廖建利　王旭海　夏　琳　叶俊龙　叶莹莹

张　剑　赵璐峰　周静怡　朱旭荣　邹爱雷

主要著者简介

陈 欣 农学博士，教授，博士生导师。现任浙江大学生命科学学院生态学系主任，浙江大学生态研究所副所长；中国生态学学会农业生态专业委员会副主任，农业农村部全球/中国重要农业文化遗产专家委员会委员，中国稻田综合种养产业技术创新战略联盟专家委员会副主任。长期研究生物之间相互作用的生态学效应

及其在农业上的应用，在*Science*、*PNAS*、*Frontiers in Ecology and the Environment*、*Global Change Biology*、*Journal of Ecology*、*Soil Biology and Biochemistry*和*Agriculture, Ecosystems & Environment*等国际权威学术期刊上发表论文60多篇，撰写教材、著作10部，获得国家发明专利授权3件，获得国家科技进步奖二等奖、教育部科技进步奖一等奖、云南省科技进步奖特等奖、湖南省科技进步奖二等奖、江苏省科技进步奖二等奖及全球重要农业文化遗产保护与发展突出贡献奖等。其中，"稻鱼共生系统"的重要研究结果以封面论文发表于《美国国家科学院院刊》并受到国际同行的高度评价，国际著名学术期刊*Nature*也在其"研究亮点"栏目进行了报道。

唐建军 理学博士，浙江大学卓越教师、心平教学贡献奖获得者，全国优秀科技工作者，全国生态学优秀科技工作者。现任全国生态文明教育科学传播首席专家，中国生态学学会理事兼科普工作委员会执行主任，国家农产品产地重金属污染综合防控协同创新联盟常务理事，《农业环境科学学报》、《世界农业经济研究》、*Frontiers in Environmental Science*等

学术期刊编委。主要研究方向为农业生态学、修复生态学及生命科学哲学。先后主持国家自然科学基金、国家重点研发计划项目子课题等多项科研项目，主编《城乡生态环境建设原理与实践》《生态系统健康与生态产业建设》《生态学实验》《生态型种养结合原理与实践》等4部著作，在《美国国家科学院院刊》等国际学术刊物上发表论文50多篇，发表中文核心期刊论文90余篇，先后获得教育部科技进步奖一等奖、中国科学院科技进步奖二等奖、浙江省科技进步奖三等奖、全国农牧渔业丰收奖一等奖及浙江省农业农村厅科技进步奖一等奖等，获得国家发明专利授权3件，曾获"最美科

技人""最美科普人""中国生态学学会突出贡献奖""杭州市十佳科普志愿者"及九三学社中央委员会授予的"2011~2015年社会服务工作先进个人"等荣誉称号。

胡亮亮 生态学博士，浙江大学专职研究员。长期从事农业生态学研究，研究方向涵盖农业系统物种间相互作用、农业生物多样性与生态系统功能、粮食安全和农业可持续发展及稻鱼共生系统的生态机理。通过长期田间受控实验、稳定性同位素技术、整合分析和地理信息系统等研究手段，探索稻鱼系统的生态学原理和效应及其在我国南方的发展潜力。研究成果发表于*PNAS*、*FEE*、*AGEE*、*Agricultural Systems*等国际学术期刊。荣获浙江省自然科学学术奖一等奖、浙江省农业农村厅科技进步奖一等奖等科研奖励。

吴敏芳 浙江农业大学本科毕业，浙江青田县农业农村局农业技术推广研究员。一直从事农作物栽培、水稻良种等技术推广工作，自2005年以来主要从事重要农业文化遗产保护、山区稻鱼生态种养、青田田鱼种养等技术研究与推广工作，曾获青田县劳动模范、丽水市科学技术贡献奖、丽水市优秀科技工作者、浙江省农业科技先进工作者、中华农业科教基金会神内基金农技推广奖、全球重要农业文化遗产保护与发展突出贡献奖等。

任伟征 生态学博士，河南农业大学校聘副教授。长期从事农业生态学领域的研究，主要研究方向为农业生物多样性与生态系统功能、农业遗传资源保护及多样化种养体系养分循环规律。在攻读博士学位及博士后研究期间，以青田稻鱼共生系统为研究对象，通过整合分析、稳定性同位素技术、分子生物学和地理信息系统等研究手段，探索鲤鱼地方种"青田田鱼"的遗传多样性维持机制及稻鱼共生影响氮素循环的微生物学机制。研究成果发表于*PNAS*、*FEE*、*AGEE*等国际学术期刊。

序　一

　　稻鱼共生系统是中华传统可持续农业的优秀典范。青田稻鱼共生系统是中国乃至世界稻鱼共生系统的典型样板。

　　世界各民族在漫长的历史长河中，立足于禀赋各异的自然条件，在人与自然的协同进化和动态适应下，用勤劳与智慧创造出种类繁多、特色鲜明、经济与生态价值高度统一的土地利用系统。这些系统体现了自然遗产、文化遗产和非物质文化遗产的综合特点，独特的动态保护思想，以及农业可持续发展的理念。

　　但是，在经济快速发展、城镇化加快推进、现代技术应用广泛、经济全球化迅速推进的过程中，由于自然和社会的变迁，在短浅的实用主义的支配下，人们对农业遗产保护缺乏正确的认识与重视，一些重要农业文化遗产正面临被破坏、被遗忘、被抛弃的危险。因此，2002年联合国粮食及农业组织（FAO）提出了"全球重要农业文化遗产"（Globally Important Agricultural Heritage System，GIAHS）的概念，旨在建立全球重要农业文化遗产及其有关的景观、生物多样性、知识和文化保护体系，并在世界范围内得到认同与积极的响应。

　　2005年，FAO等国际机构启动了"全球重要农业文化遗产动态保护与适应性管理"项目，中国的稻鱼共生系统与来自智利、秘鲁、菲律宾、阿尔及利亚、突尼斯和摩洛哥的其他传统农业系统成为首批全球重要农业文化遗产保护试点。

　　转眼间，全球重要农业文化遗产项目已经实施了15年。目前，全世界范围内被列入GIAHS的农业系统有57个，涉及21个国家和地区，其中中国拥有GIAHS 15个，涉及13个省（市）。中国成为联合国粮食及农业组织推进和实施GIAHS最有成效的国家之一。这一丰硕成绩的取得，应该与中国的疆土幅员广阔、农业生态系统类型丰富多样、农业文化历史悠久、中国人民的勤劳智慧有着非常密切的关系，同时也与国内一大批农业生态学家的呼吁和努力密切相关。

　　青田稻鱼共生系统之所以能够被列入首批全球重要农业文化遗产，其中的理由和背景在其入选解说词里已经有比较全面的阐述。然而，这样的一个系统内部到底发生了哪些重要的生态学过程，又是以什么样的量化强度在持续发展，才使得这个别致的农业生态系统在千年传承中保持着"变又不变、不变又在改变"的传衍与发展过程，在青田和中国南方其他的山区传承发展到今天。

　　在21世纪的今天，世界农业生态系统正面临各种各样的、巨大而严峻的挑战。在当今全球经济、社会、科技、政治的发展形势下，稻渔共生系统如何进一步提升发展，从而实现在新时期新形势下充分扬长避短地发挥中国农村农业的优势以适应新的挑战，以及完善在发展生产中保护遗产、在保护遗产中发展，在保护中通过利用来发展、在发展中通过利用来保护这样一种GIAHS动态保护战略。这也是全世界所有包括GIAHS在内的农业生态系统面临的重大挑战。

陈欣、唐建军两位教授所领导的浙江大学农业与生态系统生态学实验室（他们常用"浙江大学101实验室"命名）成立25年来，坚持以农业生态系统为主要研究对象，围绕农业生态系统诸问题，以研究生物之间相互关系及其生态学功能为主要内容，以构建和推进农业生态系统稳定健康及持续优化产出为努力目标，取得了较为显著的成果。

从2005年起，他们开始重点关注和聚焦研究青田稻鱼共生系统，先后开展了稻鱼共生系统生态学过程及运行机制、稻鱼共生系统生物多样性维持机制（特别是农家保护）及其生态学效应、稻鱼共生系统氮素循环与肥力维持、稻鱼共生系统碳氮循环与温室气体排放、稻鱼共生系统自然与社会依存条件等方面的研究，持续进行了15年，培养了以稻鱼共生系统为研究对象的生态学专业博士后、博士研究生、硕士研究生、高级访问学者20余人，在*PNAS*、*Frontiers in Ecology and the Environment*等有较大影响力的学术期刊上发表论文30余篇，申请国家发明专利并获得授权和受理6件，创建稻鱼共生系统氮素循环虚拟仿真实验系统并获得国家认证。在国家农业部门的支持下，通过研究所揭示的青田稻鱼共生系统原理已广泛应用并深度融入国家稻渔综合种养体系的发展中，多类型的稻渔系统在中国南北各稻作区逐渐建立。本论著是以陈欣、唐建军所领导的研究团队在过去15年里对青田稻鱼共生生态系统进行研究所取得的成果为主要素材撰写而成的，是一部兼顾理论性、系统性与实践性的科学著作。

浙江大学农业生态学科团队是我国农业生态学研究的重要队伍之一。我与本书主要著者陈欣、唐建军两位教授相识多年，陈欣教授是由我曾担任主任委员的农业农村部全球/中国重要农业文化遗产专家委员会的委员；我和两位教授在生态学及农业环境科学领域也有交流交往，他俩都曾先后担任中国生态学学会第七届至第十届理事、农业生态专业委员会及科普工作委员会的副主任；在我担任《农业环境科学学报》主编时，唐建军博士也担任该杂志的编委并连任至今。基于此，我很乐意接受他们的邀请，为他们的新著撰写序言。

我相信，这本著作的出版对于GIAHS、中国优秀农业生态系统的保育与发展，以及农业生态学学科的发展，都具有重要的促进意义。

是为序。

李文华

中国工程院院士

中国科学院地理科学与资源研究所研究员

2020年2月15日于北京

序 二

起源于西方的工业化农业只有一百多年历史，尽管其农业生产力得到了很大提高，然而其不可持续性也显露无遗。联合国在2016年开启的《2030年可持续发展议程》反映了国际社会为实现可持续发展的最新共识。联合国粮食及农业组织分别在2014年和2018年两次召开生态农业国际研讨会，也在全球范围积极推进生态农业。在我国工农业生产和国民经济经过了一段高速增长之后，人们发现资源环境与生态安全代价不菲。为此，我国提出了生态文明建设发展战略。2017年中共中央办公厅和国务院办公厅发布《关于创新体制机制推进农业绿色发展的意见》就是国家决心推进农业生态转型的一个重要标志。陈欣、唐建军等所著《青田稻鱼共生系统生态学基础及保护与利用》一书的出版正是时候，能够给中国乃至国际社会的农业绿色发展和生态农业建设提供具体范例与深刻启迪。

我国传统农业经历了数千年的演替与进化，通过人与自然的长期相互作用，逐步在各地形成了尊重自然、顺应自然、保护自然、借鉴自然的一套农业生态系统模式与配套的农业技术体系。传统农业还培育出了以"天人合一""道法自然"为特色的中华农耕文明。当我们站在一个新的历史高度看待我们的过去，发现传统农业的模式与技术，甚至民间的礼仪习俗、乡规民约、文艺形态都有其深刻的理性内涵，值得我们在生态农业建设、乡村振兴、生态文明建设中不断发扬光大。2002年，联合国粮食及农业组织开始了全球重要农业文化遗产的认定工作，并且认为这是"关乎人类未来的遗产"。在已经认定的57个全球重要农业文化遗产中，我国就占了15个。浙江青田的稻鱼共生系统是我国也是全世界第一个被认定的全球重要农业文化遗产。2012年，我国也启动了重要农业文化遗产认定工作。到2019年，我国已经分4批认定了77个中国重要农业文化遗产。

如何让传统农业服务于未来？这是一个重要的问题。由于传统农业都是属于长年试错过程中逐步演化形成的民间实践，一直停留在经验层面，"知其然，不知其所以然"。如果我们不及时揭示传统生态农业模式背后的机理及其效应，就有可能让传统农业最宝贵的核心经验随着社会经济的发展而流逝，不能被继承，更不能被发扬光大。所幸，青田稻鱼共生系统得到了浙江大学陈欣和唐建军团队的长期关注和深入研究。团队的师生深入山区现场，在田间细致观察，入户与农民促膝交谈，多角度思考体系的各个方面，大胆提出各种科学假设，审慎确定研究方案。他们巧妙地使用了乡村社会调查、田间定点观察、农田对比试验、分子生物学分析、元素示踪技术等各种跨学科的传统和现代调查方法、分析方法与实验技术，由表及里，由浅入深，逐步揭示了稻鱼共生体系中稻与鱼及其他生物的复杂相互关系，如田鱼的遗传多样性与生活习性关系、水稻对田鱼生活环境与食物链的改善、田鱼对水稻病虫草害的抑制作用、稻鱼共生体系的养分流与能量流特征、稻田养鱼的产量效应与经济效益等。正是由于有了对传统农业体系的这些机理与规律的认识，作者进一步提出了在现代社会经济条件下不同区域优化稻田养鱼体系的关键技术措施。在研究其他传统农业模式与生态农业案例时，这种研究思路值得借鉴。

该书作者摒弃急功近利思想，沉得住气，坐得住"冷板凳"。他们立足中国农业的实际，用跨学科的方法手段，全方位揭示传统生态农业体系的结构、功能、效益，最终让稻鱼共生生态学研究成为一个高水平的研究案例，不仅在国际著名科学刊物上发表了高水平论文，还为国内稻田养鱼推广提供了扎实的科学基础与具体的实践指导。

《青田稻鱼共生系统生态学基础及保护与利用》作为该团队多年研究的结晶终于问世了，值得我们祝贺！值得我们好好"品味"！

骆世明

华南农业大学生态学教授、博士生导师

华南农业大学原校长

2020年1月21日于广州

前　言

　　稻鱼共生是人类利用稻田浅水环境将水稻和鱼类种养在同一稻田空间中。传统稻鱼共生系统在我国南方山丘区（浙江、福建、广东、江西、湖南、广西、贵州和四川等）均有分布。但随着现代农业的发展，有些区域的稻鱼共生系统逐渐消失。分布在浙南地区的青田稻鱼共生系统具有1200年以上的历史，2005年被联合国粮食及农业组织等国际机构列为首批全球重要农业文化遗产之一。

　　稻鱼系统是我国传统农业中的精髓之一。青田稻鱼共生系统是中国乃至世界稻鱼共生系统的典型样板，揭示其可持续维持机理可为现代集约化农业的发展提供借鉴。著者实验室自2005年起，围绕青田稻鱼共生系统的生态学功能及其机理、青田田鱼遗传多样性及其维持机理、保护与提升青田稻鱼系统的关键技术环节和途径、青田稻鱼系统的应用潜力等方面进行了深入研究，其间得到了973计划（2011CB100400、2006CB100206）、"十三五"国家重点研发计划项目（2016YFD0300900）、国家自然科学基金国际重点合作项目（NSFC-CGIAR）（31661143001）、国家自然科学基金面上项目（31270485、31770481）和国家自然科学基金青年科学基金项目（31500349）、环保公益性行业科研专项（201009020-04）、农业部优势农产品重大技术推广项目、浙江省优先主题重点项目（2008C12064）、浙江省农业厅三农六方农业科技协作项目、浙江大学新农村发展研究院农业技术推广专项资金和地方政府科技项目的支持。上级有关部门对稻渔共生研究的持续支持与资助，也是著者实验室能够取得些许成果的重要保障。

　　本书是对著者实验室15年来有关稻渔共生生态学研究的一个初步总结。有关稻鱼系统的研究，我们已经在国内外具有较高影响力的学术刊物上公开发表论文30多篇，参与制订国家行业标准1项，获国家发明专利授权2件，软件著作权1件，经过国家认证的基于稳定性同位素技术的生态系统氮素运转虚拟仿真实验系统1套，相关博士后出站报告、博士学位论文、硕士学位论文和学士学位论文19篇，形成地方标准4项。

　　本书共六章。第一章主要论述青田稻鱼共生系统的起源与发展，从自然环境与社会经济的特征分析了青田稻鱼共生系统依存的条件。第二章阐述青田稻鱼共生系统的生产力（生物产量和经济生产力）、土壤维持效果，以及稻鱼系统生产过程对环境的影响。第三章分析了青田稻鱼共生系统中保育的田鱼生物多样性和水稻品种多样性，阐述了田鱼生物多样性的维持机制及其生态学意义。第四章从生物种间和种内关系的角度，论述青田稻鱼共生系统如何应用生物多样性（物种和遗传的多样性）来利用当地资源、产出稻鱼生物产量和维持系统的稳定。第五章在阐述稻鱼共生系统传统经验的基础上，从提升和保护青田稻鱼共生系统相结合的角度，论述探讨可持续关键技术的一些实验研究结果。第六章探讨了传统稻鱼共生系统及其存留的遗传多样性，并从传统农业保护的角度，论述借鉴全球重要农业文化遗产——青田稻鱼共生系统保护的经验，开展南方地区各类传统稻鱼系统的保护；同时，从推广潜力的角度分析了我国南方稻作区发展稻鱼系统的潜力及其对全球稻作区的启迪。

全书主要由陈欣、唐建军、胡亮亮、吴敏芳、任伟征撰写，丁丽莲、傅勇毅、郭梁、郭晓勇、季子钧、廖建利、王旭海、夏琳、叶俊龙、叶莹莹、张剑、赵璐峰、周静怡、朱旭荣、邹爱雷等参加了部分内容的撰写，最后由唐建军、陈欣统稿。由陈欣、唐建军领衔的浙江大学生命科学学院101实验室稻鱼共生生态学方向先后毕业的博士研究生谢坚、胡亮亮、任伟征、郭梁、张剑，硕士研究生韩豪华、王寒、吴雪、李娜娜、丁伟华、孙翠萍、唐露、王晨，以及生态学专业本科生王宁婧、张恩涛、赵邦伟、王子豪、林思琪等的学位论文工作，也为本书的成稿提供了大量的基础性研究数据。本书中很多一手研究数据都是首次公开发表，使得本书具有较高的学术含金量。

值本书出版之际，特别感谢青田县人民政府、青田县农业农村局十几年来对我们研究工作给予的大力支持，青田县农业农村局为本书的出版提供了资助。同时，感谢青田县仁庄镇人民政府和方山乡人民政府、永嘉县农业农村局、景宁畲族自治县（后文简称景宁县）人民政府、瑞安市人民政府与丽水市有关部门、青田县其他有关乡镇政府及农民朋友、企业家等在田间试验研究和野外采样工作中所提供的各种帮助。此外，著者研究团队特别感谢中国科学院地理科学与资源研究所李文华院士、闵庆文研究员及刘某承博士对著者团队自2005年起开展青田稻鱼共生研究以来一直给予的指导和帮助，特别感谢李文华院士在百忙中为本书撰写序言。特别感谢华南农业大学原校长、著名生态学家骆世明教授在百忙中为本书撰写序言，感谢他一直以来对著者及所在实验室所给予的学术上的指导和精神上的鼓励。两位先生的亲笔作序，是对著者团队稻渔共生生态学研究工作的莫大鼓励和支持。

著 者

2020年2月18日

目　　录

第一章　青田稻鱼共生系统概述

稻鱼共生是人类利用稻田浅水环境将水稻和鱼类种养在同一稻田空间中。传统稻鱼共生系统在我国南方山丘区（浙南、闽北、粤北、湘西南、桂北和黔东南等）均有分布。但随着现代农业的发展，有些区域稻鱼共生系统逐渐消失。分布在浙南地区的青田稻鱼共生系统具有1200年以上的历史，而且持续实践至今，2005年被联合国粮食及农业组织（FAO）评选为首批全球重要农业文化遗产（GIAHS）之一。了解青田稻鱼共生系统的起源与发展演变，分析青田稻鱼共生系统所依存的自然与社会经济条件，将有利于青田稻鱼共生系统的保护、提升和在其他相似区域的应用。

第一节　青田稻鱼共生系统的起源与演变

一、青田稻鱼共生系统的界定

本书所提及的"青田稻鱼共生系统"，是一种重要的传统农业生态系统。该系统不仅包括稻田中的水稻、田鱼、其他各类伴生生物，以及土壤、水体、近田大气，也包括该系统相关的耕作制度、农艺体系及社会经济体系。本书所提及的"青田稻鱼共生系统"，指的是浙江省南部瓯江全流域包括青田、永嘉、瑞安、景宁、莲都、龙泉、松阳、云和等甚或缙云、仙居等地（即不仅仅限于行政区域上的青田县域）的农民，于水稻生长季节，借助稻田水体，利用水稻田中的各类生物资源和空间，养殖一些性情相对温和的田鲤鱼成为稻田产出的一个重要部分的生产系统类型。稻鱼共生系统的鱼，在非水稻生产季节，可以在稻田及非稻田的其他水域（包括小型淡水池塘、人工鱼凼及房前屋后的各种水体）里完成其他生长阶段。

而在中国南方（这里泛指长江流域及其以南）稻作区存在各种类型的稻鱼共生系统，在原理和实践上，基本具有类似的起源过程，但在沿用的水稻品种和田间养殖的水生生物种类方面，可能存在一些区别（如浙南山区的青田田鱼，武夷山区的禾花鱼，粤北山区的稻花鱼，湘西南、桂北的禾花鱼，黔东南的荷包鱼，等等），即使属于同一物种（鲤鱼 *Cyprinus carpio*），体型、体色往往都有可区分的差异存在，但这些鱼类的习性都表现出对稻田浅水条件的适应，在浅水下表现出相对的行为安定性，性呆驯，不爱跳跃，不易逃逸（在很多地方被称为"笨鱼""呆鱼""傻鱼""静鲤"等，不会因为浅水而躁急挣扎奔跃），而由于在人放天养的生产模式下，这些在稻田里与水稻生长相伴随、养殖密度又比较低的田鱼，又普遍地表现出鱼肉无泥腥味、肉质有韧性、鱼鳞柔软可食（部分西南山区百姓在人放天养情况下还有食其全部内脏的情形）等共同特点。所以，青田稻鱼共生系统只是世界各种稻鱼共生系统中的一个代表，并不是唯一的历史遗存和孤立的文化存在。至于青田稻鱼系统是否确实像某些学者所认为的那样，是中国南方稻作区所有稻鱼系统的共同原始祖先，倒是值得进一步商榷。

二、青田稻鱼共生系统起源的历史考证

稻鱼共生系统是劳动人民通过生产实践积累而凝聚出来的劳动智慧结晶，同时也是一项包含人类智慧和自然过程共同作用、不断优化的传统农业系统。2005年6月，"青田稻鱼共生系统"被联合国粮食及农业组织、联合国开发计划署（UNDP）、全球环境基金（GEF）共同列入首批全球重要农业文化遗产保护项目，以对受到威胁的传统农业文化与技术遗产进行保护。笔者认为，和其他比较传统的劳动生产方式与系统一样，稻鱼共生的起源存在两种观点，即"单元论"和"多元论"。目前，主流的观点是以游修龄先生的"单元论"为代表，认为南方的稻鱼共生系统（甚至包括贵州黔东南的侗族、苗族的稻鱼鸭系统，以及广西某些地区的稻鱼共生系统等）都起源于吴越地区越人的"饭稻羹鱼"生活方式，并在社会因素驱动下向南往西迁徙后随生活习惯带入和演变。但笔者认为，稻鱼共生系统本身的起源如同其他文化一样，可能在世界各地具有多域起源性，同时又是多域起源相互作用的结果。对于稻鱼共生系统，更有可能是多域起源，也就是说，很可能在数千年前的南方植稻地区，同时都有稻田养鱼的尝试与实践，并不一定只有吴越地区是原生起源地。当然，因朝廷平叛边远地区动乱，随部队屯兵驻扎而带入更先进、更发达、更成熟的稻田养鱼的经验，并对原来的稻鱼共生做法进行改进也是完全有可能的。

例如，贵州安顺屯堡文化便是明朝征南队伍传播的结果。据史料研究，贵州安顺屯堡文化系明代从江南（尤其是皖南徽州）随军或经商到滇、黔的军士、商人及其家眷生活方式的遗存。随着岁月的变迁，安顺一带的屯堡人仍奇迹般地保存着600年前江南人的生活习俗，其民居、服饰、饮食、民间信仰、娱乐方式无不具有600年前的文化因子，这种屯堡文化说明了远在西南的贵州屯堡文化和地处江南的皖南徽州存在确实的内在联系。屯堡文化源于朱元璋大军征南和随后的调北填南。明洪武十三年，云南梁王巴扎剌瓦尔密反叛。第二年，朱元璋派大将傅友德和沐英率30万大军征南，经过3个月的战争，平定了梁王的反叛。经过这次事件，朱元璋认识到西南稳定的重要性，于是命令30万大军就地屯军。这一屯，就屯出了悠悠600年的"明代历史活化石"。《安顺府志·风俗志》载有"屯军堡子，皆奉洪武敕调北征南……散处屯堡各乡，家人随之至黔""屯堡人即明代屯军之裔嗣也"。在今天的安顺，许多大家族的族谱的记载均与史料相同。《叶氏家谱》载："自明太祖朱元璋洪武初年被派遣南征……。平服世乱之后……令屯军为民、垦田为生。"在漫长

的岁月中，征南大军及家口带来的各自的文化与当地文化融合，经过600多年的传承、发展和演变，"屯堡文化"因此而形成。屯堡文化既有自己独立发展、不断丰富的历程，也有中原文化、江南文化的遗存；既有地域文化的特点，又有中国传统文化的内涵。一方面，他们执著地保留着其先民们的文化个性。另一方面，在长期的耕战、耕读生活中，他们又创造了自己的地域文化：屯堡人的语言经过数百年变迁未被周围的语言同化；屯堡妇女的装束沿袭了明清时期江南汉族服饰的特征；屯堡食品具有易于长久储存和收藏、便于长期征战给养的特征；屯堡人的宗教信仰与中国汉民族的多神信仰一脉相承；屯堡人的花灯曲调还带有江南小曲的韵味；安顺一带农村抬汪公时的地戏（屯堡地戏）与明嘉靖年间的《徽州府志》记载的徽州绩溪迎汪公（如今在安徽绩溪岭北一带仍然有"抬汪公"的民间活动）的"设俳优、狄、胡舞、假面之戏"应是一脉相承（黄来生，2011）。由此可见，即使在其间有遥远距离间隔的两地，由于人为的原因，文化、生活、生产方式之间仍存在着可能的渊源。

因而远在广西、贵州、湘西等地的稻鱼共生系统也许同屯堡文化一样，夹杂着当年江南部队驻守边疆、与当地土著文化相交相融的结果；而对于位于浙江南部山区的稻鱼共生系统，则可能是吴越地区越人躲入山中避难后将"饭稻羹鱼"文化繁衍传播与改进的结果。这就是稻鱼系统单元起源后辐射传播的观点。

但是，稻鱼共生系统的多元起源观点或许有更多史料的支持。据史料记载，东汉时期（公元25—220年），汉中、巴蜀等地流行稻田养鱼，当地农民利用两季田的特性，把握季节时令，在夏季蓄水种稻期间放养鱼类，或利用冬水田养鱼。考古工作者在汉墓中，陆续发现水田模型多件：如四川新津宝子山水田模型，田中横穿一条沟渠，渠中有游鱼；绵阳新皂水田模型，田分两段，中有鱼和泥鳅；陕西勉县出土的东汉陶稻田模型，田面中有泥塑的草鱼、鲫鱼等。四川新都出土的画像砖有农夫水田劳作的场景，脚下也有鱼儿游动于水中。成书于1700多年前的《魏武四时食制》明确记载："郫县子鱼，黄鳞赤尾，出稻田，可以为酱"。"子鱼"即小鱼，"黄鳞赤尾"指的是鲤鱼的体色特征。唐代刘恂在《岭表录异》中记载有广东西部山区农民利用草鱼食草习性熟田除草的情形："新泷等州山田，拣荒平处，以锄锹开为町畦。伺春雨，丘中贮水，即先买鲩鱼子散于田内，一二年后，鱼儿长大，食草根并尽，既为熟田，又收鱼利，乃种稻，且无稗草，乃齐民之上术也。"养鱼治田，一举两得，开创了我国生物防治杂草的先河。宋元时期稻田养鱼继续发展，至明代，一些地区已开展了大面积稻鱼轮作。例如，明万历元年（1573年），广东《顺德县志》谈到当地稻田养鱼，"圃中凿池养鱼，春则涸之插秧。大则数十亩"。这说明明清时期稻田养鱼在我国南方进一步扩展，并且达到了相当的规模。民国时期，虽战乱频仍，但稻田养鱼的传统并未丢弃。据《桂政纪实》所载，20世纪30年代仅广西部分地区稻田养鱼面积就不下20万亩（1亩≈666.7m²，后文同），年产田鱼四五百万斤（1斤=0.5kg，后同），其中横县、贵县年产量在百万斤以上。放养的鱼种以鲤鱼为主，其中"禾花鲤"为广西桂平特产，其产量占养鱼产量的90%。

　　稻田养鱼的事实肯定远早于文字记载的出现。根据这些业经考证的史料证明，对照考古发掘和历史文献，可以肯定，最迟东汉时期，我国已经开始稻田养鱼了，也就是说，稻田养鱼在中国应该有近2000年的历史。当时饲养的品种有鲤鱼、鲫鱼、草鱼、鲢鱼、鳙鱼、泥鳅等多种。养殖区域在四川盆地、陕西、两广等地。由此可见，发源于多地的可能性完全存在，各个地域之间未必是直接学习模仿的结果，更多的可能是当地百姓有意识地探索或者偶然发现并发展起来的。另一个比较肯定的现象是，稻田养鱼在我国川、陕、黔、桂西部山区要比东部平原更普遍，山丘地区比江南水乡及沿海地区更普遍，且或许流行得更早。

　　包括江浙一带在内的长江下游地带，由于多数属于水系下游冲积带，土地相对肥沃，加上江南地区水热条件一直良好，是中国最重要的农业与农耕文化起源地之一（与中原地区的黄河文明属于并列平行的文化起源）。这个长三角地区在历史上属春秋时期的吴越国，越族在这里土生土长。古越族是以种植水稻及渔猎为生的民族，种稻和捕鱼同为生产生活的必要部分。新石器时代（距今10 000年至5000年），越人即从事网罟活动。越地河姆渡遗址出土有木桨、陶舟、结网工具和多种鱼骨。2019年7月6日被列入《世界遗产名录》的中国良渚古城遗址内，也发现在公元前3300年至公元前2300年期间，在长江下游区域存在着一个以稻作农业为经济支撑的、出现明显社会分化和具有统一信仰的区域性国家——良渚古国，独木舟和船桨表明捕鱼也是其重要的劳动生产内容之一。绍兴马鞍凤凰墩出土文物中，有公元前2000年左右的陶网坠。春秋末（公元前500年左右），越大夫范蠡开创了中国堰塘养鱼历史，撰写出世界上第一部养鱼专著《养鱼经》，记述"夫治生之法有五，水畜第一"的养鱼生产实践。汉代司马迁（公元前100年前后）在《史记·货殖列传》中形容"楚越之地，地广人稀，饭稻羹鱼，或火耕而水耨"。所谓"火耕水耨"是形容稻作技术较粗放，而"饭稻羹鱼"（主食为米饭，烹鱼为菜佐餐，谷物与鱼鲜搭配，能量和营养搭配均衡）是对古越人生活方式极好的概括。当然，这里的"饭稻羹鱼"的鱼，不一定是稻田里的鱼，更有可能是水源丰富的江南水网（江河、湖泊）所捕捞的淡水鱼，因为水源及水产丰富，所以吃饭就鱼俨然成为习惯。

　　沧海桑田，朝代更替。古越人经越灭吴、楚灭越、秦灭楚、汉灭秦的巨大变化，一大部分被迫北迁同化于汉族，留下的越人中，一部分往东逃到沿海岛屿，被称为外越；或向西南内地迁徙，抵达今西南广西、贵州一带，定居下来，被称为"百越"的后裔。在吴越原地未迁移的越人，因不愿受外来统治，纷纷逃到江、浙、皖一带的深山里，被称为山越。永嘉、青田曾为山越的分布地。当山越被迫逃进山区后，他们原先"饭稻羹鱼"生活中的河海鱼鲜失去来源，原有的生活方式难以为继，爱食鱼鲜的越人就会遍地找鱼来补充他们现实和精神上的亏空。"稻田养鱼"可以看成是山越对"饭稻羹鱼"的应变和创新。在山区种植水稻,可以利用山涧的流水和自然降雨获得保障,但食鱼如果只限于山溪水涧里的少量鱼类,不仅量少,而且对于生活在半山腰的住民,去山涧捕鱼难度也是不小,无法满足其需要,因而想到将它们放养到稻田里繁殖,也是一种很有可能的有意尝试。经过反复的试养和驯化,终于从鲤鱼中选出一种适合稻田饲养的"田鱼",这个"适合"主要是指鱼种对稻田浅水环境的适应,以及鱼类生长与水稻生长的季节吻合(当水稻生长季结束时鱼体大小和品质也到了最适合食用的阶段)。浙江大学农史学家游修龄先生通过对吴越"饭稻羹鱼"历史的分析,推断浙江永嘉、青田等县的稻田养鱼历史可追溯到两千年前吴越国的饭稻羹鱼的传承与发展,至少在三国时期(公元220—280年),要比一般认为的1200年的历史更加悠久。这个1800年左右历史的时间推论,是可信的,也是对全国范围的稻田养鱼发展历史而言应该接受的起源观点。

稻田养鱼一直是永嘉县的优势传统产业。据考证,"乾口村居民依山结室,垒石为用,历史祖传稻田养鱼,始于三国"(距今应该也有1740年以上的历史)。唐僖宗(公元873—888年)时,"传输青田、仙居等县"。明洪武二十四年(1391年)《青田县志》记载:"田鱼有红、黑、驳数色,于稻田及圩池养之。"说明最迟到公元800年浙江青田就已开始稻田养鱼。清光绪《青田县志》中亦有"田鱼,有红、黑、驳数色,土人在稻田及圩池中养之"的记载。当然,载入史册的时间总比事件的初始发生要晚得多,与人类健康生活有关的技术改进更是会等到技术相对成熟可靠时才会被写入地方史志中。所以,书中记载年份是最迟发生时间。

在明清至民国时期的文献(表1-1)中,浙江的稻鱼共生或轮作在史料中多有提及。这一技术在当时的江浙一带广泛应用,已经形成粗放的技术模式。养殖品种主要为田鱼和泥鳅。养殖方式主要为稻鱼共生,投入鱼苗后任其自然生长,四月至八月均可收获。收获鱼类时利用竹篾等编织的篮子放饵诱之。除鱼类外,田螺、蛙、毛蟹等一些水生生物也见于稻田饲养。史料的分区考察证明,青田的稻田养鱼是原生的文化现象,且清中期以后,农人稻田养鱼已不仅为自给,同时也进行一定数量的市场交易以获得一定的收益。

表1-1　明清至民国时期青田及周边地区的稻田养鱼(焦雯珺和闵庆文,2015)

年代	品种	养殖技术	史料	出处
明洪武	田鱼	养于稻田或人工圩塘之中	田鱼有红、黑、驳数色,于稻田及圩池养之	《青田县志》
清嘉庆	泥鳅	养于浅水田	鰌生下田浅淖中,似鳝,俗呼泥鳅	《西安县志》转引《正字通》
清光绪	田鱼	养于稻田或人工圩塘之中	田鱼,有红、黑、驳数色,土人在稻田及圩池中养之	《青田县志》卷四《风土·物产》

续表

年代	品种	养殖技术	史料	出处
清光绪	泥鳅		泥鳅,捕者亦多,夏秋之交与野塘及晚秋稻田者捕之	《汤溪县志》卷六《食货》
民国	田鲤	稻鱼共生或塘养	鲤鱼,河、溪皆有,畜池塘中。……又一种春售鱼秧,似针,放畜稻禾水田。及秋,取之,可十两许。若放池塘中,迟之又久。大者可二三斤,较河鲤色稍黑,肉略肥,味亦相近。俗谓之田鲤鱼	《宜平县志》卷五《实业志》
民国	泥鳅	篾笼盛饵料捕捉泥鳅	(鳝鱼)……土人以小篾笼内纳芳香饵少许,夜放水田中,次早收售,自四月至八月颇有利	《宜平县志》卷五《实业志》
民国	鲇鱼		北区胥村鲇鱼山脚最多,簇聚水田。四五月间,往往千百成群,经冬则无	《建德县志》卷二《实业志》

综上所述,青田稻鱼共生系统的形成与发展,是古代劳动人民出于不断改善生活的需要(山区动物蛋白供应相对短缺,从浅水稻田捕鱼要比从山里打猎获取动物蛋白要安全得多,也可靠得多),根据自然现象(沟渠和浅水水面常有一些野生鱼类自然生存,塘鱼也有可能随着灌溉水进入稻田而生存,其他水面所捕获的鱼类不小心漏落到稻田中……),传承着祖先的生活方式(一些因战乱或者其他因素被迫迁入山区的原平丘地区越族住民因对"饭稻羹鱼"的留念与传承而主动开展适合稻田的田鱼的选择和驯养),结合南方稻作区自然降雨充沛、水热资源相对良好、梯田技术相对发达、民风相对淳朴等自然和社会经济条件,逐渐演化发展起来的适合南方山区自然条件、满足山区人民日常生活需求的一种农业生产系统。这种以人放天养、不追求亩产的稻鱼共生方式,在我国气候温和湿润的南方山区(北纬30°及以南山区)应该有比较广泛的自然存在,而不一定是人为推广的结果。

当然,山区稻鱼共生模式中的鱼类,虽然以田鲤鱼最为常见,但稻田放养泥鳅或者其他耐浅水的鲇鱼等,也是同样存在的。

之所以反复强调稻鱼共生模式主要在南方山区而很少在南方平原地区稻田或者北方稻田中,一是因为稻鱼共生模式从生态学角度来说,最适合在山区稻区而不适合在平原地区(这一点将会在后面的章节中详细论述);二是从社会经济角度,平原地区由于地下水位高,水资源相对更加充沛,其他水生动物类资源更加丰富,稻鱼共生存在的需求优势并不明显。本书则以青田稻鱼共生系统为主要对象展开描述和讨论。

三、青田稻鱼共生系统面积和产量发展过程

新中国成立以前,浙江省稻田养鱼主要集中在浙南山区。据统计,新中国成立前夕,丽水地区稻田养鱼分布在7个县(市)24个区101个乡,养殖面积约为

2200hm²，约占浙江省稻田养鱼养殖面积的75%，而青田县养殖面积达1333hm²，约占全省的45%。新中国成立以后，青田稻鱼共生系统的发展可以划分为3个明显不同的时期。

（一）新中国成立后至改革开放开始期间，以传统稻鱼系统为主

青田县域内，稻鱼共生系统的面积和单产不断变化（图1-1）。1949年，稻田养鱼1万亩，产鱼25t；1958年，稻田养鱼3万亩，产鱼105t；1977年，稻田养鱼2.5万亩，产鱼75t。这段时期基本上沿用传统的"人放天养"稻鱼共生模式，依赖传统经验生产，管理相对粗放，田鱼产量低（5kg/亩以下）。这种模式虽然生产力低下，但环境压力小，属于可持续的状态。

图1-1 青田稻鱼系统面积和产量变化（1949～2018年）

（二）改革开放至20世纪末，田鱼生产逐步发展

1978年12月改革开放之后，我国逐渐落实家庭联产承包责任制后，稻田养鱼面积和产鱼量逐年上升。随田养鱼、自养自得的政策鼓励了农民实行稻田养鱼的积极性，稻鱼共生生产规模和生产水平稳步发展。1979年，青田全县稻田养鱼3万亩，产鱼78t，平均亩产2.6kg；1985年，稻田养鱼7.56万亩，产鱼580t，平均亩产7.67kg；2000年，稻鱼种养10万亩，产鱼1930t，平均亩产19.3kg。为使青田稻鱼共生产业实现规范化实施与管理，1998年地方部门制订并发布了青田县地方标准《稻田养鱼》（DB 332522/T 001—1998）。

（三）2000年后，稻鱼共生，水稻与田鱼并举，农业文化旅游融合发展

2000年以后，虽然稻鱼系统的面积出现波动，但田鱼的单产因技术改进而大幅度提升。尤其是2005年稻鱼共生系统被联合国粮食及农业组织列为首批全球重要农业文化遗产后，浙江大学稻鱼共生生态学研究团队等多方科技力量及时加入提升青田稻鱼共生技术体系的产业中，青田的稻鱼共生产业进入了一个崭新的阶段。2010年，

在农业部的规划指导下，中国掀起了新一轮的稻田综合种养新浪潮，青田稻鱼共生产业也随之受到社会大环境的影响进入新时期，经营模式和产量水平都有了较大变化。

2005年，稻鱼种养7.36万亩，产鱼1361.6t，平均亩产18.5kg；2010年，稻鱼共生5万亩，产鱼1150t，平均亩产23kg；2014年，稻鱼共生4万亩，产鱼1300t，平均亩产32.5kg；2018年，稻鱼共生4.85万亩，产鱼1697.5t，平均亩产35kg。

青田县的稻田养鱼主要集中在方山、小舟山、吴坑、章旦、金田、季宅、仁庄等乡镇。养鱼规模200hm²以上的有方山、小舟山、吴坑3个乡；规模在133~200hm²的有季宅、贵岙、前仓、金田、章旦、外旦6个乡；规模在66.7~133hm²的有石溪、仁庄、山口等16个乡镇。其中方山乡稻田养鱼历史最久，全乡有水田385hm²。1979年以前，稻田养鱼规模在133hm²左右，年产量约5t，折合亩产2.5kg。1982年，养鱼规模增加到327hm²，产鱼27t，折合亩产5.50kg。方山农民有熏晒田鱼干的传统，逢年过节、请客送礼，视为珍品。小舟山乡养鱼规模发展最快，全乡有水田273hm²。1979年，养鱼200hm²，平均亩产2.5kg。1983年，养鱼240hm²，产鱼32.5t，折合亩产9.03kg。

稻鱼共生田鱼产量稳步提高有赖于综合种养技术体系的不断改进和完善。进入21世纪后，农业和水产技术人员进一步对传统稻田养鱼技术进行了改进和总结，推广了"稻萍鱼""垄畦法"等技术。在传统稻鱼系统核心理念不变的前提下，推广"改进稻田基础设施，提升稻田水位，配套投放大规格鱼种，人工投喂饲料，适当控制水稻种植密度和平衡健康养殖"技术，稻鱼共生标准化生产推行。2009年，制订并发布了《青田田鱼》（DB 331121/T 004.1—2009）。这个时期的稻鱼共生产业总体特点：水稻为主、田鱼为副，田鱼苗孵化专业化。2014年，青田县又公布了迭代版的青田县地方标准《青田田鱼》（DB 331121/T 004.1—2014），以代替2009年发布的标准DB 331121/T 004.1—2009。2018年之后，又相继出台了《山区稻鱼共生技术规程》（DB 331121/ T 015—2018）等多个青田县地方标准。

稻鱼共生，水稻与田鱼并举，形成了许多新的模式，如"稻鱼系统+再生稻模式"，延长了水稻的生长期和稻鱼共生的时间，水稻对田鱼保护起着重要作用（吴敏芳等，2014，2016；唐建军等，2018）。"平坦地段稻鱼系统+沟坑模式"通过合理布局稻田空间，设计出适于田鱼活动和避难的沟与坑，可提高田鱼养殖密度和田鱼产量，同时不影响水稻生长和水稻产量（吴雪等，2010）。在地方政府的持续支持和农业经营主体的不断努力下，稻鱼共生、青田田鱼品牌建设得到大力推进，品牌建设又反过来进一步促进稻鱼共生产业的提升与发展。

四、青田稻鱼共生系统经营主体和产品的新发展

青田稻鱼共生系统传衍历史十分悠久，经过1200年以上的演化，到了20世纪中叶，以稻田为自然生产力的稻鱼共生系统基本成熟，各色田鱼也形成了比较稳定的遗传多样性群体，和传统农家水稻品种的适应性也达到了一种相对稳定的状态，田

鱼年自然收获量一般在75～150kg/hm²。实施范围基本上是自然条件比较适合（主要是灌溉条件良好、离田主住家不是太远、防盗、照看比较便利）的村边田块，生产经验也基本上是以口口相传的就近传播为主，没有人为意义上的集约化或者成片化推广，田鱼阶段性池养，适时入田，田鱼往往在稻田水体及田外水体完成不同的生育阶段，池塘（鱼苗繁育）、水渠沟溪（冬季暂养）、鱼凼（水稻栽培农艺上要求浅水或者湿润时）、稻田（水稻需水阶段）往往通过时空相连，构成稻鱼生产的完整体系。

改革开放以来，随着农村农业生产体系不断改变，科学技术（生物、物理、化学、农业机械、信息等方面）和管理模式的不断发展，青田稻鱼共生系统的规模与相应的技术、经营主体、产品商品化等随之不断发展，青田稻鱼共生系统的内涵也不断演化和发展。

（一）稻鱼系统经营主体

最近的20年中，青田县的专业大户、家庭农场、农民合作社、龙头企业等新型农业经营主体成为稻鱼共生系统运营的主体力量。截至2014年底，青田县稻鱼共生相关的农民专业合作社共计11家、龙头企业1家，其中较为典型的合作社如青田县双丰田鱼养殖专业合作社、青田县方源田鱼养殖专业合作社、青田县彭饶田鱼专业合作社、青田县小舟山田鱼专业合作社等，较为典型的龙头企业如青田县易天渔业开发有限公司等（表1-2）。这些新型农业经营主体在一定程度上促进了稻鱼共生系统的发展，吸引了更多年轻人从事稻鱼系统产业。例如，一些海外中青年归国，将国外先进的经营理念和管理模式融入稻鱼系统的生产与经营（包括产品提升、市场拓展等）中，稻鱼系统的产量和质量得到提升。

表1-2　青田县稻鱼共生相关专业合作社和龙头企业

编号	名称	成立时间	所在地	面积（hm²）	参与农户数（户）
1	青田县小舟山田鱼专业合作社	2006年6月	小舟山乡小舟山村	113.4	231
2	青田县兴仁田鱼养殖专业合作社	2010年8月	方山乡石前村	54.7	130
3	青田县双丰田鱼养殖专业合作社	2010年12月	方山乡龙现村	10.7	15
4	青田县龙现田鱼养殖专业合作社	2012年3月	方山乡龙现村	13.3	11
5	青田县方源田鱼养殖专业合作社	2012年12月	方山乡松树下村	33.3	85
6	青田县彭饶田鱼专业合作社	2005年5月	仁庄镇新彭村	63.3	157
7	青田县易天渔业开发有限公司	2010年8月	仁庄镇应庄垟村	13.3	110
8	青田县米香农产品产销专业合作社	2012年1月	仁庄镇雅林村	10.0	85
9	青田县春宏田鱼专业合作社	2012年5月	仁庄镇小令村	8.0	52
10	青田县满田红田鱼养殖专业合作社	2012年3月	仁庄镇应庄垟村	13.3	110
11	青田县玉雄田鱼养殖专业合作社	2014年6月	仁庄镇东坪村	6.7	35
12	青田县筱勤农产品专业合作社	2014年6月	仁庄镇夏严村	4.0	51

（二）品牌化产品

稻鱼系统生产和经营方式的转变、科学技术与先进管理的注入，使得青田县稻鱼共生系统生产出的田鱼和大米质量得到快速提升，获得的有机、绿色和无公害品牌认证数从2008年的1个增加到2014年的11个（图1-2），品牌认证数累计达到13个，分布在全球重要农业文化遗产核心区方山乡龙现村，过渡区方山乡松树下、石前等村，辐射带动区小舟山、仁庄、万阜、北山、高湖等乡镇（表1-3）。

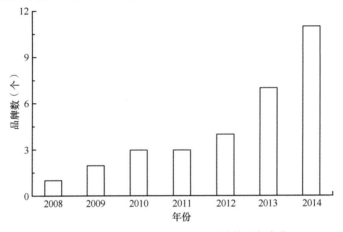

图1-2　青田县大米和田鱼产品品牌数历年变化

表1-3　青田县有机、绿色和无公害认证的大米与田鱼产品

序号	类别	产品	企业名称	产地地址	产地规模（hm²）	批准产量（t）	认证机构	有效期限
1	有机产品	田鱼	青田县小舟山田鱼专业合作社	小舟山乡小舟山村	5.13	0.945	北京中安质环认证中心有限公司	2013.12～2016.01
2	有机转换	稻谷		小舟山乡小舟山村	4.67	17.5	北京中安质环认证中心有限公司	2013.12～2016.01
3	绿色食品	田鱼	青田县山鹤农业有限公司	方山乡龙现村	67	17.5	中国绿色食品发展中心	2006.08～2015.08
4		大米	青田县方源田鱼养殖专业合作社	方山乡松树下村	33.33	100	中国绿色食品发展中心	2014.10～2017.10

续表

序号	类别	产品	企业名称	产地地址	产地规模（hm²）	批准产量（t）	认证机构	有效期限
5	无公害农产品	大米	青田县山鹤农业有限公司	阜山乡坑边村、岗下村、前王村	70	600	农业部农产品质量安全中心	2010.03～2013.03
6		田鱼	青田县小舟山田鱼专业合作社	小舟山乡小舟山村、白岩头村、平风光村、葵山村、丁坑村	214	35	农业部农产品质量安全中心	2008.08～2011.08
7		稻谷	青田县万阜胡从铃蔬菜种植专业合作社	万阜乡万阜村、云山背村、垟斜村、白岩肖村	473	3547.5	农业部农产品质量安全中心	2012.04～2015.04
8		稻谷	青田县彭饶田鱼专业合作社	仁庄镇新彭村、小令村、冯洋村、应庄垟村	333.3	1700	农业部农产品质量安全中心	2012.04～2015.04
9		稻谷	青田县七源稻米产销专业合作社	阜山乡	132	1140	农业部农产品质量安全中心	2013.12～2016.11
10		大米	青田县千峡湖农产品产销专业合作社	北山镇大岩下村	33.33	160	农业部农产品质量安全中心	2014.05～2017.05
11		大米	青田县银星吊瓜种植专业合作社	高湖镇旦头山村、高湖村、西圩村、角坑村、桐川村	89	350	农业部农产品质量安全中心	2014.11～2017.11
12		大米	青田县双丰田鱼养殖专业合作社	方山乡石前村、龙现村、松树下村、奎岩庄村、周岙村、裘山村、邵山村、垟塘村、马车坑村	66.67	550	农业部农产品质量安全中心	2014.11～2017.11
13		大米	青田兴仁田鱼养殖专业合作社	方山乡石前村、松树下村、后金村、周岙村、邵山村、龙现村、垟塘村、马车坑村、裘山村	186.67	1400	农业部农产品质量安全中心	2014.11～2017.11

　　在质量提升和品牌效应的带动下，青田县水稻和田鱼的价格都得到了显著提高（表1-4）。水稻价格从2004年的1.6元/kg上升至2014年的3.52元/kg，田鱼价格从2004年的12元/kg上升至2014年的50元/kg，田鱼干价格从2004年的80元/kg上升至2014年的240元/kg。全球重要农业文化遗产核心区龙现村田鱼价格的上涨幅度则更为明显，从2004年的30元/kg上升至2014年的120元/kg，田鱼干价格从2005年的120元/kg上升至2014年的400元/kg，水稻价格也从2004年的1.6元/kg上升至2014年的4元/kg（图1-3）。

表1-4　青田县特色大米和田鱼产品

编号	产品名称	经营主体	年生产规模（t）	价格（元/kg）
1	"山鹤"牌绿色田鱼	青田县山鹤农业有限公司	17.5	30～100
2	"山鹤"牌无公害大米	青田县山鹤农业有限公司	60	5～6
3	"山鹤"牌无公害鲤鱼	青田县小舟山田鱼专业合作社	35	30～40
4	"山鹤"牌无公害稻谷	青田县彭尧田鱼专业合作社	1700	3～3.5
5	小舟山有机米	青田县小舟山田鱼专业合作社	17.5	10～20
6	小舟山有机稻花田鱼	青田县小舟山田鱼专业合作社	0.945	80～120
7	"满田红"牌五彩米	青田县鱼米香农产品产销专业合作社	15	56
8	"满田红"牌无公害大米	青田县鱼米香农产品产销专业合作社	60	8
9	"稻鱼共生"牌绿色大米	浙江方源生态农业开发有限公司	100	30～80

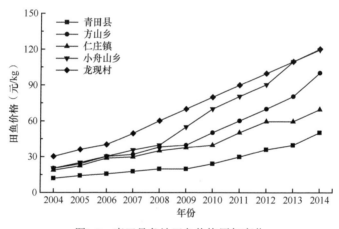

图1-3　青田县各地田鱼价格历年变化

第二节　青田稻鱼共生系统依存的条件

正如前面所言，包括青田稻鱼共生系统在内的所有农业生态系统类型，都是人类智慧和自然过程共同作用的结果；所有传承悠久的优秀传统农业模式，都是自然、社会、经济、文化诸因素共同作用、相互影响、不断发展和优化的系统。这些优秀的传统农业模式，之所以能在千百年来在一定的区域内传承下来，而不太受到改朝换代等社会变革的影响，或者说，不管谁当皇帝谁称王，稻鱼共生都在那里，既没有一夜成名、到处被模仿，也没有热一时后衰落无踪迹，说明稻鱼共生系统依存的第一要素还是自然条件，也就是说，这个地方适合这种农业生产方式，它一定有它存衍的内在科学性，也一定有它存衍的外在条件。

一、自然条件

从自然区域看，青田稻鱼共生系统的集中分布区域主要在青田县、永嘉县和瑞安市境内。

青田县位于浙江省东南部，瓯江中下游，隶属丽水市管辖，地理坐标位于北纬27°56′~28°29′、东经118°41′~120°26′。全县有32个乡镇，总面积2493km²。截至2017年底，青田县户籍总人口为558 848人，其中城镇人口146 845人。青田属山地丘陵地貌，亚热带季风气候，温暖湿润，气候宜人，雨量充沛。年平均气温18.3℃，平均日照1712~1825h，平均降水量1400~2100mm，无霜期180~280d。青田县水资源丰富。境内溪流密布，并且有浙江省第二大江瓯江穿越，是华东地区水利资源最丰富的县域之一，这为稻田养鱼模式的发展提供了天然水条件。《青田县志》记载，旧青田"九山半水半分田""梯山为田，窖薯为粮"。县境地处浙南中低山丘陵区，地形复杂，以丘陵低山为主。沿江两侧分布着大小不一的河谷平原，山间有方山、阜山、海溪等盆地。一方面，青田地处瓯江水系，水资源丰富；另一方面，"浙东溪水峻急，多滩石，鱼随水触石皆死，故有溪无鱼"。而山区又难以普遍开挖池塘养鱼，因此，宜稻、宜渔面积少。在特定的资源禀赋条件下，利用有限的水土资源进行稻鱼共养成为必然选择。

永嘉县位于浙江省东南部，瓯江下游，北纬27°58′~28°36′、东经120°19′~120°59′，西连青田、缙云，北接仙居。永嘉县面积2698.2km²，其中山地面积为2308.5km²，平原面积为277.0km²，河流湖泊面积为112.7km²，素有"八山一水一分田"之称。拥有耕地面积24 107hm²，林地面积194 533hm²，森林覆盖率达69.2%，绿化程度达96.62%，森林蓄积量达394万m³。永嘉属于亚热带季风气候，四季温和，雨量充沛，年均气温18.2℃，年均降水量1702.2mm，年均降水日数175.4d，年均日照1820.2h，年均蒸发量1431.9mm，年平均无霜期280d。水热条件比较好，为稻鱼共生系统的发展提供了很好的自然条件。永嘉县历史悠久，远在新石器时代就有人类在此繁衍生息，春秋时期属越国，战国时入楚，汉高祖时属闽越，属于吴越文化大系。永嘉田鱼生长在水稻田里，是一种形似鲤鱼、味胜鲫鱼、鳞如鲥鱼、色若金鱼的鱼。它是鲤鱼的一个变种，是适合稻田养殖的优良鱼种。其食性杂，适应性广，繁殖力强，成活率高，生长快，肉质细嫩鲜美，营养丰富。该处的田鱼还是药用鱼类之一，能利尿、消肿。永嘉县稻田养鱼历史悠久，据楠溪江流域的民间传说，三国孙权时期，永嘉的先民就已经养田鱼了，说明已有1700多年历史。现在，永嘉县以茗岙出产的田鱼最为知名，也属于青田稻鱼共生系统的重要典型保存地，并被纳入著者所开展的相关研究中。

瑞安为百越支系之东瓯古邑。夏、商、西周、春秋为扬州之域瓯地。三国吴赤乌二年（公元239年），置罗阳县，为瑞安建县之始，属会稽郡。地理坐标为北纬

27°40′~28°0′、东经120°10′~121°15′，西北连接青田县。瑞安所处纬度较低，又受海洋影响，温度条件为全省最佳。境内常年平均气温17.9℃，海拔400~800m的山区气温稍低，为14~16℃。年降水量1110~2200mm，年平均降水量1527.2mm。年内各月降水分布很不均匀，全年降水高峰期3次，分别为3~4月春雨期、5~6月梅雨期及8~9月热带风暴暴雨期，各占全年降水量的18.3%、26%、26.2%。瑞安季风气候明显，夏季多东南偏东风，冬季多西北偏西风。瑞安市西北山区高楼、桂峰、湖岭、芳庄一带，稻鱼共生系统与青田县方山乡龙现村十分接近，田鱼遗传资源多有交流。

我们以自然村落为单元，对青田稻鱼共生系统的自然分布区域进行调查，分布有稻鱼共生系统的村落在青田县境内比例较高，占总调查样本的60%以上。为此，我们着重分析青田县境内的稻鱼共生系统，对其分布区域的气候、地形、土地利用结构和动植物多样性进行了分析。

从地形与土地利用结构看（图1-4），青田多山地，少平原，境内地形属浙南中低山丘陵区，地形复杂，切割强烈，千嶂万壑，层峦叠翠，地势由西向东倾斜。北有括苍山脉，南有雁荡山脉，西有洞宫山脉。千米以上山峰有217座。全县最低处为温溪洼地，海拔仅7m，海拔相差悬殊。地貌构成中，丘陵低山占89.7%，海拔50m以下的河、溪、塘、库占5.0%，山间盆地占5.3%。根据青田县2012年土地利用变更调查数据，全县土地总面积247 713.45hm²，其中，农用地面积227 893.40hm²、建设用地面积8054.14hm²，未利用地面积11 765.91hm²，分别占全县土地总面积的92%、3.25%和4.75%。全县主要有红壤、黄壤、潮土和水稻土等4个土类9个亚类28个土属68个土种。耕地面积10 867hm²，人均耕地0.02hm²，稻田面积比例更少。

青田稻鱼共生系统分布在山丘区，稻田镶嵌分布在物种多样化的树林中（图1-4），与其他旱地作物毗邻，植物种类（包括农作物）90多科290多属700多种，森林覆盖率达80.4%，森林蓄积量6 326 000m³。

青田属中亚热带季风气候，既有显著的立体山地气候特征，又有较明显的海洋性季风气候特征。总的气候特点为温度适宜、四季分明，冬暖春早、雨热同步，垂直梯度气候变化大、气候类型丰富多样。县域年平均气温18.6℃，年极端最高温度41.9℃，极端最低气温−4.1℃。年平均降水量1697.7mm，年均降水日数166.3d，为浙江省雨量较多的地区之一；由于地形的作用，降水量在地域间差异较大，各地年平均降水量1400~2200mm，东南部多、西北部少，高山多、河谷少。年平均无霜期287d，平均日照时数1663.9h，年均总蒸发量1498.8mm。影响青田的灾害性天气，主要有台风、暴雨、雷暴、寒潮、冰雹、高温、干旱等。对青田稻鱼共生系统分布区域40多年来的气候（降水量和温度）分析表明，区域水热资源同步、稳定（图1-5）。

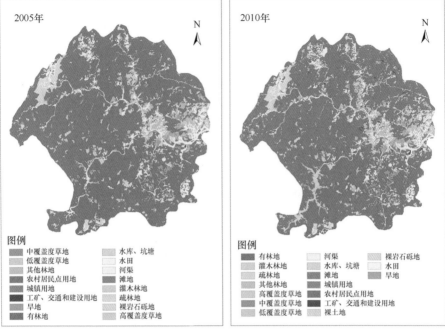

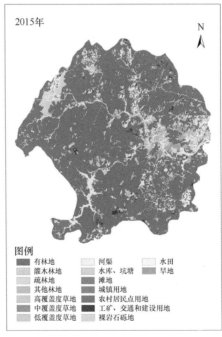

图1-4　青田稻鱼共生系统分布区域的地形与土地利用结构的变化

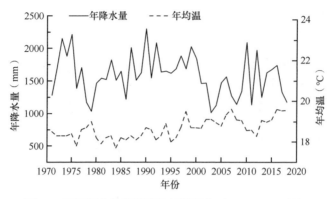

图1-5　青田降水量和温度的年际变化（1970～2018年）

　　青田县所在区域水资源丰富。青田县内河流属瓯江水系，瓯江自西北向东南贯穿全境，境内小溪、大溪由西北纵贯东南，汇合于瓯江。县境内瓯江干流总长82.6km，落差37.7m，年平均径流总量140亿m³。瓯江最大支流小溪河长47.3km，县境内流域面积624.1km²，全县水利资源丰富。青田县多年（1956～2000年）平均降水量1770.7mm，总降水量44.14亿m³，水资源总量27.98亿m³。根据青田县环境监测站对境内8个地表水常规监测点的监测数据，2010～2012年全县地表水水质达到Ⅰ～Ⅱ类，都达到了功能区要求，全县地表水水质总体良好。分析水田、河渠和水库的分布可见（图1-6），水田镶嵌在河渠、水库与坑塘中，充足的水资源和灌溉系统为稻鱼系统长期稳定发展提供了保障。

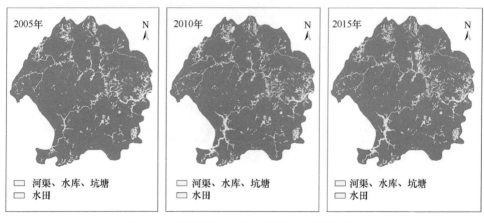

图1-6　青田县境内水田、河流和水库的分布

二、社会条件

　　青田于公元711年建县，县城离杭州约330km，离丽水市区70km，离温州市区50km。东邻永嘉、瓯海，南毗瑞安、文成，西连景宁、莲都，北接缙云。县境东西

长62km，南北长59km，地形平面呈圆形。瓯江自西北向东南贯穿全境，具有明显的区位优势。

青田人侨居国外已有300多年的历史，它始于明末，成型于晚清，在民国时期逐步发展壮大，时至今天，则更为兴盛。2003年前后，旅居世界各地的青田人达到了22.51万，分布于124个国家与地区（表1-5），且逐年增加，截至2017年底，青田户籍总人口55万人，其中华侨就有33万。青田华侨将特色菜之一的"田鱼干"带到世界各地，对稻鱼共生系统的传承、保护和发展起到了重要作用。一方面，青田华侨在国外多从事餐馆业、百货业，每年从国内购进大量产品；同时青田华侨历来有回国探亲带田鱼干的传统，青田田鱼在当地华侨所开的餐馆中非常受欢迎。稻鱼共生系统生产出来的"稻"和"鱼"产品——鲜活田鱼、田鱼干、优质大米，不断流向华侨分布的区域，销路广阔，且华侨对其价格的承受力也较强。另一方面，青田华侨热心捐赠，推动了公益事业发展，改善了基础设施建设。近几年，华侨资本大量回流，积极参与当地经济发展，提高了地区经济发展水平，也为稻鱼共生系统的保护和开发提供了充足的融资渠道与资金保障。据不完全统计，2013~2016年青田华侨回乡投资累计资金达53亿，不少华侨投资稻鱼共生产业、建立田鱼良种繁育基地和开发田鱼产品。

表1-5　2003年青田华侨在全世界的人数分布（《青田华侨史》编纂委员会，2011）

青田华侨分布地区	青田华侨人数	占青田华侨总人数的比例（%）
欧洲（35个侨居国）	197 020	87.5
北美洲与中美洲（11个侨居国）	9 730	4.3
南美洲（12个侨居国）	12 565	5.6
亚洲（35个侨居国）	3 900	1.7
非洲（27个侨居国）	1 665	0.8
大洋洲（4个侨居国）	225	0.1
合计（124个侨居国）	225 105	100

除了活田鱼，青田田鱼干也是稻鱼系统的重要产品。青田农户有熏晒田鱼干的传统，20多个乡镇200多个行政村年产田鱼干超过300t。据不完全统计，通过各种途径带往国外的田鱼干超过100t，主要有意大利、法国、巴西、比利时等20多个国家和地区。由此可见，青田稻鱼系统的延续和发展有着深厚的社会支持条件。

三、自然和社会经济文化养成

青田稻鱼共生系统是在自然和人为共同作用、选择下演化而来的复合农业生态系统，因而其形成受自然环境和社会经济环境的深刻影响。

（一）经济因素

1. 人地矛盾的推动

与西欧农牧并举的历史传统不同，中国由于人多地少，很早就形成了以谷物种植为主的生产格局，以便用有限的耕地供养更多的人口。为补充人们饮食中动物蛋白的不足，中国自汉唐以后逐渐发展起与种植业发展相适应，以小动物、家禽及淡水鱼饲养为特点的农业生产体系，如稻猪互养、稻禽互养及稻鱼互养。以中低山丘陵为主的青田县人地矛盾更为突出，人均耕地面积不足1亩。稻田养鱼不仅提高了土地的利用率和产出率，还解决了人们摄取动物蛋白不足的问题，这种生产方式一经产生，便自然受到农民的欢迎。

2. 经济利益的驱动

农民稻田养鱼除自家消费外，还拿到市场上销售，成为增加收入的重要手段。有农谚："稻田养鱼不为钱，放点鱼苗换油盐。"因为稻鱼有肥田、除草、除虫的作用，在稻鱼共生或稻鱼轮作的田地稻谷产量普遍比未实行稻田养鱼的田地增长5%～15%。

（二）生态环境因素

稻田养鱼将鱼类生产繁衍过程巧妙嫁接到农业生产过程之中，形成了水稻与渔业生产同时进行的生态农业生产方式：田面种稻，水体养鱼，鱼粪肥田，鱼稻共生，鱼粮共存。因为用地养地结合，可显著提高稻田的肥力水平。若以每亩放养鱼种500尾计，养鱼稻田与未养鱼稻田相比，有机质含量可增加40%，全氮含量增加50%，速效钾含量增加60%，速效磷含量增加130%。

稻田养鱼能起到生物治虫的作用，可明显减少应用药剂防治水稻病虫害的次数，降低农药污染。稻田里养的鱼类能够吞食落到水面上的稻飞虱、叶蝉、稻螟蛉、卷叶螟、纹枯病菌核等。稻田养鱼还能明显减少蚊蝇孳生。年复一年，由于田鱼不断取食生活在水体里的蚊子幼虫孑孓，房前屋后、田间地头有水必养鱼的青田龙现村，如今成了难得的乡下"无蚊村"。

（三）文化传统的影响

"种稻养鱼"的生产方式和"饭稻羹鱼"的生活方式是中国传统农耕文化的重要组成部分，它不仅表现在"天地人稼"和谐统一的思想观念、农业生产知识及农业生产工具上，也反映在乡村宗教礼仪、风俗习惯、民间文艺及饮食文化等社会生活的各个方面。

中国农民很早就有了"顺天时，量地利，用力少，成功多"的"天地人稼"和谐统一的思想观念，陆续发展了"农牧结合"、"农桑结合"和"基塘生产"等生态农业模式，稻田养鱼就是在这一思想观念和文化传统影响下生态农业发展的又一种形式。

早期稻田养鱼的实践大多出现在丘陵山地，后来逐渐扩展到平原地区。为什么生活在崇山峻岭之上的水族、苗族有着类似湖海之滨的生活方式呢？因为其先民原本生活在楚越之地，曾经历"早吃鱼、晚烧肉"的渔猎生活，后来虽因躲避战乱等因素迁徙到山区，原有饮食文化传统仍萦绕于心，因而创造了稻田养鱼的生产方式以延续传统"饭稻羹鱼"的生活方式。

青田原为山越分布地，千余年来一直延续着"饭稻羹鱼"的传统生活方式。例如，在稻田养鱼历史悠久的方山乡，农民有熏晒田鱼干的传统，逢年过节、请客送礼，视为珍品。村里人女儿出嫁，有田鱼（鱼种）做嫁妆的习俗。这种习俗的直接作用就是保存了田鱼遗传资源，传承了稻鱼共生的生产方式。

人们选择鲤鱼作为稻田养鱼的主要种类，除了鲤鱼具有繁殖力强、生长快的特点，更注重其丰富的文化意蕴。鲤鱼是我国流传最广的吉祥物之一，在传统年画、窗花剪纸、建筑雕塑、织品花绣和器皿描绘中，鲤鱼的形象无所不在："鲤鱼跳龙门""连年有余""吉庆有余""娃娃抱鱼""富贵有余"……均表达了人们对美好生活的向往。鱼腹多子，繁殖力强，"鱼"又谐音"余"，因而寄予了人们希求子孙绵延和丰收富裕的美好愿望。

对鲤鱼，在《诗经》的《衡门》中已有吟咏："岂其取妻，必齐之姜；岂其食鱼，必河之鲤"，把挑选鲤鱼与挑选美貌的妻室并论，后世因此以"鱼水之欢"祝福婚姻美满。《孔子家语》称："孔子年十九，娶于宋之亓官氏之女，一岁而生伯鱼，伯鱼之生，鲁昭公使人遗之鲤鱼。夫子荣君之赐，因以名其子也。"国君鲁昭公把鲤鱼作为礼物送给孔子贺其得子，孔子以此为荣，就给儿子取名"鲤"、字"伯鱼"。至今永嘉、青田民间还保留着逢年过节拜访亲友送鲤鱼的风俗。南朝梁陶弘景称，"鲤为诸鱼之长，形既可爱，又能神变，乃至飞越江湖，所以仙人琴高乘之也"，鲤鱼和仙人联系在一起，被赋予了更多的神性，乘坐鲤鱼也成为"得道成仙"的标志。民间"鲤鱼跳龙门"的神话，源自《三秦记》："龙门山，在河东界。禹凿山断门一里余。黄河自中流下，两岸不通车马。每岁季春，有黄鲤鱼，自海及诸川，争来赴之。一岁中，登龙门者，不过七十二。初登龙门，即有云雨随之，天火自后烧其尾，乃化为龙矣。"由此，鲤鱼跳龙门成了旧时知识分子凭借科举考试取得功名的象征。在长期的历史发展中，中国人赋予了鲤鱼丰富的文化内涵，爱鲤的习俗几乎覆盖了生活的各个领域。因此，历史上以鲤鱼为主的稻田养鱼对象，也是文化传统的体现。

总之，稻田养鱼在青田历史悠久、源远流长。这种传统的形成和发展与当地的自然资源、经济发展状况、生态环境条件及历史文化传统有着密不可分的联系。

四、鲤鱼被选为养殖对象

鲤鱼（*Cyprinus carpio*），别名鲤拐子、鲤子、毛子、红鱼。动物界脊索动物门脊椎动物亚门硬骨鱼纲辐鳍亚纲鲤形目鲤亚目鲤科（Cyprinidae）鲤亚科鲤属（*Cyprinus*）鲤鱼，原产于亚洲。鳞有"十"字纹理，所以名鲤。鳞大，死后鳞不发白。从头至尾有胁鳞（即侧线鳞）一道，不论鱼的大小都有36片鳞，每片鳞上有小黑点。鲤鱼身体侧扁而腹部圆，口呈马蹄形，上腭两侧各有2须，背鳍基部较长，背鳍和臀鳍均有一根粗壮带锯齿的硬棘。体侧金黄色，尾鳍下叶橙红色。

鲤鱼是淡水鱼类中品种最多、分布最广、养殖历史最悠久、产量最高者之一。其味甘、性平、无毒，是中国人餐桌上的美食之一，是古今中外稻田养鱼的主要对象。但历史上的李唐王朝例外——那个时候如果捉住鲤鱼食用而不放生，属于犯法行为，因为唐朝皇帝为李姓，吃鲤引为"吃李"，自然在避讳之列。

鲤鱼的种类很多，约有2900种。鲤鱼对浅水、高温、低温和缺氧等都有较强的忍耐力，非常适合稻田环境的养殖。稻鱼模式可谓历史最悠久的稻田种养模式，具有广泛的分布和群众实践基础。事实上，鲤鱼是最早被人工驯化和养殖的鱼类之一，在我国分布广泛，经过长期的自然选择和人工培育作用，形成了许多不同的亚种、地方种和品种。鲤鱼经人工培育的品种很多，如红鲤、团鲤、草鲤、锦鲤、火鲤、芙蓉鲤、荷包鲤等。因品种不同，其体态颜色各异，深受大家的喜爱。

鲤鱼又是一种杂食性鱼类，其摄食习惯和消化器官有助于吃掉大量水草、丝状藻类、植物种子和有机腐屑，又可摄食螺蛳、摇蚊幼虫、水蚯蚓等动物，因此能够充分利用稻田环境中的食物资源并发挥耕田除草、吞食害虫的功能（前面提到，在稻鱼共生系统全球重要农业文化遗产保护地浙江青田县方山乡龙现村，因祖祖辈辈的稻田养鱼习惯所产生的田鱼食用蚊子幼虫孑孓的结果，整个村庄竟然夏季无蚊。在南方农村，这实为罕见，却又是事实）；同时鲤鱼又具有强烈的底层鱼类特征，利用头部挖掘底泥取食时可对稻田起到松土增肥的作用。反过来，水稻也能为鲤鱼提供良好的庇荫条件（躲避天敌和酷暑天的水体降温）和食物来源（吸引更多的害虫和其他中性生物定居于稻田，而水稻根部和叶片能够直接作为有机碎屑被取食）。

传统稻鱼模式主要保留在偏远山区，属于农民自发性的生产行为，仍然保留着生产力低下的操作方式。传统稻鱼模式也是所有其他稻田养鱼模式的发源。历经多年的发展，大多具有稻田养鱼基本条件的地方都采用或部分采用水稻和鲤鱼的组合形式，形成了与各地生产条件和消费习惯相适应的多样化的稻鱼模式，如有广西的稻-禾花鲤模式、福建的稻-稻花鱼模式、从江的稻-鱼-鸭模式，等等。由于篇幅所限，本书仅以浙江省青田县及周邻地区所采用的模式为例，虽然不能涵盖稻鱼模式的所有技术特点，但是能够对该模式的共通点进行详细的阐述，并向广大读者展示中国优秀传统农业稻鱼共生系统这个美妙的生态学故事。

参 考 文 献

陈慕榕. 1990. 青田县志. 杭州: 浙江人民出版社: 228.

陈文华. 1991. 中国古代农业科技史图谱. 北京: 农业出版社: 235-240.

方向明. 2018. 良渚玉器线绘. 杭州: 浙江古籍出版社.

郭清华. 1986. 勉县出土稻田养鱼模型. 农业考古, (1): 252.

胡瑞法. 2005. 亟待保护的世界农业遗产系统. 杭州: 全球重要农业文化遗产保护项目"稻鱼共生系统"启动研讨会.

黄来生. 2011. 徽文化研究与贵州的地缘关系. 中国徽学, (4): 42-46.

焦雯珺, 闵庆文. 2015. 浙江青田稻鱼共生系统. 北京: 中国农业出版社.

(宋) 李昉, 李穆, 徐铉. 2000. 太平御览 (卷936). 北京: 中华书局.

孟宪德, 吴万夫. 2001. 我国稻田养殖现状的分析. 北京水产, (5): 10-12.

《青田华侨史》编纂委员会. 2011. 青田华侨史. 杭州: 浙江人民出版社.

王子今. 1992. 秦汉渔业生产简论. 中国农史, 11(2): 70-76.

吴敏芳, 张剑, 陈欣, 胡亮亮, 任伟征, 孙翠萍, 唐建军. 2014. 提升稻鱼共生模式的若干关键技术研究. 中国农学通报, 30(33): 51-55.

吴敏芳, 张剑, 胡亮亮, 任伟征, 郭梁, 唐建军, 陈欣. 2016. 稻鱼系统中再生稻生产关键技术. 中国稻米, (6): 80-82.

吴雪, 谢坚, 陈欣, 陈坚, 杨星星, 洪小括, 陈志俭, 陈瑜, 唐建军. 2010. 稻鱼系统中不同沟型边际弥补效果及经济效益分析. 中国生态农业学报, 18(5): 995-999.

游修龄. 2006. 稻田养鱼: 传统农业可持续发展的典型之一. 浙江青田: "稻鱼共生系统"全球重要农业文化遗产保护多方参与机制研讨会.

张立修, 毕定邦. 1990. 浙江当代渔业史. 杭州: 浙江科学技术出版社: 355.

第二章 青田稻鱼共生系统的生态学效应

与自然生态系统相比，农业生态系统生物多样性简化，农业生态系统抗逆性减弱，农业生态系统的稳定性更多地依赖于人工投入（骆世明，2010）。与自然生态系统不同，生物产品产量、经济产出及其对环境产生的影响是衡量农业生态系统功能的重要方面（陈欣和唐建军，2013）。青田稻鱼共生系统是在自然因素和人类智慧共同作用、选择下演化而来的复合农业生态系统。本章主要阐述青田稻鱼共生系统的生产力（生物产量和经济生产力）、土壤维持效果，以及稻鱼系统生产过程对环境的影响。

第一节 生产力及其稳定性

生产力是生态系统功能的重要表现形式之一。物种多样性是影响生态系统生产力水平和生产力稳定性的重要因素（McCann，2000；Tilman et al.，2006）。生态系统稳定性一般包括抵抗外界干扰而保持原状的能力（即resistance）和受到外界干扰后回到原来状态的能力（即resilience）（孙儒泳，2002）。虽然目前仍存在不同的认识与争论（McCann，2000），但大量研究表明，生态系统稳定性（生产力的稳定性）与生物多样性密切相关（Bai et al.，2004；Tilman et al.，2006；Jiang and Pu，2009）。与自然生态系统相比，农业生态系统生物多样性简化，农业生态系统抗逆性减弱，农业生态系统的稳定性依赖于人工投入（骆世明，2010），因此，如何重建农业生态系统生物多样性，提高农业系统的抗逆性（抗病虫草害的干扰、气候变化的干扰、环境污染的干扰等）受到关注，近年来有大量研究报道（Zhu et al.，2000；Reganold et al.，2001；Mäder et al.，2002；Moonen and Barberi，2008；Nyfeler et al.，2009）。

农田物种多样性利用的重要途径主要包括作物间套轮种、农林搭配和稻田养殖等几个方面。许多研究表明，物种多样性能带来明显的高生产力和较高的系统稳定性，如Bullock等（2001）报道，在英国南部7个地点进行不同数量牧草物种种植实验，4年的实验结果表明，物种数量多的小区产量高。DeHaan等（2010）对18种多年生生物能源作物进行的混植实验也发现，作物地上生物量都与多样性呈显著正相关关系，与多年生羽扇豆（*Lupinus perennis*）的混合种植地上生物量的提高尤为明显。Varvel等（2000）发现与单作系统相比，轮作更能缩小产量在时间尺度上的变异，维持系统的稳定性。Smith等（2008）设计了6种作物多样性轮作模式，进行了为期3年的研究，发现作物多样性轮作模式可提高作物总产量。

与水稻单作相比，青田稻鱼共生系统中两个物种共同生存在相同的空间，物种共存的稻鱼系统的生产力及其稳定性如何变化？这是本章需要阐述的第一个问题。为此，我们在农户尺度上，采用多样点定位观察和取样分析的方法，在青田稻鱼系统分布的区域（包括浙江南部的青田、永嘉、瑞安），比较研究分布于其中的稻鱼共作系统和水稻单作系统的水稻产量与稳定性（2006～2010年）及其对农药化肥的依赖性。同时，通过长期田间试验的方法研究水稻产量的稳定性、田鱼产量及其潜力，并通过农户调查，比较分析稻鱼共作系统和水稻单作系统的经济产出。随机取31个自然村（取样单元），每个村均为一个小型的集水区。在每个取样单元里随机取3～5个子样品（sub-sample），即取3～5对稻鱼共作的田块和水稻单作的田块，每一田块的面积0.19～0.37hm²，成对的稻鱼共作的田块和水稻单作田块在集水区范围内，其气候条件和土壤类型基本相似，且成对的稻鱼共作的田块和水稻单作田块可归属同一农户或不同农户。每年共取稻鱼共作样本155个，水稻单作样本93个。

一、水稻产量及其稳定性分析

野外调查研究表明（图2-1），稻鱼共作系统和水稻单作系统的水稻产量没有显著差异（$P > 0.05$），年份之间（2006～2010年）也没有显著差异（$P > 0.05$）。稻鱼共作系统5年的水稻平均产量为（6190±150）kg/hm²，水稻单作系统5年的水稻平均产量为（6520±390）kg/hm²。

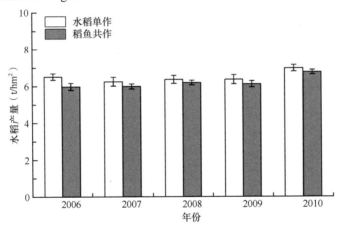

图2-1　水稻单作系统和稻鱼共作系统的水稻产量（谢坚，2011）

野外调查的数据中，从时间稳定性和空间稳定性的角度，以水稻产量为生产力指标，比较分析稻鱼共作系统和水稻单作系统生产力的稳定性。时间稳定性指数由公式$S = \mu/\delta$计算（Tilman et al.，2006），μ是5年（2006～2010年）水稻产量的平均值，而δ是在这段时间中水稻产量的标准差。以每一个子样品（sub-sample，田块）为单元，分别对2006年（稻飞虱大暴发）和2008年（稻飞虱发生较少）的水稻产量的空间稳定性进行分析。空间稳定性指数用公式$S = \mu/\delta$计算，μ是2006年或2008年31个村（样地）的样本（田块）水稻产量的平均值，而δ是所有样本中水稻产量的标准差。

对水稻产量时间稳定性和空间稳定性分析表明，水稻单作系统和稻鱼共作系统的水稻产量时间稳定性指数没有显著差异（图2-2a，$P>0.05$）。图2-2b的结果显示，在2006年稻飞虱大暴发，稻鱼共作水稻产量空间稳定性指数显著高于水稻单作的空间稳定性指数（$P<0.05$）；而在2008年稻飞虱发生较少，水稻单作和稻鱼共作的水稻产量空间稳定性指数则没有显著差异（$P>0.05$）。

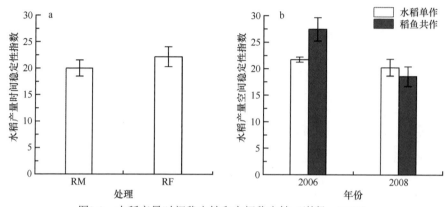

图2-2　水稻产量时间稳定性和空间稳定性（谢坚，2011）

a. 水稻产量时间稳定性指数；b. 2006年（稻飞虱大暴发）和2008年（稻飞虱少发）水稻产量空间稳定性指数。
RM：水稻单作系统不使用农药；RF：稻鱼共作系统不使用农药

田间试验（2006～2010年）表明，在没有施用农药的情况下，稻鱼共作系统中的水稻产量（$F_{1,30}=29.876$，$P=0.001$）及其时间稳定性指数（$F_{1,6}=6.691$，$P=0.04$）都显著高于水稻单作系统（图2-3），而与施用农药的水稻单作系统无显著差异（$P>0.05$，图2-3）。

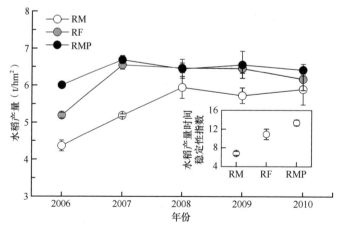

图2-3　水稻单作、稻鱼共作和水稻单作常规处理间水稻产量及产量稳定性（谢坚，2011）

RM：水稻单作系统不使用农药；RF：稻鱼共作系统不使用农药；
RMP：水稻单作系统使用农药（水稻单作常规处理）

二、水稻产量的稳定性与农药投入的关系

在5年田间调查期间（2006～2010年），水稻产量时间稳定性和农药投入的关系的研究结果显示，水稻单作系统的水稻产量时间稳定性指数与农药有效成分施用量呈正相关（$R^2=0.52$，$P<0.001$，$n=31$），而稻鱼共作系统的水稻产量时间稳定性指数与农药有效成分施用量的相关性没有达到显著水平（$R^2=-0.03$，$P=0.56$，$n=31$）（图2-4）。这个结果表明，与稻鱼共作系统相比，水稻单作系统中水稻产量的时间稳定性对农药投入的依赖性更强，稻鱼共作系统水稻产量较高的时间稳定性可能是由于鱼的作用。

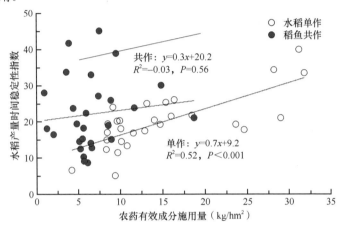

图2-4 水稻产量时间稳定性指数与农药有效成分施用量的相关性（谢坚，2011）

从水稻产量空间稳定性上看，在2006年稻飞虱大暴发，水稻单作和稻鱼共作的水稻产量与农药投入都呈显著正相关（$P<0.001$，图2-5）；在2008年稻飞虱发生较少，水稻单作的水稻产量与农药投入呈正相关（$R^2=0.2989$，$P<0.05$），而稻鱼共作的水稻产量和农药投入相关性不显著（$R^2=0.0348$，$P>0.05$，图2-5）。

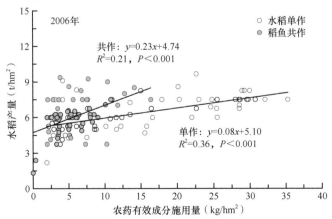

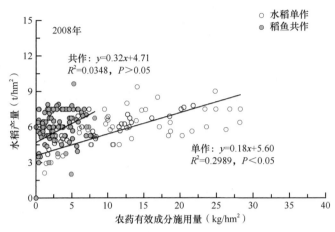

图2-5　水稻产量与农药有效成分施用量的相关性（谢坚，2011）

2006年：稻飞虱大暴发；2008年：稻飞虱发生较少

三、田鱼产量及潜力分析

（一）田鱼产量

农户田间调查表明，田鱼产量在年间（2006～2010年）没有显著性差异（图2-6，$P>0.05$），5年的田鱼平均产量为（522.66±80.54）kg/hm²。田间试验表明，稻鱼共作系统和鱼单养系统中田鱼的产量没有显著差异（图2-7，$P>0.05$），但稻鱼共作系统田鱼产量的时间稳定性指数显著高于鱼单养系统（图2-7，$P<0.05$）。

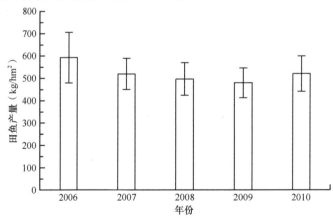

图2-6　农户田间调查稻鱼共作系统的田鱼产量（谢坚，2011）

（二）田鱼产量生产潜力

在不影响水稻产量和水土环境的前提下，最大限度地获得田鱼产量是稻鱼共生系统需要探讨的重要问题。传统青田稻鱼系统田鱼产量较低。随着生产的发展和市

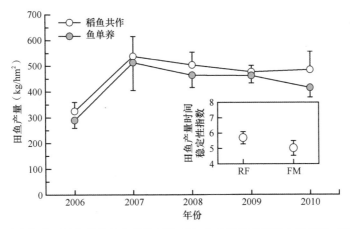

图2-7 田间试验条件下稻鱼共作和鱼单养系统田鱼产量及其时间稳定性指数（谢坚，2011）

RF：稻鱼共作系统；FM：鱼单养系统

场的需求，田鱼产量逐渐提高。为了弄清青田稻鱼系统田鱼产量的生产潜力，我们通过田间试验和农户调查开展了研究，试验设6个处理：①水稻单作处理（RM）；②鱼单养处理（田鱼目标产量100kg/亩，FM100）；③稻鱼共作处理（田鱼目标产量50kg/亩，RF50）；④稻鱼共作处理（田鱼目标产量100kg/亩，RF100）；⑤稻鱼共作处理（田鱼目标产量150kg/亩，RF150）；⑥稻鱼共作处理（田鱼目标产量200kg/亩，RF200）。

试验结果表明（图2-8），水稻单作处理水稻产量略高于其他处理，但各处理间差异均未达到显著性水平（$P > 0.05$）。在合理的饵料投喂和稻田管理下，各处理田

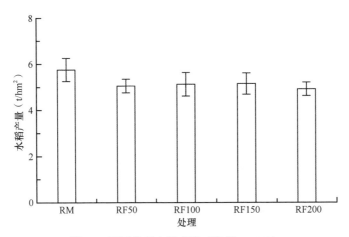

图2-8 不同处理水稻产量（吴雪，2012）

RM：水稻单作；RF50：稻鱼共作，田鱼目标产量50kg/亩；RF100：稻鱼共作，田鱼目标产量100kg/亩；
RF150：稻鱼共作，田鱼目标产量150kg/亩；RF200：稻鱼共作，田鱼目标产量200kg/亩

鱼产量均达到了试验设计中所要求的目标产量。处理FM100、RF100和RF150两两之间不存在显著差异（$P>0.05$），但均显著高于处理RF50（$P<0.05$），同时均显著低于处理RF200（$P<0.05$）（图2-9）。

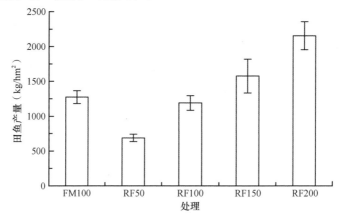

图2-9　不同处理田鱼产量（吴雪，2012）

FM100：鱼单养，田鱼目标产量100kg/亩；RF50：稻鱼共作，田鱼目标产量50kg/亩；RF100：稻鱼共作，田鱼目标产量100kg/亩；RF150：稻鱼共作，田鱼目标产量150kg/亩；RF200：稻鱼共作，田鱼目标产量200kg/亩

　　田间试验还发现，田鱼目标产量超过150kg/亩时，稻田水体总氮和总磷的浓度增加，产生面源污染的风险增大（图2-10）。在水稻产量为400~450kg/亩（南方山区水稻平均产量）模式下，田鱼目标产量为25~150kg/亩均可产生共生效应，不影响水稻产量和环境的田鱼最高产量为150kg/亩。不同田鱼目标产量模式下的水稻种植技术参数和田鱼的养殖技术参数见表2-1。在田鱼目标产量为50kg/亩或小于50kg/亩模式下，水稻种植规格为25cm×25cm；在田鱼目标产量为100kg~150kg/亩模式下，水稻种植规格为30cm×30cm。

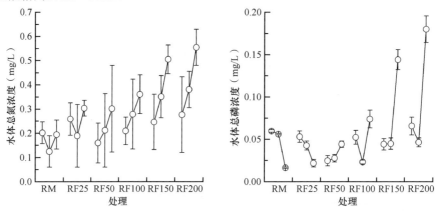

图2-10　稻田水体总氮和总磷浓度在不同田鱼目标产量模式下的变化（吴雪，2012）

RM：水稻单作；RF25：稻鱼共作，田鱼目标产量25kg/亩；RF50：稻鱼共作，田鱼目标产量50kg/亩；RF100：稻鱼共作，田鱼目标产量100kg/亩；RF150：稻鱼共作，田鱼目标产量150kg/亩；RF200：稻鱼共作，田鱼目标产量200kg/亩

表2-1　4种产量模式下水稻和田鱼协调密度对水稻产量、田鱼产量与土壤特性的影响

目标产量（田鱼）	25kg/亩	50kg/亩	100kg/亩	150kg/亩
水稻种植规格	25cm×25cm	25cm×25cm	25cm×30cm	30cm×30cm
鱼苗投放（冬片）	150尾/亩	300尾/亩	450尾/亩	600尾/亩
鱼苗投放（夏花）	300尾/亩	600尾/亩	900尾/亩	1200尾/亩
水稻产量（kg/亩）	440.26±21.55	443.54±31.34	438.96±42.01	440.11±34.25
田鱼产量（kg/亩）	28.11±2.92	53.27±3.22	93.55±7.81	138.98±10.48
土壤有机质（g/kg）	29.58±3.16	30.72±2.35	32.92±3.09	35.01±3.11
土壤总氮（g/kg）	2.11±0.10	2.09±0.08	2.32±0.13	2.97±0.17

注：表中数值为平均数±标准误

四、经济生产力分析

水产动物是稻田生态种养最主要的经济效益增长点。青田稻鱼共生系统中，田鱼的当地价格是稻米单价的十几至几十倍。但是按照最传统的稻鱼模式，不投喂饲料（俗称"人放天养"）下，田鱼生长极其缓慢，平均花费2年时间才能养成0.25kg左右的成鱼，每年最多只能产出田鱼225kg/hm²。后来，农民在原始的养殖方式上加以改进，每亩稻田放入约3cm长的鱼苗300尾左右（鱼苗大多都是个体自己培育，也有一些是上一年长得慢的小鱼），投喂适量麦麸、米糠等农家饲料，当年年底便可以收获规格100～250g的成鱼，并且能保证95%以上的成活率，实现了田鱼单产428～1069kg/hm²。近年来，随着商业化配合饲料的普及，田鱼生产力水平大幅度提升，很多农民可以实现亩产100～200kg，甚至更高水平。

对青田县仁庄镇现行的水稻单作模式、传统稻鱼模式（无配合饲料的使用、低密度养殖）和改良稻鱼模式（有配合饲料的投入、养殖密度提高）的土地生产力和经济效益进行调查分析，结果表明，这三种模式的水稻产量无明显差异，而改良稻鱼模式的田鱼产量显著高于传统稻鱼模式的田鱼产量（表2-2），改良稻鱼模式和传统稻鱼模式的田鱼产量分别为1012.93kg/hm²和374.63kg/hm²。田鱼带来了良好的经济效益，传统和改良的稻鱼模式不论在总收入还是净收入上都大大超过了水稻单作模式。而与传统稻鱼模式比较，改良稻鱼模式的总收入和净收入得到了明显的增加，虽然需要投入更多的成本去购买配合饲料，但是在产出投入比上仍然具有很大的优势。

表2-2　青田水稻单作和稻鱼模式的生产力及经济效益（Chen et al.，2011）

模式	水稻单作模式	传统稻鱼模式	改良稻鱼模式
水稻产量（t/hm²）	6.05±0.13	5.98±0.14	6.03±0.26
田鱼产量（t/hm²）		374.63±14.54	1 012.93±88.05
水稻收入（元/hm²）	12 095.06±512.96	11 960.27±274.93	12 095.96±256.78

续表

模式	水稻单作模式	传统稻鱼模式	改良稻鱼模式
田鱼收入（元/hm²）		14 985.24±569.08	40 517.27±3 522.72
总收入（元/hm²）	12 095.06±512.96	26 945.51±844.01	52 613.23±3 779.50
净收入（元/hm²）	9 632.60±237.91	24 883.77±581.19	49 581.95±3 374.61
产出投入比	3.9	12.1	16.4

注：表中数值为平均数±标准误

　　通过两个独立的田间试验，进一步比较了水稻单作、鱼单养、传统低养殖密度稻鱼模式和不同高养殖密度稻鱼模式的生产力与经济效益（表2-3）。在试验1的结果中，水稻单作和鱼单养的方式都是产出单一化产品的模式，由于田鱼养殖密度低，不需要用饲料，单纯养鱼的成本很低，经济效益显著高于水稻单作（总收入和净收入）。传统稻鱼模式虽然在形式上是水稻单作和田鱼单养的结合，但是在投入成本上小于两者之和（主要源自农药和化肥使用的减少），在经济总收入上却又超出两者之和（主要源自田鱼产量的增加），充分体现了种养结合在经济效益上的正效应。试验2的结果表明，随着养殖密度的提高（商品饲料投入也增加），稻鱼模式的经济效益在不断提升，田鱼产量是稻鱼模式经济效益的主导因子。在所设定的放养梯度中，虽然田鱼的生长在高养殖密度下比低养殖密度下受到了更多的稻田环境容纳量的限制，但是在经济效益上，整个系统的收益效率（投入产出比）并没有受到任何影响。

表2-3　传统稻鱼模式和养殖密度提高的稻鱼模式的生产力及经济效益（吴雪，2012）

试验	处理	水稻产量（kg/hm²）	田鱼产量（kg/hm²）	投入成本*（元/hm²）	经济总收入**（元/hm²）	经济净收入（元/hm²）
试验1	水稻单作（RM）	6 171±299.68a		2 462±184.80ab	20 981±1 018.9a	18 519±834.1a
	稻鱼共作（RF）	5 898±415.74a	484±70.9a	2 062±262.82a	49 093±5 667.5b	47 031±5 404.7b
	鱼单养（FM）		414±37.53a	441±101.74c	24 840±2 251.8c	24 399±2 150.1c
试验2	目标产量750kg/hm²	5 044±308.52a	686±54.38a	2 955±403.01b	42 572±3 100.8bd	39 617±2 697.8d
	目标产量1 500kg/hm²	5 126±508.86a	1 190±104.43b	4 091±643.59d	62 978±5 703.8e	58 887±5 060.2e
	目标产量2 250kg/hm²	5 150±465.66a	1 578±243.85b	5 227±884.17de	78 570±11 151f	73 343±10 267f
	目标产量3 000kg/hm²	4 911±297.21a	2 159±199.54c	6 363±1 124.75e	101 093±8 873g	94 730±7 748.5g

* 成本包括鱼苗、种子、化肥、饲料、农药，** 经济总收入包括水稻和田鱼的收入

注：表内数值为平均值±标准误。同列不同字母表示5%水平差异显著。试验1：传统稻鱼模式；试验2：养殖密度提高的稻鱼模式

第二节　土壤碳氮磷及土壤微生物

土壤肥力维持是农业生态系统生产力持续提高的根本基础。在青田稻鱼共生系统长期发展的过程，土壤肥力变化状况如何？我们从土壤碳氮磷、土壤微生物、土壤还原性状态等方面进行了长期田间试验和农户田块取样研究。

在青田稻鱼共生系统典型区域，我们选取9个村（仁庄镇的外垟村、半坑村、小令村、新彭村、严寮村、垟心村、东坪村、莲头村和垟坑村）进行成对样本分析（每个村3～5对样本），并在方山乡龙现村（全球重要农业文化遗产青田稻鱼共生系统保护地）进行田间长期定位观测。

一、土壤碳氮磷

（一）成对土壤样点

对成对土壤样本（水稻单作系统和稻鱼系统）的分析表明，稻鱼系统的土壤有机质（soil organic matter，SOM）和总氮（total nitrogen，TN）含量显著高于水稻单作系统（$P<0.05$）（图2-11），但水稻单作系统和稻鱼系统土壤的总磷（total phosphorus，TP）含量无显著差异（$P>0.05$）（图2-11）。

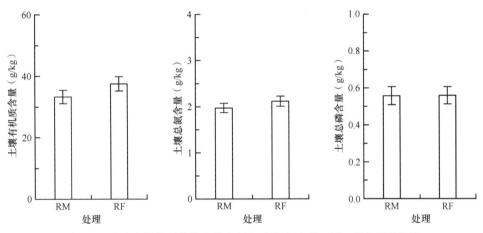

图2-11　成对取样水稻单作系统和稻鱼系统土壤碳、氮、磷含量的比较

RM：水稻单作系统；RF：稻鱼系统

（二）长期试验

田间长期取样观测表明，稻鱼系统土壤碳、氮、磷（分别以SOM、TN、TP表示）基本保持稳定，但水稻单作系统土壤碳和磷有波动，有些年份下降（图2-12）。

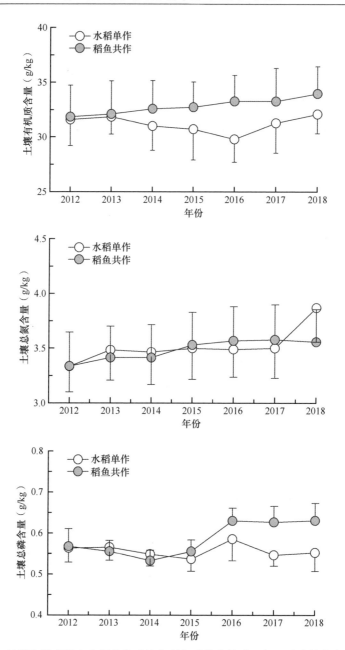

图2-12 长期取样观测点水稻单作系统和稻鱼系统土壤碳、氮、磷含量的变化趋势

二、土壤微生物

微生物是土壤肥力的组成部分，和农田系统氮素的可利用性密切相关。首先，微生物通过分泌胞外聚合物促进土壤团聚体形成（Rashid et al.，2016；Costa et al.，

2018），改良土壤结构，提高土壤对养分的吸附力；其次，微生物和作物存在养分竞争，作物生长前期微生物竞争力较强，固定了大量养分（Kuzyakov and Xu，2013），减少了氮素流失；最后，氮素循环主要由微生物代谢驱动，相关群落如固氮菌、氨氧化菌和反硝化菌的状态直接影响氮素转化过程（Kuypers et al.，2018）。为此，我们在分析稻鱼共生系统土壤碳、氮、磷的同时，采用高通量测序和荧光定量PCR（qPCR）的方法，分析稻鱼共生系统的土壤微生物总生物量、土壤微生物生物量碳含量、土壤微生物生物量氮含量、土壤细菌和古菌群落及氮素循环群落特征，并通过DNA-SIP的方法分析土壤中直接同化利用无机氮（化肥）和有机氮（田鱼粪便）的微生物类群。

（一）土壤微生物丰度

如图2-13所示，采用土壤熏蒸法测定土壤微生物生物量碳（MBC）含量和微生物生物量氮（MBN）含量表明，从微生物总量看，MBC含量在不投喂饲料的稻鱼共生系统、投喂饲料的稻鱼共生系统和水稻单作系统处理之间无显著差异（$P>0.05$），但MBN含量在3个处理间差异显著（$P<0.05$），投喂饲料的稻鱼共生系统的MBN含量显著高于不投喂饲料的稻鱼共生系统和水稻单作系统（$P<0.05$）。

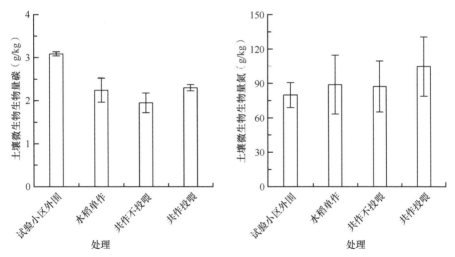

图2-13　水稻单作系统和稻鱼共生系统土壤微生物生物量碳（MBC）与
微生物生物量氮（MBN）含量

采用qPCR分析土壤细菌和古菌的群落特征表明，稻鱼共生系统的古菌群落和细菌群落丰度均显著高于水稻单作系统（古菌：$F=6.002$，$P=0.022$；细菌：$F=12.783$，$P=0.002$），稻鱼共生系统的古菌群落和细菌群落丰度分别高于水稻单作系统的123.04% 和65.69%（图2-14）。

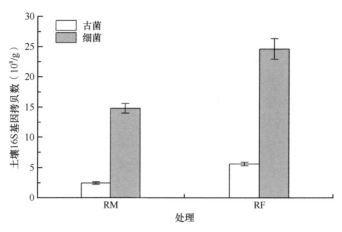

图2-14　荧光定量PCR（qPCR）测定方法下的古菌群落和细菌群落丰度比较

RM：水稻单作系统；RF：稻鱼共生系统

（二）土壤微生物多样性

微生物主要包括细菌、古菌、真菌、放线菌和原生动物等，其中细菌、古菌、真菌属于狭义微生物，是分布范围较广、个体数量较多和物种多样性较高的生物类群。土壤是微生物的主要栖息地之一。据估算，每克土壤中包含$4×10^9～20×10^9$个细菌和古菌及合计100m长的真菌菌丝（Bardgett and van der Putten，2014）。农田系统中土壤微生物的群落结构和活性直接影响养分的可利用性，因而微生物是土壤肥力的重要组成部分（Luo et al.，2016）。

采用高通量测序的方法对土壤的微生物多样性、结构和细菌、古菌群落进行分析，比较研究了青田稻鱼共生系统（RF）和对应水稻单作系统（RM）的微生物多样性与结构、细菌和古菌群落的差异。首先随机选择自然村采集成对的RF和RM田块土壤，每个田块随机取6个点的表层土壤（0～10cm）作为混合样，样品混匀后过20目网筛，保存在4℃下。采样时间为2018年7月20～25日（水稻拔节期），共在9个自然村采集到24对RF和RM土壤样品。细菌群落选择16S V4-V5区进行扩增分析，使用引物515F和907R（Yusoff et al.，2013），而古菌群落选择16S V3-V4区进行扩增分析。

高通量测序结果：每个样本单向序列数（reads）分别为36 348±8423、47 799±9238，对正反向序列比对合并后平均片段长度分别为（373.3±0.16）bp、（382.5±2.64）bp，去除重复序列及嵌合体，经DADA模型推断后获得真实变异序列数（ASV，即物种数）分别为9412和3433。

细菌群落分析显示，RF的多样性显著高于RM（图2-15）。RF中表征物种丰富度的指标（Observed、Chao1、ACE）分别比RM高20.6%（$F=8.426$，$P=0.006$）、20.9%（$F=8.659$，$P=0.005$）和20.7%（$F=8.46$，$P=0.005$），表征物种多样性的指标（Shannon、Simpson、InvSimpson）分别比RM高3.9%（$F=9.731$，$P=0.003$）、

0.15%（F=10，P=0.006）和19.4%（F=8.591，P=0.005）。单因素方差分析表明，不同自然村样点间细菌群落Observed（F=7.74，P<0.001）、Chao1（F=7.96，P<0.001）、ACE（F=7.86，P<0.001）、Shannon（F=5.37，P<0.001）、Simpson（F=3.85，P=0.002）和InvSimpson（F=5.14，P<0.001）均有显著差异。

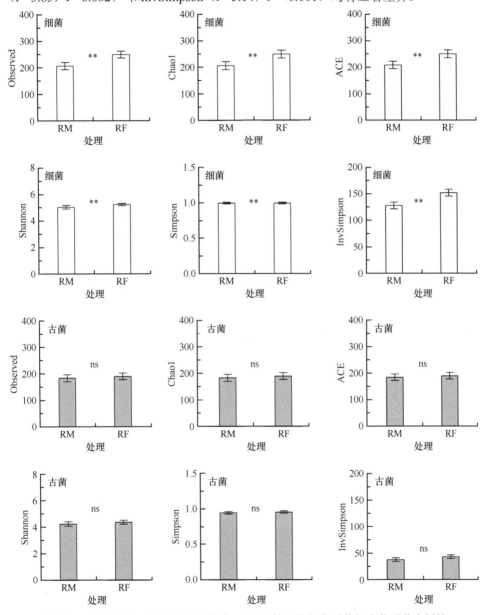

图2-15　稻鱼共作（RF）和水稻单作（RM）的土壤细菌群落与古菌群落多样性

Observed：观测物种数；Chao1：Chao1方法估算的物种数；ACE：基于丰富度估算的物种数；
Shannon：香农多样性指数；Simpson：辛普森多样性指数；InvSimpson：辛普森指数计算的理论物种数。
误差线表示标准误，柱形图上方符号表示统计检验显著性水平：ns表示P>0.05，**P<0.01

古菌群落分析显示，RF和RM的多样性无显著差异（图2-15）。单因素方差分析表明，各自然村样点间古菌群落物种丰富度（Observed、Chao1、ACE）无显著差异，而多样性指标Shannon（F=2.76，P=0.016）、Simpson（F=2.73，P=0.017）、InvSimpson（F=2.89，P=0.012）差异显著。

细菌群落结构的非度量多维尺度分析（NMDS）和降趋对应分析（DCA）表明，RF和RM间不存在明显分离（图2-16）。群落相似性分析（ANOSIM）（R=0.046，P=0.074）和置换多元方差分析（ADONIS）（R=0.168，P=0.07）显示，RF和RM的细菌群落结构无显著差异。古菌群落的NMDS表明RF和RM间无明显分离，而DCA显示RF和RM的分离程度略有增加（图2-17）。ANOSIM（R=0.052，P=0.054）显示RF和RM古菌群落无显著差异，而ADONIS（R=0.192，P=0.036）显示RF和RM古菌群落结构有显著差异。

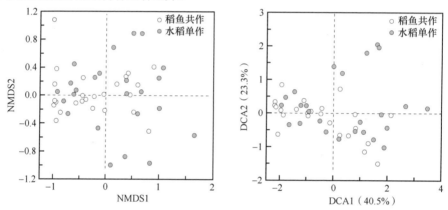

图2-16 稻鱼共作（RF）和水稻单作（RM）的土壤细菌群落结构NMDS分析与DCA分析

NMDS分析基于Bray-Curtis距离

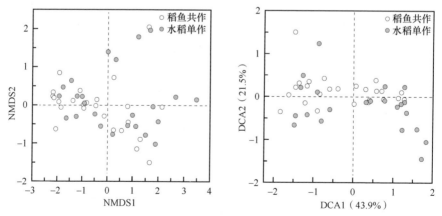

图2-17 稻鱼共作（RF）和水稻单作（RM）的土壤古菌群落结构NMDS分析与DCA分析

NMDS分析基于Bray-Curtis距离

微生物群落结构的变异主要在自然村样点间，ANOSIM显示细菌群落（$R=0.256$，$P=0.001$）和古菌群落（$R=0.195$，$P=0.002$）在样点间有显著差异，ADONIS同样显示细菌群落（$R=0.255$，$P=0.001$）和古菌群落（$R=0.28$，$P=0.001$）在样点间有显著差异。此外，对所有样本间细菌群落和古菌群落的Bray-Curtis遗传距离进行Mantel检验发现，两者显著相关（$R=0.711$，$P=0.001$），表明样点间细菌群落和古菌群落的变化具有一致性。

（三）氮素循环相关微生物功能类群

土壤氮素循环过程由微生物的代谢直接驱动，稻田系统中微生物驱动的氮素运转过程包括生物固氮（biological nitrogen fixation）、无机氮固持（immobilization）、有机氮矿化（mineralization）、硝化-反硝化（nitrification-denitrification）和厌氧氨氧化（anaerobic ammonium oxidation，Anammox）等。其中，硝化-反硝化过程是稻田系统氮素循环最重要的过程，执行硝化过程的微生物主要是特化细菌（specialist），分布在β-变形菌门（Beta-Proteobacteria）和丙型变形菌纲（Gamma-Proteobacteria），而稻田系统的硝化菌群中古菌占据主导地位（Chen et al.，2013）。执行反硝化过程的微生物属于泛化种（generalist），广泛地分布在细菌、古菌和真菌的多个分类单元（Ishii et al.，2011）。主要通过分析编码相关反应的功能基因对氮素循环有关的微生物类群进行研究，常用硝化过程标记基因有氨单加氧酶基因*amoA*编码产物催化反应$NH_4^+ \rightarrow NH_2OH$，*amoA*同时存在于细菌（AOB）和古菌（AOA）中；反硝化过程标记基因有硝酸盐还原酶基因*narG*编码产物催化反应$NO_3^- \rightarrow NO_2^-$，亚硝酸盐还原酶基因*nirS*和*nirK*编码产物催化反应$NO_2^- \rightarrow NO$、氧化亚氮还原酶基因*nosZ*编码产物催化反应$NO \rightarrow N_2O$。

针对上述氮素循环微生物群落分析，我们通过定位试验，采集水稻单作系统RM、稻鱼共生系统RF1（不投喂）和稻鱼共生系统RF2（投喂）3个处理的土壤，采样时间为水稻移栽后的第3天（返青期）、第40天（分蘖期）、第80天（抽穗期）和第110天（成熟期）。采用qPCR分析氮素循环功能微生物群落丰度，目的基因选择硝化-反硝化过程功能基因：古菌*amoA*（AOA）、细菌*amoA*（AOB）、*nirS*、*nirK*、*nosZ*和*narG*。

对硝化-反硝化过程6个相关基因的qPCR分析发现，基因丰度在不同处理间和不同水稻生长时期有显著差异（表2-4，图2-18）。

表2-4　不同处理和不同时期对氮素循环基因丰度影响的方差分析

F值	AOA	AOB	narG	nirS	nirK	nosZ	AOA/AOB
处理	51.60***	3.00ns	13.23***	1.26ns	32.74***	125.01**	26.81***
时期	45.10***	18.33***	4.03*	6.24**	20.94***	1.09ns	4.15*
处理×时期	5.71**	3.49*	1.88ns	2.05ns	4.56**	2.28ns	1.82ns

注：* $P<0.05$；** $P<0.01$；*** $P<0.001$；ns表示差异不显著（$P>0.05$）

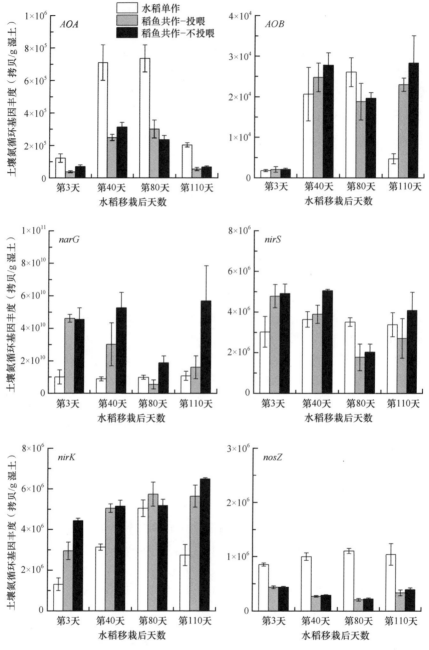

图2-18 水稻移栽后不同时期（第3～110天）氮素循环基因丰度

硝化过程相关基因*AOA*丰度在不同时期和处理间均有显著差异，总体随时间呈先升高后降低的趋势，RF1（不投喂）和RF2（投喂）无显著差异，分别比RM降低63.7%和61.4%。*AOB*丰度在不同处理间无差异，但在不同时期间有极显著的差异，由于双因子间的交互作用显著（$F=3.49$，$P=0.014$），对不同时期数据进行单独分析。结果显示，*AOB*丰度在Day110（水稻成熟期）处理间差异显著（$F=9.48$，$P=0.014$），RF1和RF2无差异，分别比RM提高3.5倍和4.7倍。此外，*AOA*和*AOB*的丰度比值在不同时期与处理间均有显著差异（表2-4，图2-19），总体随时间降低。RF1和RF2无差异，分别比RM下降72.8%和71.7%。结果表明，*AOA*和*AOB*的总丰度在RF中显著下降，硝化过程可能被抑制了。

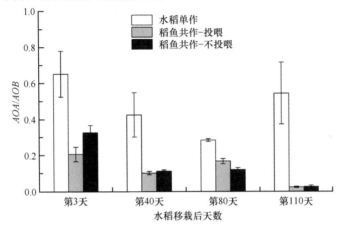

图2-19　水稻移栽后不同时期（第3～110天）*AOA*和*AOB*的丰度比值

　　反硝化过程相关基因*narG*丰度在不同时期和处理间均有显著差异，总体随时间呈降低趋势，RF1和RF2差异不显著，分别比RM提高155%和355%。*nirS*在不同处理间无显著差异，在不同时期差异显著，总体随时间降低。*nirK*在不同时期和处理间均有显著差异，总体随时间呈上升趋势，RF1和RF2无差异，分别比RM提高58.5%和74.2%。*nosZ*在不同时期无显著差异，在不同处理间差异显著，RF1和RF2无差异，分别比RM降低68.9%和66.3%。结果表明，反硝化过程不同反应变化趋势不一致。

（四）土壤微生物分类群组成和差异分析

　　利用高通量测序数据，对稻鱼共生系统与水稻单作系统土壤微生物分类群组成和差异的分析表明，所有样本的细菌群落共包括15个门28个纲50个目77个科153个属，门分类水平相对丰度较高的为变形菌门（Proteobacteria）（41.3%）、绿弯菌门（Chloroflexi）（30.0%）和拟杆菌门（Bacteroidetes）（16.8%）。在目分类水平上不同样点RF和RM的类群组成相似（图2-20），相对丰度较高的为厌氧绳菌目（Anaerolineales）（26.2%）和拟杆菌目（Bacteroidales）（11.3%），其中除东坪村和严寮村样点，Anaerolineales在RF的丰度明显高于RM。样点之间的分类群组成有一定差异：如垟坑村样点黄单胞菌目（Xanthomonadales）分布最多，拟杆菌目

（Bacteroidales）分布最少；半坑村、外垟村和小令村相比其他样点，Bacteroidales比例增加，而Anaerolineales比例降低。

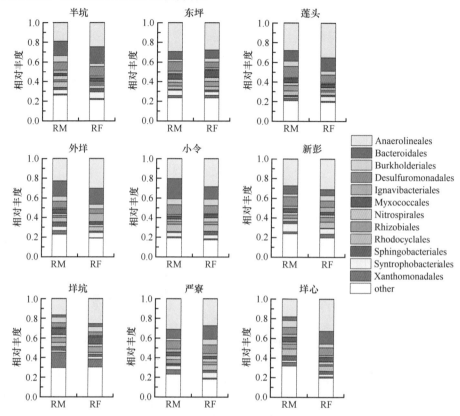

图2-20　稻鱼共作系统（RF）和水稻单作系统（RM）的土壤细菌目水平分类群组成

半坑、东坪、莲头、外垟、小令、新彭、垟坑、严寮、垟心代表9个自然村样点，图中仅展示相对丰度最高的前12个类群，其他类群合并为other。Anaerolineales，厌氧绳菌目；Bacteroidales，拟杆菌目；Burkholderiales，伯克氏菌目；Desulfuromonadales，除硫单胞菌目；Ignavibacteriales，无中文名称；Myxococcales，粘球菌目；Nitrospirales，硝化螺旋菌目；Rhizobiales，根瘤菌目；Rhodocyclales，红环菌目；Sphingobacteriales，鞘脂杆菌目；Syntrophobacteriales，互营杆菌目；Xanthomonadales，黄单胞菌目

　　LEfSe物种差异分析显示，稻鱼共生系统中显著富集的细菌类群主要位于绿弯菌门（Chloroflexi），共有8个属：*Lacibacter*、*Phaeodactylibacter*、*Anaerolinea*、*Leptolinea*、*Longilinea*、*Thermomarinilinea*、*Rivicola*、*Roseateles*；水稻单作系统中显著富集的细菌类群主要位于变形菌门（Proteobacteria）、厚壁菌门（Firmicutes）和疣微菌门（Verrucomicrobia），共有6个属：*Bacteroides*、*Parasegetibacter*、*Propionispora*、*Nitrospira*、*Sideroxydans*、*Halomonas*（图2-21）。其中稻鱼共生系统显著富集的类群在目分类水平为Anaerolineales，与物种组成分布结果（图2-20）一致。

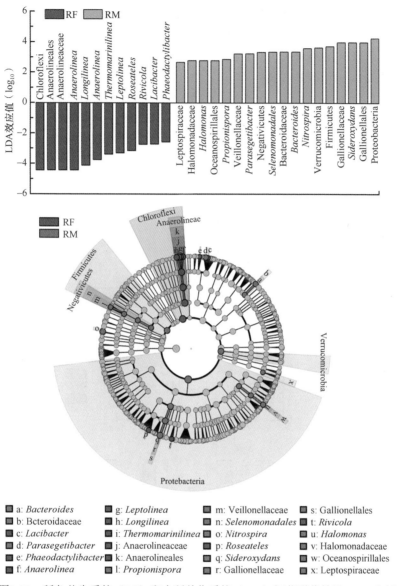

图2-21　稻鱼共生系统（RF）和水稻单作系统（RM）细菌群落差异LEfSe分析

上图是RM和RF丰度差异显著类群的线性判别分析（linear discriminant analysis，LDA）效应值（LDA>2，Kruskal-Wallis检验$P<0.05$），红色表示RF中显著富集的类群，绿色表示RM中显著富集的类群；下图是RM和RF丰度差异显著类群的进化分枝图，由外向内分别为门、纲、目、科、属分类水平。a: *Bacteroides*，拟杆菌属；b: Bacteroidaceae，拟杆菌科；c: *Lacibacter*，湖杆菌属；d: *Parasegetibacter*，副壤杆菌属；e: *Phaeodactylibacter*，棕指藻属杆菌属；f: *Anaerolinea*，厌氧绳菌属；g: *Leptolinea*，纤绳菌属；h: *Longilinea*，长绳菌属；i: *Thermomarinilinea*；j: Anaerolineaceae，厌氧绳菌科；k: Anaerolineales，厌氧绳菌目；l: *Propionispora*，高温厌氧杆菌属；m: Veillonellaceae，韦荣氏菌科；n: *Selenomonadales*，香蕉孢菌属；o: *Nitrospira*，硝化螺旋菌属；p: *Roseateles*；q: *Sideroxydans*，铁氧化菌属；r: Gallionellaceae，嘉利翁氏菌科；s: Gallionellales，嘉利翁氏菌目；t: *Rivicola*；u: *Halomonas*，盐单胞菌属；v: Halomonadaceae，盐单胞菌科；w: Oceanospirillales，海洋螺菌目；x: Leptospiraceae，钩端螺旋体科

古菌群落包括7个门14个纲16个目17个科17个属，门分类水平相对丰度较高的为泉古菌门（Crenarchaeota）（32.7%）、奇古菌门（Thaumarchaeota）（32.3%）和广古菌门（Euryarchaeota）（11.3%）。目分类水平有6个类群明确注释：亚硝化球菌目（Nitrososphaerales）（27.2%）、酸叶菌目（Acidilobales）（17.1%）、甲烷菌第七目（Methanomassiliicoccales）（10.3%）、热变形菌目（Thermoproteales）（2.9%）、亚硝化侏儒菌目（Nitrosopumilales）（3.4%）和甲烷杆菌目（Methanobacteriales）（0.2%），不同样点稻鱼共生系统和水稻单作系统之间的类群组成有明显差异（图2-22）。

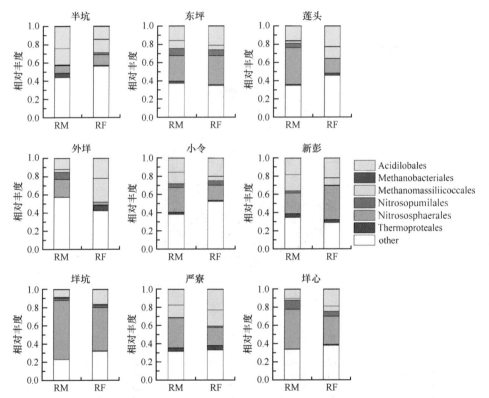

图2-22　稻鱼共作系统（RF）和水稻单作系统（RM）的土壤古菌目水平分类群组成

半坑、东坪、莲头、外垟、小令、新彭、垟坑、严寮、垟心代表9个自然村样点，所有未成功注释的类群合并为other。Acidilobales，酸叶菌目；Methanobacteriales，甲烷杆菌目；Methanomassiliicoccales，甲烷菌第七目；Nitrosopumilales，亚硝化侏儒菌目；Nitrososphaerales，亚硝化球菌目；Thermoproteales，热变形菌目

LEfSe物种差异分析显示，稻鱼共生系统中显著富集的古菌类群属于泉古菌门（Crenarchaeota），共有2个：暖球形菌属（Caldisphaera）和热变形菌纲（Thermoprotei）（纲分类名，以下水平未注释）；而水稻单作系统中无显著富集的类群（图2-23）。

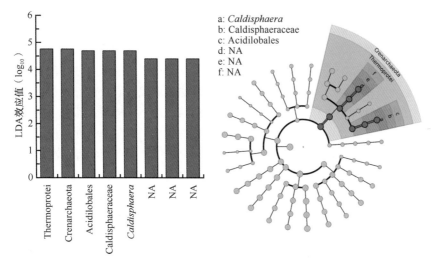

图2-23　稻鱼共作系统（RF）和水稻单作系统（RM）古菌群落差异LEfSe分析

左图是RM和RF丰度差异显著类群的LDA效应值（LDA＞2，Kruskal-Wallis检验P＜0.05），红色表示RF中显著富集的类群。右图是RM和RF丰度差异显著类群的进化分枝图，由外向内分别为门、纲、目、科、属分类水平；Caldisphaeraceae暖球形菌科，Acidilobales酸叶菌目，NA表示未明确微生物

第三节　青田稻鱼共生系统环境特点

现代农业在保证粮食安全（food security）的同时，带来的资源环境问题引起了广泛的关注（Matson et al.，1997；Frink et al.，1999；Socolow，1999；Tilman，1999）。增加单位面积土地的产出、提高资源的利用效率、加强农业生产内部物质的循环是农业需要面对的挑战。人们重新思考农业发展的模式，在发展生物技术培育新品种（Gebbers and Adamchuk，2010；Ookawa et al.，2010）、精确农业技术（Tester and Langridge，2010）和创建新农作制度（Zhu et al.，2000）的同时，从传统农业中获取经验，将传统农业的精华与现代农业技术结合，在保障粮食产出的同时减少对环境的压力。

青田稻鱼系统是优秀的传统农业系统，其运转过程对环境的效应如何，需要定量分析。为此，在最近10多年，我们围绕化肥和农药的使用、稻田水体氮磷面源污染的潜在风险、温室气体排放等方面开展一系列研究。

一、化肥和农药使用特点

稻鱼系统在许多情况下农药的使用量大大减少，甚至无农药使用，化肥用量也显著减少。Berg（2002）对越南120个农户的调查表明，稻鱼系统农药的使用量比水稻单作系统的降低43.8%。在印度尼西亚，稻鱼系统无除草剂使用，杀虫剂的用量仅为水稻单作系统的23.24%（Frei and Becker，2005b）。为分析青田稻鱼共生系统中农药和化肥的使用情况，我们在青田稻鱼共生系统分布的主要区域，随机选取了31个自然村（取样单元）进行调查，其中25个自然村位于山丘地区，6个位于河谷地带。每个取样单元内随机取3~5个样本，即取3~5个成对的稻鱼共作田块和水稻单作田块调查农事活动。通过在田间或去家里拜访的形式对农户进行调查，详细记录水稻整个生长期间每个样点的农事活动（包括品种选择、播种、移栽、施肥、病虫草害防治、收获，鱼的放养时间和密度、饲料与产量）。整个研究过程中，假设我们的调查不干扰农户的任何农事操作，农药和化肥等使用都视实际情况而定。农药使用量以每公顷投入的活性成分来表示，化肥和有机肥使用量以每公顷投入的N、P_2O_5、K_2O表示。结果表明，水稻单作系统投入的化肥和农药量明显高于传统稻鱼共生系统和改良稻鱼共生系统（表2-5），传统稻鱼共生系统和改良稻鱼共生系统在水稻整个生长期均没有使用除草剂，说明鱼有效控制了稻田杂草。传统稻鱼共生系统中肥料以有机肥为主，改良稻鱼共生系统以化肥为主（表2-5），并且改良稻鱼共生系统施用的化肥量明显高于传统稻鱼共生系统（表2-5），这也可能是改良稻鱼共生系统水稻产量略高于传统稻鱼系统的原因（Chen et al.，2011）。改良稻鱼共生系统（IRF）的农药使用量也明显高于传统稻鱼共生系统（表2-5），主要是由病虫害的发生率相对增加所致。

表2-5　三种系统中水稻产量及肥料农药投入（Chen et al.，2011）

		传统稻鱼共生系统	改良稻鱼共生系统	水稻单作系统
水稻产量（t/hm²）		5.98±0.14	6.03±0.26	6.05±0.13
化肥（kg/hm²）	N	43.80±5.41	101.32±6.96	166.35±8.46
	P_2O_5	12.24±2.22	26.77±2.35	40.67±3.44
	K_2O	14.17±2.90	30.29±3.37	59.27±5.99
	总量	70.21±5.23	158.39±16.97	266.28±18.15
有机肥（kg/hm²）	N	102.21±12.63	70.15±4.82	18.48±0.94
	P_2O_5	33.66±5.17	18.54±1.63	4.52±0.38
	K_2O	33.06±6.76	20.97±2.31	6.59±0.55
	总量	163.83±17.21	109.56±11.75	29.59±2.02
农药（kg/hm²）	杀虫剂	1.53±0.17	1.54±0.14	3.26±0.86
	杀菌剂	0.23±0.02	0.27±0.03	0.58±0.13
	除草剂	0.00±0.00	0.00±0.00	0.38±0.09
	总量	1.76±0.18	1.81±0.15	4.22±0.36

　　长期对青田稻鱼共生系统化肥和农药的使用量观察分析发现，2006～2010年水稻单作系统农药的投入量显著高于稻鱼共作系统（$P<0.05$），年份间农药投入量显著不同（$P<0.05$）。2006年农药投入量最多，水稻单作系统的农药投入量达到23.22kg/hm^2，稻鱼共作系统农药投入量为12.19kg/hm^2（图2-24）。

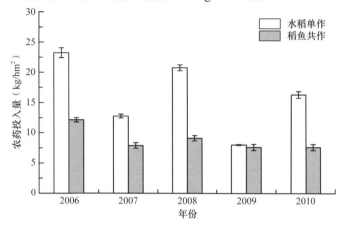

图2-24　水稻单作系统和稻鱼共作系统农药投入量（谢坚，2011）

　　水稻单作系统的总肥料投入量显著高于稻鱼共作系统（$P<0.05$），但是年份间没有显著差异。水稻单作系统总肥料投入量5年平均为（282.27 ± 26.53）kg/hm^2，稻鱼共作系统总肥料投入量为（216.20 ± 19.30）kg/hm^2。而总肥料投入量中约90%为化肥（图2-25）。

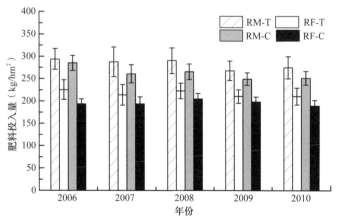

图2-25　水稻单作系统和稻鱼共作系统总肥料投入量与化肥投入量（谢坚，2011）

RM-T：水稻单作系统总肥料投入量；RM-C：水稻单作系统化肥投入量；
RF-T：稻鱼共作系统总肥料投入量；RF-C：稻鱼共作系统化肥投入量

　　水稻单作系统和稻鱼共作系统总氮肥投入量没有显著差异，但是就化学氮肥的投入量而言，水稻单作系统的投入量显著高于稻鱼共作系统的投入量（$P<0.05$），5年平均高出35.16kg/hm²（图2-26）。

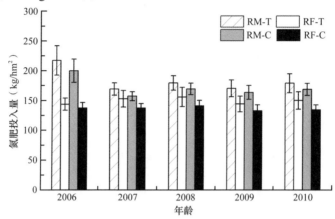

图2-26　水稻单作系统和稻鱼共作系统总氮肥投入量与化学氮肥投入量（Xie et al.，2011）

RM-T：水稻单作系统总氮肥投入量；RM-C：水稻单作系统化学氮肥投入量；
RF-T：稻鱼共作系统总氮肥投入量；RF-C：稻鱼共作系统化学氮肥投入量

二、稻田水体环境特点

　　不同田鱼产量水平下的稻鱼共生系统，稻田水体环境是如何变化的？为回答这一问题，我们设计了2个试验。试验1为田鱼产量低的传统稻鱼系统，设3个处理：水稻单作（rice monoculture，RM）；鱼单养（fish monoculture，FM）；低密度（田鱼目标产量25kg/亩）稻鱼共作（rice fish co-culture，RF）。试验2是产量提升稻鱼系统，设4个处理：稻鱼共作（田鱼目标产量50kg/亩）（RF50）；稻鱼共作（田鱼目标产量100kg/亩）（RF100）；稻鱼共作（田鱼目标产量150kg/亩）（RF150）；稻鱼共作（田鱼目标产量200kg/亩）（RF200）。主要测定稻田水体中的总氮、氨氮、总磷和化学需氧量（COD）。

（一）稻鱼系统中稻田水体氮素的含量

　　传统稻鱼系统不投喂鱼饲料，鱼单养（FM）、低密度稻鱼共作（RF）、水稻单作（RM）3个处理水体中的总氮（TN）含量无显著差异（$F_{2,9}=0.304$，$P=0.745$）；各处理水体总氮（TN）含量随水稻生长也没有显著变化（图2-27a）。产量提升的稻鱼系统（图2-27b）中，随着养鱼密度的增加，水体总氮含量有增加的趋势，但是差异不显著（$P>0.05$）；从水稻生长期来看，水体总氮含量逐渐增加，这很可能是由于鱼饲料不断投入，未利用完的鱼饲料增加了水体总氮的含量。

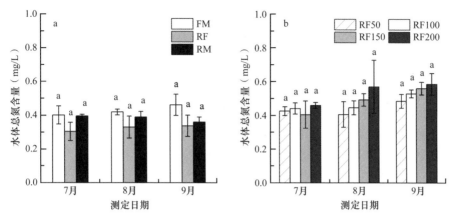

图2-27　传统稻鱼系统（试验1）（a）和产量提升稻鱼系统（试验2）（b）中各处理水体总氮含量

RM：水稻单作系统；RF：稻鱼共作系统；FM：鱼单养系统；RF50：稻鱼共作，田鱼目标产量50kg/亩；RF100：稻鱼共作，田鱼目标产量100kg/亩；RF150：稻鱼共作，田鱼目标产量150kg/亩；RF200：稻鱼共作，田鱼目标产量200kg/亩。图中同一日期相同小写字母表示处理间差异不显著（$P>0.05$）

传统稻鱼系统中，鱼单养、稻鱼共作、水稻单作3个处理水体氨氮含量的变化趋势与水体总氮含量的情况基本一致，各处理间均无显著差异（$F_{2,9}=0.341$，$P=0.720$）（图2-28a）。养殖密度提高的稻鱼系统中，不同处理水体中氨氮含量的变化趋势与水体总氮（TN）含量的变化趋势相类似，水体氨氮含量随时间变化存在显著差异（$P<0.05$），RF100、RF150、RF200处理抽穗期（9月）的水体氨氮含量显著高于分蘖期（7月）和拔节期（8月）；多重比较结果表明，7月和8月各处理两两之间均不存在显著差异（$P>0.05$）；9月RF50处理氨氮含量显著低于RF100、RF150和RF200（$P<0.05$），RF100和RF150之间不存在显著差异（$P>0.05$），但显著低于

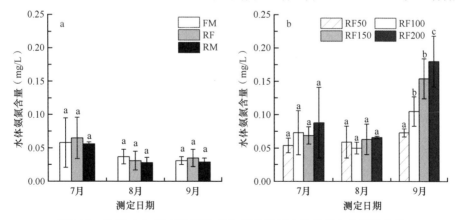

图2-28　传统（a）和产量提升（b）稻鱼系统中各处理水体氨氮含量

RM：水稻单作系统；RF：稻鱼共作系统；FM：鱼单养系统；RF50：稻鱼共作，田鱼目标产量50kg/亩；RF100：稻鱼共作，田鱼目标产量100kg/亩；RF150：稻鱼共作，田鱼目标产量150kg/亩；RF200：稻鱼共作，田鱼目标产量200kg/亩。图中同一日期相同小写字母表示处理间差异不显著（$P>0.05$），不同小写字母表示处理间差异显著（$P<0.05$）

RF200处理（$P<0.05$）（图2-28b）。一方面，未被利用的饲料经过化学作用可能会增加水体氨氮含量；另一方面，养鱼密度较高的时候，鱼排泄的粪便也可能是水体氨氮增加的重要原因。

（二）稻鱼系统中稻田水体磷素的含量

传统稻鱼系统中，各处理间水体总磷含量无显著差异（$F_{2,9}=0.376$，$P=0.697$）。随着水稻的生长，水体总磷含量逐渐降低（$P<0.05$），可能是水稻生长初期投入的化肥造成了较高的总磷含量，随着时间延长及水体化学分解作用，水体总磷含量逐渐降低（图2-29a）。养殖密度提高的稻鱼系统中，水体总磷含量在各月之间存在显著差异（$P<0.05$），处理RF150和RF200随水稻生长水体总磷含量显著增加，推测这是大量投喂鱼饲料的缘故。各个处理的多重比较结果显示：7月和8月各处理水体TP含量不存在显著差异（$P>0.05$）；9月的测定结果表现为，随着鱼目标产量的增加，水体TP含量增加，RF50处理TP含量显著低于RF100、RF150和RF200（$P<0.05$），RF100处理TP含量显著低于RF200，但是RF100和RF200与RF150之间不存在显著差异（$P>0.05$）（图2-29b）。由此说明在目标产量3t/hm²（相当于200kg/亩的目标产量）的养殖密度下，水体面源污染风险显著增加。这就是青田稻鱼共生系统在青田范围内的现今自然综合条件下稻鱼共生产业可持续发展战略中环境保护考量下的田鱼目标产量的上限，也是当地生产经营者及农业生产管理者必须高度关注的一个阈值。

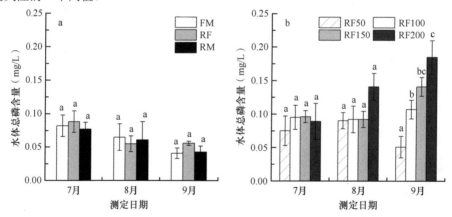

图2-29 传统（a）和产量提升（b）稻鱼系统中各处理水体总磷含量

RM：水稻单作系统；RF：稻鱼共作系统；FM：鱼单养系统；RF50：稻鱼共作，田鱼目标产量50kg/亩；RF100：稻鱼共作，田鱼目标产量100kg/亩；RF150：稻鱼共作，田鱼目标产量150kg/亩；RF200：稻鱼共作，田鱼目标产量200kg/亩。图中同一日期相同小写字母表示处理间差异不显著（$P>0.05$），不同小写字母表示处理间差异显著（$P<0.05$）

（三）稻鱼系统中稻田水体COD

化学需氧量（COD）是衡量水体中有机物质多少的指标。传统稻鱼系统各月多重比较结果表明（图2-30），7月和8月FM、RF、RM处理COD无显著差异（$P>$0.05），9月FM处理水体COD显著高于其他两个处理（$P<0.05$），RF和RM间差异不显著（$P>0.05$）。养殖密度提高的稻鱼系统中，各处理水体COD不存在显著差异（$P>0.05$）；随着水稻生长，各处理COD逐渐增加（$P<0.05$）。

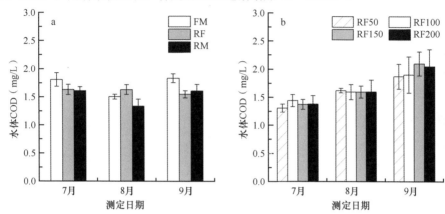

图2-30　传统（a）和产量提升（b）稻鱼系统中各处理水体化学需氧量（COD）

RM：水稻单作系统；RF：稻鱼共作系统；FM：鱼单养系统；RF50：稻鱼共作，田鱼目标产量50kg/亩；RF100：稻鱼共作，田鱼目标产量100kg/亩；RF150：稻鱼共作，田鱼目标产量150kg/亩；RF200：稻鱼共作，田鱼目标产量200kg/亩

三、稻田甲烷排放特点

水稻生产伴随温室气体的排放，其中甲烷排放通量达到人为总排放通量的5%~19%。稻田中温室气体的排放受土壤理化性质、气候微环境及田间耕作方式的影响（Le Mer and Roger，2001），如间歇灌溉时期，与持续灌溉相比，甲烷排放量降低，N_2O排放量升高（Guo and Zhou，2007）；土壤氧化还原电位（Eh）在80~150mV时，系统综合增温潜势最小（Yu and Patrick，2004）。在这些因素中，氮肥使用是影响氧化亚氮和甲烷排放的重要因素。Schimel（2000）认为，氮通过3个因素影响甲烷的排放：①植株因素，氮被植物吸收利用，促进植株生长，为甲烷产生提供了更多有机质残体，促进甲烷产生；②微生物群落因素，NH_4^+解除甲烷氧化菌氮缺乏状态，使其数量增加、活性增强，促进甲烷氧化；③生化代谢因素，NH_4^+可以与CH_4竞争甲烷氧化酶，抑制甲烷氧化。氮对甲烷排放的影响是这3个因素综合作用的结果。

稻鱼系统的甲烷排放问题一直存在争议，所报道的研究结果和观点存在差异。稻鱼系统中鱼的活动可以增加水体NH_4^+含量（Oehme et al.，2007）、改变水体和土壤的氧气含量与pH情况（Frei and Becker，2005a；Frei et al.，2007），这些都可以影响甲烷和氧化亚氮的产生或氧化。黄毅斌等（2001）连续3年的研究表明，稻-鱼-萍复合系统甲烷排放通量比水稻单作低34.6%；展茗等（2008）的研究表明，稻鱼共作对系统CH_4、N_2O的排放都没有显著的影响；但是，孟加拉国温室试验（Frei and Becker，2005a）和田间试验（Frei et al.，2007）都显示稻鱼共作系统的平均甲烷排放通量要显著高于水稻单作系统，同时稻鱼共作的水体溶解氧（DO）含量下降、浑浊度增高，因此认为，鱼通过两种机制促进甲烷的排放：①增加浑浊度和取食藻类，降低水体溶解氧含量，增加了甲烷的产生；②鱼搅动土壤，土壤中过多的甲烷逃逸出来。Datta等（2009）对稻鱼共生系统的CH_4和N_2O排放研究表明，与水稻单作相比，稻鱼共作的甲烷排放通量增加，N_2O排放通量降低，综合增温潜势比水稻单作增加。

　　为此，我们开展了两组试验研究：一是在总氮投入量相同的情况下，比较稻鱼系统和水稻单作系统的甲烷排放；二是在总氮投入量不变的情况下，比较化肥氮和饲料氮不同配比稻鱼系统的甲烷排放通量，利用静态箱方法采集气体，甲烷浓度用Focus色谱仪测定（李娜娜，2013）。

（一）稻鱼共作和水稻单作甲烷排放比较

　　在总氮投入量相同的情况下，稻鱼共作系统（RF-feed 0）平均甲烷排放通量低于水稻单作（RM），RF-feed 0和水稻单作（RM）甲烷平均排放通量分别为23.38mg/(m^2·h)和31.59mg/(m^2·h)，但是差异不显著（$F_{1,4}$=5.116，P=0.087）。不同取样日期间差异显著（F=8.376，df=2，P=0.011），9月测定的甲烷排放通量显著低于前两次的测定结果（$P<0.05$）（图2-31）。水体DO、Eh、pH测定结果表明（表2-6），两处理DO（$F_{1,4}$=0.125，P=0.741）、Eh（$F_{1,4}$=0.222，P=0.662）、pH（$F_{1,4}$=0.170，P=0.701）差异均不显著（表2-6）。不同测定日期间Eh（F=13.546，df=2，P=0.003）和pH（F=33.368，df=2，P=0.000）差异显著，7月10日的水体Eh显著低于7月29日，水体pH也显著低于后两个测定时期。总体分析可见与水稻单作相比，稻鱼共作系统甲烷排放通量降低26%。

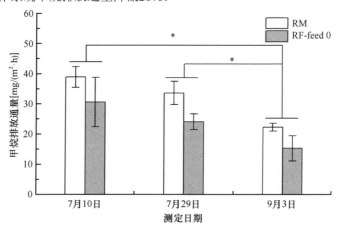

图2-31　不同处理稻田甲烷排放通量（平均值±标准误）

RM：水稻单作系统；RF-feed 0：稻鱼共作系统不投饲料；
* 表示同一日期两种处理的甲烷排放通量差异显著（$P<0.05$）

表2-6　不同处理水体溶解氧含量、氧化还原电位、pH变化

处理	溶解氧含量（μL/L）	氧化还原电位（mV）	pH
水稻单作	5.01±0.64	246.6±24.4	6.52±0.09
稻鱼共作不投饲料	4.73±0.46	240.5±14.5	6.55±0.09

注：所列数据为平均值±标准误

（二）化肥氮和饲料氮不同配比下甲烷排放比较

1. 投入氮量为120kg/hm^{2}的情况

在系统总氮投入量为120kg/hm^{2}时，随着化肥氮配比的降低，RF-feed 25%的平均甲烷排放通量高于RF-feed 0，分别为31.469mg/(m^2·h)和23.380mg/(m^2·h)。但是当化肥氮降低至45kg/hm^{2}时（RF-feed 62.5%），平均甲烷排放通量为30.958mg/(m^2·h)，与RF-feed 25%处理相当，但是3个处理间差异并不显著（$F_{2,6}$=1.487，P=0.299）。9月测定结果中，RF-feed 0处理的甲烷排放通量显著低于RF-feed 25% 和RF-feed 62.5%（$F_{2,6}$=5.360，P=0.046）。从水稻生长期来看（测定日期），不同生长期甲烷排放通量差异显著（F=7.903，df=2，P=0.028），9月稻田系统甲烷排放通量显著低于7月29日的测定结果（P=0.012）（图2-32）。

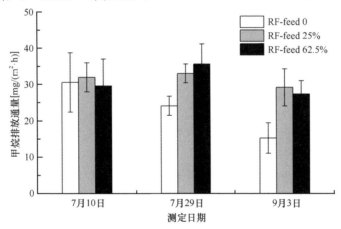

图2-32　总氮投入120kg/hm^{2}时不同处理稻田甲烷排放通量（平均值±标准误）

RF-feed 0：稻鱼共作不投饲料；RF-feed 25%：稻鱼共作，饲料氮占总氮投入的25%、化肥氮占75%；
RF-feed 62.5%：稻鱼共作，饲料氮占总氮投入的62.5%、化肥氮占37.5%

不同处理DO（$F_{2,6}$=0.177，P=0.842）、Eh（$F_{2,6}$=0.125，P=0.885）、pH（$F_{2,6}$=0.102，P=0.904）差异不显著（表2-7）。

表2-7　不同处理水体溶解氧含量、氧化还原电位、pH变化

处理	溶解氧含量（μL/L）	氧化还原电位（mV）	pH
RF-feed 0	4.73±0.46	240.5±14.5	6.55±0.09
RF-feed 25%	5.27±0.57	245.4±26.3	6.54±0.07
RF-feed 62.5%	4.94±0.78	245.1±22.8	6.51±0.10

注：所列数据为平均值±标准误

可见，在总氮投入一定的情况下，稻鱼共作系统甲烷排放通量随化肥氮比例升高（饲料氮比例降低）而降低。

2. 投入氮量为225kg/hm²的情况

在总氮投入为225kg/hm²情况下，降低其中化肥氮的配比，甲烷排放通量增高（图2-33），处理RF-feed 13%和RF-feed 30%的平均甲烷排放通量分别为（19.28±3.67）mg/(m²·h)和（22.42±2.52）mg/(m²·h)，但差异不显著（$F_{1,4}$=0.526，P=0.509）；而随着时间变化，甲烷排放通量差异显著（$F_{1,2}$=31.809，df=2，P=0.000），7月22日测定的甲烷排放通量显著高于后两次测定结果。

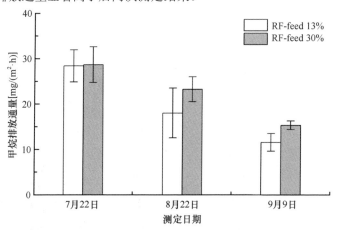

图2-33　总氮投入225kg/hm²时不同处理稻田甲烷排放通量（平均值±标准误）
RF-feed 13%：稻鱼共作，饲料氮占总氮投入的13%、化肥氮占87%；
RF-feed 30%：稻鱼共作，饲料氮占总氮投入的30%、化肥氮占70%

不同处理DO（$F_{2,6}$=0.177，P=0.842）、Eh（$F_{2,6}$=0.125，P=0.885）、pH（$F_{2,6}$=0.102，P=0.904）差异不显著（表2-8）。

表2-8　不同处理水体溶解氧含量、氧化还原电位、pH变化

处理	溶解氧含量（μL/L）	氧化还原电位（mV）	pH
RF-feed 13%	4.95±0.29	200.9±10.04	6.75±0.04
RF-feed 30%	1.74±0.25	186.2±13.45	6.72±0.05

注：所列数据为平均值±标准误

可见，稻鱼系统甲烷排放通量随化肥氮比例降低（饲料氮比例增高）而增加的

结果，一方面与系统氮缺乏有关，另一方面可能与饲料带入更多的有机质相关。本试验中使用的鱼饲料由谷物、麦麸等加工而成，有机质含量较高。研究发现，稻鱼系统饲料的利用率只有43%左右（Xie et al.，2011），未被利用饲料中的有机质可以作为甲烷的前体，在产甲烷菌的作用下产生甲烷（Le Mer and Roger，2001）。不同氮管理方式下，稻鱼系统甲烷排放潜力不同，说明稻鱼系统甲烷的排放是水产生物、氮使用量和氮投入方式综合作用的结果，这意味着合理地调节各个影响因子、选择最佳的现代田间管理技术可能实现最大程度地降低稻田系统温室气体排放。

参 考 文 献

陈欣, 唐建军. 2013. 农业系统中生物多样性利用的研究现状与未来思考. 中国生态农业学报, 21(1): 54-60.

黄毅斌, 翁伯琦, 唐建阳, 刘中柱. 2001. 稻-萍-鱼体系对稻田土壤环境的影响. 中国生态农业学报, 9(1): 74-76.

李娜娜. 2013. 中国主要稻鱼种养模式生态分析. 杭州: 浙江大学硕士学位论文.

骆世明. 2010. 农业生物多样性利用的原理与技术. 北京: 化学工业出版社: 3-58.

孙儒泳. 2002. 基础生态学. 北京: 高等教育出版社: 291-303.

吴雪. 2012. 稻鱼系统养分循环利用研究. 杭州: 浙江大学硕士学位论文.

谢坚. 2011. 农田物种间相互作用的生态系统功能——以全球重要农业文化遗产"稻鱼系统"为研究范例. 杭州: 浙江大学博士学位论文.

展茗, 曹凑贵, 汪金平, 蔡明历, 袁伟玲. 2008. 复合稻田生态系统温室气体交换及其综合增温潜势. 生态学报, 28(11): 5461-5468.

Bai Y F, Han X G, Wu J G, Chen Z Z, Li L H. 2004. Ecosystem stability and compensatory effects in the Inner Mongolia grassland. Nature, 431: 181-184.

Bardgett R D, van der Putten W H. 2014. Belowground biodiversity and ecosystem functioning. Nature, 515: 505-511.

Berg H. 2002. Rice monoculture and integrated rice-fish farming in the Mekong Delta, Vietnam: economic and ecological considerations. Ecological Economics, 41: 95-107.

Bullock J M, Pywell R F, Burke M J W, Walker K J, 2001. Restoration of biodiversity enhances agricultural production. Ecology Letters, 4: 185-189.

Chen H, Zhu Q A, Peng C H, Wu N, Wang Y F, Fang X Q, Jiang H, Xiang W H, Chang J, Deng X W, Yu G R. 2013. Methane emissions from rice paddies natural wetlands, lakes in China: synthesis new estimate. Global Change Biology, 19: 19-32.

Chen X, Wu X, Li N N, Ren W Z, Hu L L, Xie J, Wang H, Tang J J. 2011. Globally important agricultural heritage system (GIHAS) rice-fish system in China: an ecological and economic analysis // Li P P. Advances in Ecological Research. Zhenjiang: Jiangsu University Press: 126-137.

Costa O Y A, Raaijmakers J M, Kuramae E E. 2018. Microbial extracellular polymeric substances: ecological function and impact on soil aggregation. Frontiers in Microbiology, 9: 1636.

Datta A, Nayak D, Sinhababu D, Adhya T. 2009. Methane and nitrous oxide emissions from an integrated rainfed rice-fish farming system of Eastern India. Agriculture, Ecosystems & Environment, 129: 228-237.

DeHaan L R, Weisberg S, Tilman D, Fornara D. 2010. Agricultural and biofuel implications of a species diversity experiment with native perennial grassland plants. Agriculture, Ecosystems & Environment, 137: 33-38.

Frei M, Becker K. 2005a. A greenhouse experiment on growth and yield effects in integrated rice-fish culture. Aquaculture, 244: 119-128.

Frei M, Becker K. 2005b. Integrated rice-fish culture: coupled production saves resources. Natural Resources Forum, 29: 135-143.

Frei M, Razzak M, Hossain M, Oehme M, Dewan S, Becker K. 2007. Methane emissions and related physicochemical soil and water parameters in rice-fish systems in Bangladesh. Agriculture, Ecosystems & Environment, 120: 391-398.

Frink C R, Waggoner P E, Ausubel J H. 1999. Nitrogen fertilizer: retrospect and prospect. Proceedings of the National Academy of Sciences of the United States of America, 96(4): 1175-1180.

Gebbers R, Adamchuk V I. 2010. Precision agriculture and food security. Science, 327: 828-831.

Guo J P, Zhou C. 2007. Greenhouse gas emissions and mitigation measures in Chinese agroecosystems. Agricultural and Forest Meteorology, 142: 270-277.

Ishii S, Ikeda S, Minamisawa K, Senoo K. 2011. Nitrogen cycling in rice paddy environments: past achievements and future challenges. Microbes Environment, 26: 282-292.

Jiang L, Pu Z C. 2009. Different effects of species diversity on temporal stability in single-trophic and multitrophic communities. The American naturalist, 174: 651-659.

Kuypers M M M, Marchant H K, Kartal B. 2018. The microbial nitrogen-cycling network. Nature Review Microbiology, 16: 263-276.

Kuzyakov Y, Xu X. 2013. Competition between roots and microorganisms for nitrogen: mechanisms and ecological relevance. New Phytologist, 198: 656-669.

Le Mer J, Roger P. 2001. Production, oxidation, emission and consumption of methane by soils: a review. European Journal of Soil Biology, 37: 25-50.

Luo X S, Fu X Q, Yang Y, Cai P, Peng S B, Chen W L, Huang Q Y. 2016. Microbial communities play important roles in modulating paddy soil fertility. Scientific Reports, 6: 20326.

Mäder P, Fliessbach A, Dubois D, Gunst L, Fried P, Niggli U. 2002. Soil fertility and biodiversity in organic farming. Science, 296: 1694-1697.

Matson P A, Parton W J, Power A G, Swift M J. 1997. Agricultural intensification and ecosystem properties. Science, 277: 504-509.

McCann K S. 2000. The diversity-stability debate. Nature, 405: 228-233.

Moonen A C, Barberi P. 2008. Functional biodiversity: an agroecosystem approach. Agriculture, Ecosystems & Enviroment, 127: 7-21.

Nyfeler D, Huguenin-Elie O, Suter M, Frossard E, Connolly J, Luscher A. 2009. Strong mixture effects among four species in fertilized agricultural grassland led to persistent and consistent transgressive overyielding. Journal of Applied Ecology, 46: 683-691.

Oehme M, Frei M, Razza, M A, Dewan S, Becker K. 2007. Studies on nitrogen cycling under different nitrogen inputs in integrated rice-fish culture in Bangladesh. Nutrient Cycling in Agroecosystems, 79: 181-191.

Ookawa T, Hobo T, Yano M, Murata K, Ando T, Miura H, Asano K, Ochiai Y, Ikeda M, Nishitani R, Ebitani T, Ozaki H, Angeles E R, Hirasawa T, Matsuoka M. 2010. New approach for rice improvement using a pleiotropic QTL gene for lodging resistance and yield. Nature Communications, 1: 132.

Rashid M I, Mujawar L H, Shahzad T, Almeelbi T, Ismail I M I, Oves M. 2016. Bacteria and fungi can contribute to nutrients bioavailability and aggregate formation in degraded soils. Microbiological Research, 183: 26-41.

Reganold J P, Glover J D, Andrews P K, Hinman H R. 2001. Sustainability of three apple production systems. Nature, 410: 926-930.

Schimel J. 2000. Global change: rice, microbes and methane. Nature, 403: 375-377.

Smith R G, Gross K L, Robertson G P. 2008. Effects of crop diversity on agroecosystem function: crop yield response. Ecosystems, 11: 355-366.

Socolow R H. 1999. Nitrogen management and the future of food: lessons from the management of energy and carbon. Proceedings of the National Academy of Sciences of the United States of America, 96: 6001-6008.

Tester M, Langridge P. 2010. Breeding technologies to increase crop production in a changing world. Science, 327: 818-822.

Tilman D, Reich P B, Knops J M H. 2006. Biodiversity and ecosystem stability in a decade-long grassland experiment. Nature, 441: 629-632.

Tilman D. 1999. Global environmental impacts of agricultural expansion: the need for sustainable and efficient practices. Proceedings of the National Academy of Sciences of the United States of America, 96: 5995-6000.

Varvel G E. 2000. Crop rotation and nitrogen effects on normalized grain yields in a long-term study. Agronomy Journal, 92: 938-941.

Xie J, Hu L L, Tang J J, Wu X, Li N N, Yuan Y G, Yang H S, Zhang J E, Luo S M, Chen X. 2011. Ecological mechanisms underlying the sustainability of the agricultural heritage rice-fish coculture system. Proceedings of the National Academy of Sciences, 108(50): 1381-1387.

Yu K, Patrick W H. 2004. Redox window with minimum global warming potential contribution from rice soils. Soil Science Society of America Journal, 68: 2086-2091.

Yusoff M Z, Hu A, Feng C, Maeda T, Shirai Y, Hassan M A, Yu C P. 2013. Influence of pretreated activated sludge for electricity generation in microbial fuel cell application. Bioresource Technology, 145: 90-96.

Zhu Y Y, Chen H R, Fan J H, Wang Y Y, Li Y, Chen J B, Fan J X, Yang S S, Hu L P, Leung H, Mew T W, Teng P S, Wang Z H, Mundt C C. 2000. Genetic diversity and disease control in rice. Nature, 406: 718-722.

第三章　青田稻鱼共生系统的生物多样性

农业生物的遗传多样性受自然选择和人工选择的共同影响。同一生物物种，分布于农业生态系统中的种群明显有别于存在于自然生态系统中的种群（Hall，2004），而且不同地理区域的农业生态系统，由于人类在形态、色泽、品质和产量等方面的不同偏好选择及其对当地环境的长期适应，也会形成不同的遗传类群（genetic group）（Clutton-Brock，1999）。研究表明，许多传统农业系统存留有粮食作物（如水稻、玉米、高粱、薯类等）和农业动物（如家畜、家禽和家鱼）等大量农家种质遗传多样性。例如，Jarvis等（2008）对5大洲8个国家的27个作物物种的遗传多样性研究表明，这些作物丰富的遗传多样性仍主要保留在传统农业系统中；徐福荣等（2010）报道，我国传统农业系统之一的云南哈尼梯田就保留有100多个传统品种；Pusadee等（2009）报道，泰国北部清迈和夜丰颂传统农业区域的水稻农家种含有很高的遗传多样性；Achtak等（2010）发现摩洛哥的传统农业系统保育着栽培植物无花果的品种多样性；Berthouly等（2009）报道，在越南边远山区省份的传统农户中分布有丰富的山羊遗传多样性，并形成了不同的遗传类群。此外，非洲、南美洲的作物如玉米、高粱、薯类等的遗传多样性也主要存留于传统农业系统中（Perales et al.，2005；Deletre et al.，2011；Westengen et al.，2014；Labeyrie et al.，2016）。

与现代集约化农业系统相比，传统农业系统为何能存留较高的农业生物遗传多样性？这个问题是目前全世界这个领域讨论的热点。种质资源（种子、种猪、种鱼等）在村落之间或小规模经营农户之间的交换（seed exchange）被认为是影响传统农业系统遗传多样性的重要因素（Pautasso et al.，2013），而地理隔离（geographic isolation）、小农户生产模式（small farm-holder practice）、当地语言和风俗习惯等都可能影响种质资源的流动（Pusadee et al.，2009；Deletre et al.，2011）。一些学者从农业单元地理隔离的角度研究小规模农户经营对遗传多样性形成的影响，如Pusadee等（2009）报道，泰国农家水稻品种的遗传结构在村落之间的差异受地理距离的影响，由于地理隔离，村落农户之间的种子交流频率低，因此形成了地理单元明显的基因型。而另一些学者从民族语言群体（ethnolinguistic groups）、亲缘关系（kinship）、族群（ethnic groups）、婚嫁（marriage）等方面进行了探讨。例如，Perales等（2005）用等位酶的方法对墨西哥玉米品种多样性与民族语言的多样性进行了研究，结果表明，分布于语言不同的两个区域的玉米遗传距离差异不显著，尽管这两个区域的玉米表型特征差异明显。但Weastengen等（2014）用分子生物学方法研究发现，非洲大陆上高粱三大基因型的地理分布与语言分布相吻合，即语言的隔离可能导致遗传距离和基因型的形成；Labeyrie等（2016）的研究进一步表明，使用相同的方言、同种族婚姻、亲缘关系等，会促进农户之间互相交换种子而提高基因流（seed-mediated gene flow），即"种子交换介导的基因流"，从而使得高粱在同种族内保持较高的杂合度（高的遗传多样性），而不同种族之间的高粱形成明显的基因型；Deletre等（2011）的研究也表明，分布于非洲区域（刚果、赞比亚、马拉维和坦桑尼亚等）的木薯类（Manioc）作物，其种质资源的交流受区域之间的婚姻和亲缘关系构成的社会结构关系的影响，种子交流驱动的基因流是维持当地种质资源的遗传多样性的重要机制；此外，Berthouly等（2009）首次用景观遗传学的方法，将景观连接（landscape connectivity）和农户联系（farmer connectivity）进行整合分析，研究传统农业系统中山羊的遗传多样性，阐明农户种质资源之间的交换和生产实践方式是维持山羊多样性的主要机制。

分布在青田稻鱼共生系统中的"田鱼"（*Cyprinus carpio*），经历了长期的自然和人工选择与驯化，形成了适应稻田环境的独特的地方种群"青田田鱼"（郭梁等，2017）。青田田鱼分布在不同自然村落，存在一定的地理隔离，而且田鱼繁殖以农户自繁或当地小型鱼种场为主。基于此，我们推测，青田田鱼在分布的地理单元之间因地理隔离而形成了不同的小种群；而分布于同一地理单元内的青田田鱼，由于农户之间种鱼亲本的交换和大样本亲本分散于不同农户中，因此维持了较高的遗传多样性（杂合度）。

青田稻鱼系统的水稻品种一直在变更，从以传统品种为主到以杂交稻等高产品种为主。本章节主要对稻鱼系统的田鱼的遗传多样性和水稻品种多样性进行研究与分析。

第一节　田鱼生物多样性及其维持与意义

稻田养鱼的最初来历已经不得而知，可能是有意的培育，更有可能是"无心插柳柳成荫"。起源之一是，农民利用溪水灌溉稻田，随溪水流入的鱼儿在稻田中自然生长，经历长期适应性演化后，形成了独特的稻鱼共生系统，而"田鱼"也由此得名。浙江省青田县稻田养鱼历史悠久，至少可追溯到1200年以前（游修龄，2006）。随着农业生产的发展，青田地区种植的水稻品种不断更新，由传统的农家品种演变为现代杂交品种，种内遗传组成不断地演化，目前以中浙优系列和甬优系列为主。稻田中养殖的田鱼品种和水稻种群的演变十分类似，虽然整个田鱼种群的遗传组成未必是严格意义上的、始终的"表里如一"，体色、适应性、口感、生长速度等由于自然选择和人工选择，可能有变化，但适合水稻稻作系统这一根本特性并没有太大改变，当地人仍然习惯将这一个"同又不同，不同又相同"的、生活在稻田里的鲤鱼群体称为"青田田鱼"。

一、田鱼分类特征

　　浙江省南部的瓯江流域稻田养鱼传统盛行，所养殖的田鱼体色丰富多彩，因此田鱼早期被水产专家命名为"瓯江彩鲤"（*Cyprinus carpio* var. *color*）。瓯江彩鲤群体包括多种体色："全红"、"全黑"、"花色"（红底色+黑斑块）、"麻花"（红底色+黑斑点）、"粉玉"（粉白色）和"粉花"（粉白色+黑斑点）。然而，青田稻鱼共生系统作为全球重要农业文化遗产，其文化象征意义重大，对田鱼的命名应尽量反映其历史和演化特征及依存的自然系统的特征。从这个角度来看，采用"瓯江彩鲤"这一命名对于长期存衍、生活在浅水稻田里的杂色鲤鱼群体明显有失妥当。我们提出质疑的理由如下：第一，青田的稻田养鱼历史有明确记载，至少可追溯到1200年以前，很有可能是田鱼驯化的起源地；第二，"瓯江彩鲤"的命名只强调了田鱼的"彩"色，而在青田地区田鱼体色为全黑或青灰的比例约为16%，并且根据调查，在20世纪80年代以前这一比例更是超过了50%。因而可以推断具有保护色作用的灰黑色才是适应稻田环境的优势性状，但重在以形态为依据的"瓯江彩鲤"的命名恰恰没有包括这一重要的表型特征；第三，青田地区田鱼的养殖方式以稻田养殖为主，田鱼的生活史仍保持了田鱼对稻田环境的持续适应过程，"瓯江彩鲤"这一命名无论表里，都根本没有涉及其生存环境的生态特性；第四，在瓯江流域其他地区和国内的其他引种养殖地区，池塘养殖和网箱养殖等模式已经较为普遍，"瓯江彩鲤"逐渐成为一个泛化的鲤鱼养殖品种名称，而不再专指驯化并生长于稻田里的"田鱼"种群，已经受到驯化并适应生活在稻田里的田鱼群体，不应该也不能与主要生活在江河水体里的"瓯江彩鲤"群体"为伍"，虽然它们之间还不一定存在严格的生殖隔离，可能还属于同一个物种，但相互间的区别其实已经很明显。基于以上考虑，我们认为，长期生活在稻田里的这个遗传种群应给予单独命名。我们对青田地区的田鱼从形态到系统发育与其他鲤鱼种群进行了比较分析，并沿用当地农民的习惯，提出将分布在青田县境内及周边地区（温州永嘉县、温州瑞安市、丽水景宁县等）稻田里的鲤鱼地方种群命名为"青田田鱼"（*Cyprinus carpio* cv. *qingtianensis*）（郭梁等，2017），以反映青田田鱼群体对浅水稻田适应的生态习性。我们指出，青田田鱼是瓯江彩鲤中生活在稻田里的地方种群（local population）。

　　青田田鱼是普通鲤鱼（*Cyprinus carpio*）的一个地方种群，其性情呆驯（有些农民称之为"呆鱼"），具有不爱跳跃、不善逃逸等特点。青田田鱼能耐高温与低温，最适生长温度为15～28℃，在青田地区可自然越冬，同时其食性杂、生长快，在稻田中自然放养条件下（只取食天然饵料），冬片规格的鱼苗（约50g）养殖100d后平均体重可达到200g；在人工投喂饲料时，经过100d左右的田间生长，每尾平均体重则可达到500g。青田田鱼虽出自稻田但无泥腥味，味道鲜美，鳞片柔软可食，营养十分丰富。据浙江省医学科学研究院测定，鲜田鱼可食部分含粗蛋白15.96g/100g，粗脂肪1.66g/100g，微量元素铁43.84μg/g、铜2.98μg/g、锌43.3μg/g，并富含15种氨基酸。

　　青田田鱼优异的生长特性和营养特征是稻田环境与人工选择共同作用的演化结果。稻田与河流湖泊等自然水体明显不同，其水深较浅，对环境变化的缓冲能力弱。此外稻田环境的食物种类更加丰富，包括浮游生物、水草、昆虫和底栖动物等，因而田鱼在演化过程中对温度、含氧量等环境因子的适应幅度不断增大，摄食食物的多样性不断增加，营养品质不断改进；人工选择作用则更加直接：农户从田鱼的生长表现、口感品质和体型体色等方面评价，根据自身需求挑选亲鱼，从而进一步强化某些特征。在长期的演化过程中，青田田鱼成功地适应了稻田环境和农业生产的需求，在多重选择作用下形成了丰富的表型特征，而且群体的遗传多样性水平在当地独特的种质管理模式下得以有效维持。

二、青田田鱼的表型多样性

　　清光绪《青田县志》明确记载："田鱼，有红、黑、驳数色，土人在稻田及圩池中养之。"这表明青田田鱼在演化的早期已形成了多样化的体色，并一直延续至今。鲜艳的体色具有文化象征意义，农户的选择偏好可能在田鱼体色多样化的形成和维持中起到关键作用。例如，在青田当地的民俗活动"尝新饭"中，以田鱼作为祭祀用品庆祝丰收，"全红"和"红花"颜色因具有吉祥寓意而普遍受到青睐。而在与青田县毗邻的永嘉县（两地文化同源，在清朝同属永嘉府），用田鱼作为婚嫁聘礼的习俗仍保留在个别地区，选择用作聘礼的田鱼一般是体型优美、体色鲜红的田鱼。此外，由于文化背景和农耕环境差异，不同地区对田鱼种质纯正度的认可标准存在差异。例如，在"全黑"分布比例最高的巨浦、北山、章村等地区，农户普遍认为"全黑"田鱼的生长表现和食用口感最好。而在"全红"分布比例最高的小舟山和吴坑地区，农户对"全红"田鱼的钟情则更多地源于精神文化的需求。

　　青田田鱼的表型丰富多样。例如，从鳞片上田鱼可分为大鳞和细鳞两种，且不同区域出产的田鱼的鳞片软硬程度也有较大区别。而田鱼的体色更是绚丽多彩。我们在青田田鱼主要分布区域（丽水青田、温州永嘉、温州瑞安）的30个镇和172个村进行调查发现（图3-1），青田田鱼有7种主要类型（图3-2），分别为"全红"、"全黑"（黑色或青灰色）、"粉玉"（粉白色）、"花色"（红底色+黑斑块）、"麻花"（红底色+黑斑点）、"粉花"（粉白底+黑斑块）和"粉麻"（粉白底+黑斑点）。除此之外，还有许多无法明确归类的体色类型，如当地人俗称的"火柴头"，这类田鱼通体暗红色或泛金黄色，而头背部有明显黑斑。

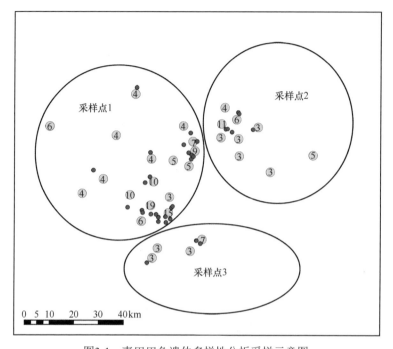

图3-1　青田田鱼遗传多样性分析采样示意图

黄色圆圈中的数字表示通过统计年鉴、政府报告和农户访谈等方式调查的自然村数量，
红色圆点表示采集田鱼样本的自然村

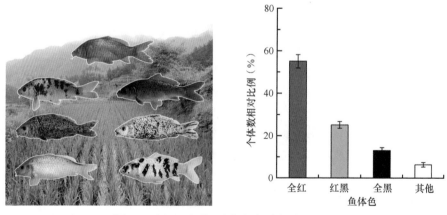

图3-2　青田田鱼的7种体色表型类型和比例

　　经调查，目前在主要体色类型中，"全红"、"全黑"、"花色"和"麻花"4类占比较高。由于"花色"和"麻花"均属于"红底+黑斑"类型，且两者之间有众多过渡体色无法归类，为便于统计，我们统一用"红黑"表示。不同体色类型田鱼在乡镇间的分布有差异（2015年前后）："全红"的总体占比最高，为55.14%，在小

舟山、吴坑和章旦等乡镇相对分布较多，在当地占比达到70%；"红黑"的总体占比次之，为25.07%，在方山、仁庄两乡镇相对分布较多，在当地占比达到40%；"全黑"的总体占比最低，为13.07%，在巨浦和北山等乡镇相对分布较多，在当地占比达到35%（图3-2）。

青田田鱼除体色丰富外，群体内形态特征也存在较大变异。我们选取了"红色"（red，以R表示）、"黑色"（black，以B表示）和"红黑"（red-black，以Rb表示）共3种在当地最常见的田鱼进行形态学分析，比较不同体色田鱼间的体型差异。我们采用传统形态学测量和地标几何形态测量（landmark-based geometric morphometrics）两种方法同时进行，传统形态学测量主要通过测可数性状（如侧线数、鳍条数等）和可量性状（如体长、体宽、体高等）进行直接比较，而地标几何形态测量是选取在解剖结构上保守的地标点（landmark），使用地标点的笛卡儿坐标作为描述形状的数据。地标几何形态测量方法的原理和流程简要描述如下：①拍摄田鱼的标准化形态照片（左体侧位）；②选择用于分析的形态学保守位点（地标点），利用计算机程序在数码照片上提取相应坐标；③将坐标根据标准尺进行比对，消除原始样本大小和方位的影响；④利用比对后的地标点坐标数据进行主坐标和差异化分析。

传统形态学测量指标包括可数性状（鳍条数和侧线数）和可量性状的比例都表现出较高的保守性。方差分析和非参数置换检验表明，这些指标在3种田鱼之间的变异均不显著（表3-1），说明如果按照传统形态学测量指标来判断，3种田鱼的形态不存在显著差异。

表3-1 田鱼传统形态学指标及统计检验

类型	统计指标	D_E	N_{DFR}	N_{LS}	D_E/L_H	D_{CP}/L_{CP}	L_{DFB}/L_S	L_{AFB}/L_S	L_H/L_S
B	平均值	0.96	18.09	34.22	0.22	0.88	0.38	0.09	0.31
	标准差	0.11	1.73	1.93	0.02	0.08	0.04	0.01	0.02
R	平均值	0.92	17.35	34.70	0.21	0.87	0.38	0.09	0.32
	标准差	0.08	1.07	1.55	0.02	0.08	0.00	0.01	0.02
Rb	平均值	0.89	17.17	34.83	0.21	0.89	0.37	0.10	0.31
	标准差	0.10	1.47	1.94	0.02	0.11	0.01	0.02	0.02
P值		0.07	0.21	0.16	0.58	0.08	0.76	0.82	0.44

注：B（black）代表黑色田鱼；R（red）代表红色田鱼；Rb（red-black）代表红黑田鱼；D_E表示眼径间距（cm）；N_{DFR}表示背鳍条数；N_{LS}表示侧线鳞数；D_E/L_H表示眼径间距/头长；D_{CP}/L_{CP}表示尾柄高/尾柄长；L_{DFB}/L_S表示背鳍基长/体长；L_{AFB}/L_S表示臀鳍基长/体长；L_H/L_S表示头长/体长；P由非参数置换检验得到

但地标几何形态测量结果则表明，3种田鱼的形态存在显著差异。主成分分析显示，黑色田鱼在主成分坐标轴上的分布跨度最大，说明其种群内体型变异较大；而红色田鱼和红黑田鱼在第二主成分上存在明显分离（图3-3a）。方差分析表明，3种田鱼的形态之间均存在显著差异（表3-2）。将3种田鱼形态和其平均形态进行对比，通过空间网格的变形图展示（图3-3e）发现，黑色田鱼体型偏细长，红色田鱼尾柄偏短，从头部到尾部的躯干较为短圆，红黑田鱼体型最为宽胖。

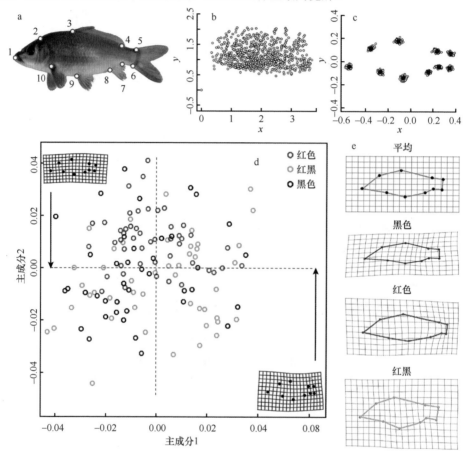

图3-3　不同体色青田田鱼的地标几何形态测量

a为地标点；b为原始坐标；c为比对后坐标；d为形态差异主成分分析；e为田鱼的平均形态

表3-2　田鱼种群地标几何形态测量形态差异的方差分析

	自由度df	方差SS	均方差MS	均方差根Rsq	统计值F	统计值Z	显著性P_r（>F）
组间变异	2	0.024	0.012	0.082	6.045	5.279	0.001
残差	135	0.273	0.002				
总和	137	0.298					
	组间多重比较						
组间差异	B-R	B-Rb	R-Rb				
显著性P	0.001	0.001	0.001				

注：B代表黑色田鱼；R代表红色田鱼；Rb代表红黑田鱼；P由非参数置换检验得到

三、青田田鱼的遗传多样性

生物的表型由生物的遗传基础和环境的效应共同决定。青田田鱼丰富的表型特征表明其群体可能具有丰富的遗传多样性。遗传多样性指一个物种内所包含的遗传变异的总和，在生物群体的适应和演化过程中具有重要意义。生物所面临的外部环境通常处于不确定的变化过程中，如气候、食物资源和竞争关系等。遗传变异（genetic variation）丰富的群体所包括的表型特征多样，在环境发生变化时，适应新环境的表型类型和对应的遗传变异被保留下来，而生存力较弱的表型类型和对应的遗传变异则被淘汰，这个过程称之为自然选择（natural selection）。物种的遗传多样性越高，在经历自然选择时拥有适宜表型的概率越高，因此生存力往往就越强。而在农业育种上，高产性状往往是首先考量的选择目标，故所选育出的品种通常遗传多样性较低，缺乏对剧烈环境变化（如病虫害入侵）的抵抗能力。例如，1845年马铃薯晚疫病暴发后，爱尔兰的主粮作物马铃薯近乎绝收，并由此导致了严重的饥荒。因此，保护农业生物物种的遗传多样性，不断为新品种选育提供丰富的遗传变异，是农业可持续发展的重要保证。

青田田鱼作为普通鲤鱼的一个地方种群，是重要的水产动物种质资源。在分子水平对田鱼DNA（遗传物质）多态性的检测证实了该群体的遗传多样性在普通鲤鱼中处于较高水平。早在2004年，国内有学者利用随机扩增多态性DNA（RAPD）标记初步比较了瓯江彩鲤（*Cyprinus carpio* var. *color*）和长鳍鲤（*Cyprinus carpio* var. *longfin*）的遗传多样性，结果表明，前者遗传多样性明显高于后者（Wang and Li，2004）。但由于其样本缺乏代表性（单样点）、缺乏足够对照群体、RAPD技术本身的局限性等，有关青田田鱼遗传多样性的评估确实需要进一步的研究。为此，我们自2005年开始对青田稻鱼共生系统展开系统性研究，并于2011年开始关注青田田鱼的遗传多样性问题。随后在青田及其周边地区进行了大规模的调查和采样分析，并通过代表性样本和可靠的分析手段全面阐述了青田田鱼的遗传多样性水平与分布特征。

样本采集范围涵盖2个地级市、3个县、14个乡镇、33个自然村（图3-1），分子标记使用微卫星（又称简单重复序列，SSR）标记20个位点（表3-3），遗传多样性效应指标选择常用等位基因数（N_a）和期望杂合度（H_e），同时计算香农多样性指数（Shannon diversity index）等遗传多样性指数，并进行遗传距离和遗传结构分析。

表3-3　微卫星分析引物

引物	上游引物	下游引物	参考文献
MFW29	GTTGACCAAGAAACCAACATGC	GAAGCTTTGCTCTAATCCACG	Crooijmans et al., 1997
Koi09	TGGTTATGGTTATGAATGAG	CTTCAGGGACAGATGGTTTG	David et al., 2001
Koi29	CTGACCCTGAAGAGAACAAC	GCCTCATCAAAGACATCAAG	David et al., 2001

续表

引物	上游引物	下游引物	参考文献
Koi49	CAGAGGGGAAGAAGTGAG	GGACAAGGATTTCAGACA	David et al.，2001
Koi55	TGCCCTCTCTTTCCTTCATC	CAGGCTTCAACACAAACACA	David et al.，2001
Koi57	TGTCCTTTATTGCTCAGAAC	CCACCACATTCATCACAT	David et al.，2001
HLJ04	TCAAATAGCCTTGGTGAGCTT	TTCTCCTCTTCAACCCAACG	Wei et al.，2001
HLJ09	GGGGTCTGTGTGTTGGTCTT	CGGGGGAAATGTGTTTAAAGT	Wei et al.，2001
HLJ10	TAGTGGGCACTGCAACTGTC	CATTCATTGTCATTTTGAGAAAGG	Wei et al.，2001
HLJ11	TTAGCCAGCCAGAGACAAGC	CACTGCCACAAACCCATCTA	Wei et al.，2001
CCE24	TGCAAACGAGCAAATTGAGT	ATTTTGCTTGTAGCCCGTTG	Wang et al.，2007
CCE26	TGTGAGAAGCAGAGCGATATT	TCAGTATTTATGTGTTGTTTTCCA	Wang et al.，2007
CCE29	CAGCAACAGACAGGAGGACA	CCGCAATTAACAATCCCAAC	Wang et al.，2007
Cca02	ATGCAGGGCTCATGTTGCTCATAG	GCAGACAGACACGTTGCTCTCG	Yue et al.，2004
Cca07	CCATTGCGCTGTAATATGAGGTTT	CGCTTCAACACCAGGGGACTG	Yue et al.，2004
Cca12	ACGCGTCCGGCTGACATTAGAGC	ACAACCCCCGATCCCCAACACA	Yue et al.，2004
Cca14	GCAAAGTCCCATTCTACCCACTCA	CTGCCACCTGCTGTTCATTCATAA	Yue et al.，2004
Cca16	AATGTTTTCGCTAATTTGACACC	ACAGCATCATTATACACCGATTCA	Yue et al.，2004
Cca59	TTTGCCAAATTTGCTACTGTTATG	TTTGGCGAAAATTACTTCCAGA	Yue et al.，2004
Cca72	CAGGCCAGATCTATCATCATCAA	CTGCTGTTGGATATGCACTACATC	Yue et al.，2004

（一）遗传多样性指数

遗传多样性及其相关指标的计算取20个位点的平均值。选取的指标：①等位基因数（N_a），表示一个遗传位点上出现的所有不同基因数量；②期望杂合度（H_e），根据等位基因频率计算的一个群体中任一个体杂合子的概率；③有效等位基因数（N_e），表示在给定的H_e下所需要的理论最小的等位基因数；④观测杂合度（H_o），表示群体中实际的杂合子比例；⑤香农多样性指数（I），计算公式为 $I = -\sum P_i \ln P_i$，P_i为第i个等位基因的频率；⑥近交系数（F），表示群体偏离"哈温平衡"（Hardy-Weinberg equilibrium）的程度，计算公式为 $F = \dfrac{H_e - H_o}{H_e}$；⑦种群间遗传距离（$F_{ST}$），根据Nei's方法计算 $F_{ST} = \dfrac{H_T - H_I}{H_T}$，$H_T$为集合种群（meta-population）的$H_e$，$H_I$为亚种群的平均$H_e$。

20个位点在所有样本中共扩增得到309个等位基因，多态性位点比例为100%，说明选择的位点适合进行田鱼种群的遗传多样性分析。青田地区的田鱼种群遗传多样性整体较高（表3-4），其中H_e、N_a、I的平均值分别为0.75、6.39、1.52。种群的近交系数普遍较低（F平均值为0.047），说明该地区种群状态接近"哈温平衡"，出现近交衰退的风险较低。

表3-4　浙江南部山区诸县市青田田鱼种群遗传多样性（以自然村为单元的种群）

自然种群	N	N_a	N_e	I	H_o	H_e	F
龙现	10	7.10	4.72	1.66	0.75	0.79	0.02
山根	9	6.10	4.16	1.53	0.71	0.77	0.02
松树下	10	6.60	4.35	1.58	0.70	0.77	0.04
新坑	12	6.90	4.04	1.54	0.72	0.75	0.01
周岙	10	6.00	3.74	1.44	0.68	0.72	0.01
东坪	6	4.35	3.31	1.23	0.64	0.70	0.04
莲头	7	4.45	3.07	1.20	0.66	0.67	0.07
塘古	6	5.10	3.77	1.39	0.57	0.75	0.17
蒋岙	9	6.05	3.94	1.45	0.72	0.72	0.05
垟坑	10	6.55	4.12	1.53	0.69	0.75	0.03
应庄垟	6	5.45	4.02	1.45	0.74	0.77	0.05
岩门	12	6.50	4.01	1.54	0.70	0.76	0.02
汪坑	14	5.95	3.98	1.43	0.68	0.71	0.00
大舟山	8	5.65	4.04	1.44	0.75	0.74	0.08
平山头	10	6.15	4.12	1.50	0.67	0.75	0.08
葵山	6	4.40	3.20	1.24	0.69	0.70	0.06
西平	9	4.75	3.30	1.26	0.72	0.69	0.11
小舟山	9	5.40	3.70	1.38	0.71	0.72	0.05
新建	7	5.00	3.65	1.33	0.67	0.72	0.00
歇马降	8	5.35	3.72	1.38	0.68	0.72	0.01
徐山	13	7.10	4.40	1.54	0.71	0.71	0.04
黄山垄	12	5.80	3.75	1.38	0.68	0.69	0.03
潘山	10	7.30	4.56	1.65	0.68	0.77	0.08
上鸟	27	8.35	4.22	1.64	0.67	0.74	0.08
大垟坑	17	7.60	4.53	1.64	0.75	0.76	0.01
林下	6	6.10	4.53	1.59	0.73	0.82	0.03
小林源	10	7.70	5.10	1.74	0.71	0.81	0.10
澄田	6	5.95	4.57	1.54	0.76	0.79	0.06
新岙	12	8.50	5.50	1.79	0.77	0.80	0.03

自然种群	N	N_a	N_e	I	H_o	H_e	F
银泉	9	6.90	4.81	1.62	0.70	0.77	0.07
茗后	12	7.80	5.07	1.71	0.72	0.78	0.04
茗下	10	6.90	4.52	1.60	0.70	0.77	0.03
岩山	13	6.85	4.40	1.56	0.75	0.75	0.02
三石	12	7.05	4.71	1.63	0.76	0.76	0.02
余山	8	5.90	4.44	1.55	0.75	0.79	0.00
仁字坑	11	5.90	3.87	1.44	0.68	0.72	0.01
莲都	15	8.65	5.19	1.77	0.72	0.79	0.07
龙泉	14	5.60	3.45	1.34	0.58	0.68	0.10
东源	18	9.60	6.29	1.93	0.71	0.82	0.11

注：N为样本数；N_a为等位基因数；N_e为有效等位基因数；I为香农多样性指数；H_o为观测杂合度；H_e为期望杂合度；F为近交系数

由表3-4可见，青田田鱼的遗传多样性整体水平较高，且在各地区间差异较小，如H_e平均值最高的方山地区为0.728、H_e平均值最低的石溪地区为0.673。方山乡作为全球重要农业文化遗产核心保护区所在地，稻田养鱼传统盛行，田鱼种群保有规模较大，并且当地政府出台了一系列措施鼓励保护田鱼种质资源。这些因素可能对遗传多样性维持起到了积极作用。反观石溪乡，由于缺乏产业和政策扶持，稻田养鱼规模呈现下降趋势。在采样点调查时育种池中仅剩不到10尾亲鱼，且全部为雄鱼，已经面临小种群崩溃的风险。由此可见，遗传多样性水平间接反映了不同地区稻田养鱼的传承和发展状况。

从总体上看，青田田鱼的平均等位基因数（N_a）为6.39、平均期望杂合度（H_e）为0.75，遗传多样性水平在普通鲤鱼群体中处于较高水平。Ren等（2018）通过文献库数据挖掘，共获得69组（包括47个养殖种群和22个野生种群，主要品种有镜鲤、锦鲤、黑龙江鲤、黄河鲤和建鲤等）鲤鱼的遗传多样性数据（均使用微卫星标记检测）。将青田田鱼和普通鲤鱼的遗传多样性指标进行统计检验，结果显示，青田田鱼的平均期望杂合度（H_e）和平均等位基因数（N_a）均显著高于养殖鲤鱼种群，和野生鲤鱼种群无显著差异（图3-4）。系统发育构建表明（图3-5），青田田鱼作为独立演化的鲤鱼地方种群，其遗传多样性得到了有效维持。

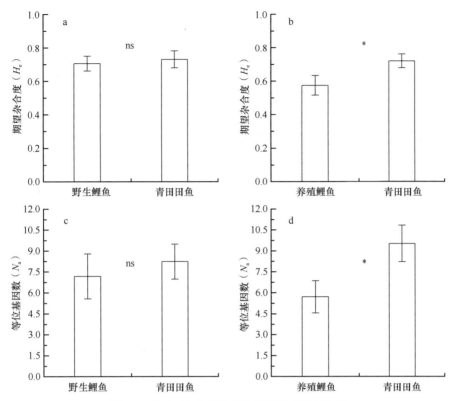

图3-4 青田田鱼和其他鲤鱼的遗传多样性比较

ns表示两者无显著差异（$P > 0.05$），*表示两者有显著差异（$P < 0.05$）

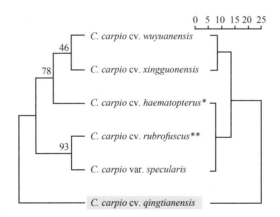

图3-5 青田田鱼（阴影部分）与其他鲤鱼的系统发育树（左）和形态聚类（右）

* 这个物种的样本来自同一个养殖品系，** 这个物种近期已经改名为C. rubrofuscus

（二）遗传结构

1. 分子方差变异分析和贝叶斯聚类分析

为了解青田田鱼遗传变异在种群间和种群内的分布，我们利用原始位点数据通过分子方差变异分析（AMOVA）进行分析，计算固定指数F_{ST}、F_{IT}和F_{IS}。其中，F_{ST}表示种群间的分化程度，F_{IT}表示整体样本的近交系数，F_{IS}表示种群内的平均近交系数。对固定指数进行置换检验，参数设为999次。同时根据F_{ST}计算亚种群间平均基因流N_m，计算公式为$N_m=(1-F_{ST})/4F_{ST}$，N代表有效种群大小，m代表迁移率。

主坐标分析（PCoA分析）使用种群间遗传距离F_{ST}矩阵进行，分析参数设为标准的协方差（covariance standardized）。

贝叶斯聚类分析无需种群结构信息，相比于传统聚类分析有明显优势。使用GenALEx软件将数据转化为Structure格式进行分析。参数设为默认值（Pritchard et al.，2000），选择混合模型，位点频率选择相关，α值由种群数据计算得出，λ值设为1。预运算长度（burning length）设为50 000，运行长度（running length）设为100 000。贝叶斯聚类分析的遗传分组数K值从2到10，每个值重复运行30次。真实K值选择由ΔK方法和ln(K)共同决定（Evanno et al.，2005）。

在自然种群里，种群间个体的迁移和种群内的遗传漂变达到平衡状态时，会呈现距离隔离（isolation by distance，IBD）模型，"IBD"模型是根据Wright（1943）的"孤岛模型"（island model）推导出来的，其推论依据是基因流受到地理距离的限制，因此种群间的遗传距离和地理距离呈正相关。本研究使用Mantel方法检验田鱼种群间遗传距离和对应的欧氏地理距离的相关性。

AMOVA分析表明，青田地区田鱼的遗传变异主要位于种群内（96%，$P=0.001$），种群间遗传变异较小（4%，$P=0.001$）。种群间平均遗传分化指数$F_{ST}=0.043$，平均基因流$N_m=5.42$。这些结果说明青田地区田鱼种群（自然村）间基因交流频繁，遗传分化程度较低。

主坐标分析结果显示，前3个主成分解释了29.6%的变异，各种群间没有明显聚类（图3-6），在第一主成分上青田种群和永嘉种群、瑞安种群、景宁种群分离，在第二主成分上没有明显分离。景宁地区的3个种群相对最为离散，而永嘉地区种群位于中心位置。

根据Evanno等（2005）的方法，在贝叶斯聚类分析中设定遗传分组数$K=4$（图3-7）。4个遗传分组没有在空间上独立分布，地理距离相近的种群的遗传分组组成相似（图3-5），说明该地区种群不存在聚类结构，在空间上属于连续分布。青田地区的种群主要包括第1、第2遗传分组，瑞安和景宁地区的种群分别主要包括第3、第4遗传分组，而永嘉地区的种群同时包含4个遗传分组，说明永嘉拥有最为丰富的田鱼遗传多样性，也为将来进一步开展田鱼遗传多样性保护重点地区的确定提供科学参考。

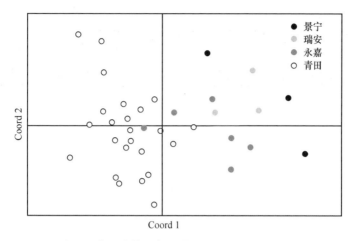

图3-6　基于遗传距离F_{ST}的田鱼种群主成分分析

景宁：景宁县域内的田鱼种群；瑞安：瑞安县域内的田鱼种群；
永嘉：永嘉县域内的田鱼种群；青田：青田县域内的田鱼种群

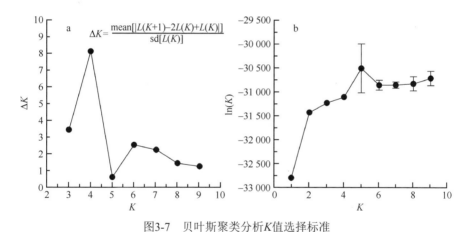

$$\Delta K = \frac{\mathrm{mean}[|L(K+1)-2L(K)+L(K)|]}{\mathrm{sd}[L(K)]}$$

图3-7　贝叶斯聚类分析K值选择标准

a：ΔK根据Evanno等（2005）的方法计算；b：对应K值概率的自然对数和标准误

　　由此可见，青田田鱼种群间的遗传组成差异较小。分子方差变异分析（AMOVA）表明，遗传变异在地区间（乡镇）的比例为4%、在自然村间（同一乡镇内）为3%，而在同一自然村内为93%。这说明田鱼的遗传多样性主要分布在自然村的种群内部，不同自然村、乡镇之间田鱼种群的遗传组成相似。贝叶斯聚类分析显示，青田地区的田鱼种群可分为3个遗传类群（genetic group），所有自然村种群均包括这3个类群，且相邻地区间种群遗传组成差异较小，青田田鱼的遗传结构在地理上呈现连续分布（图3-8）。这里的遗传类群相当于田鱼的祖先种群。这表明田鱼在地区间存在频繁的种质流动，当前田鱼种群的遗传组成是3个祖先种群在各个地区间不断交流和融合的结果。

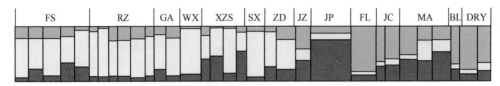

图3-8　青田田鱼遗传结构的贝叶斯聚类分析

FS：方山；RZ：仁庄；GA：高岸；WX：温溪；XZS：小舟山；SX：石溪；ZD：章旦；
JZ：季宅；JP：巨浦；FL：枫岭；JC：金川；MA：茗岙；BL：碧莲；DRY：大箬岩

2. 网络分析

在生态学领域，网络分析可以应用于食物网结构、代谢网络结构、种群结构等分析。本研究使用软件为EDENetworks，对青田地区田鱼种群的遗传结构进行网络分析。

网络结构由两种元素组成：基本单元或节点（node），这里指以自然村为单位的田鱼种群；基本单元间的关联或连接（link），连接度大小根据种群间的遗传距离F_{ST}计算（两者呈负相关）。设定过滤值（D_p）用以剔除遗传距离较大的种群单元间的连接，即连接只存在于遗传距离小于D_p的两个单元（田鱼种群）间。

在集合种群（meta-population）里存在聚类结构时，亚结构之间的连接度相比于结构内部较小，因此随着D_p的减小，整个网络结构会解离为分散的亚结构。

网络的聚类结构程度用聚类系数（clustering coefficient）<c>表示，显著的<c>表明亚结构的存在（即种群结构的存在）。单元的描述变量中介度<bc>表示网络结构中任意两个单元（田鱼种群）间最短连接路径（基因流）通过该单元（田鱼种群）的数量，表示该单元所代表种群在所有种群连接中的重要性。

根据网络的构建结果从中选取不同的D_p进行分析，对聚类系数<c>和每个单元的中介度<bc>进行置换检验（permutation test），参数设为999次。最小生成树（minimum spanning tree，MST）是连接所有单元（田鱼种群）且不包括闭环结构的最短路径，在本研究中表示所有种群间交流的最短路径，即主要的基因流路径。构建MST可以分析田鱼种质的主要流动模式。

网络分析发现，随着D_p的减小，网络结构主要以单一种群的形式脱离，没有分离成亚结构，并且聚类系数<c>置换检验均不显著，说明青田地区的田鱼种群不存在聚类结构（图3-9），这与AMOVA、PCoA、贝叶斯聚类分析的结果一致。

在D_p=0.092时，网络结构是一个连接的整体，此时方山松树下种群（FSssx）中介度<bc>最高，居于核心地位；D_p=0.052时，有4个种群从主体结构分离出来，此时永嘉茗下种群（YJmx）、吴坑平山头种群（WKpst）、季宅种群（JZ）中介度<bc>最高；D_p=0.040为由软件自动筛选标准而得到，此时有15个种群脱离主体网络结构，永嘉茗下种群（YJmx）中介度<bc>最高。可以看出，永嘉茗下种群（YJmx）在维持整个地区"田鱼"种群的连接上作用较大。

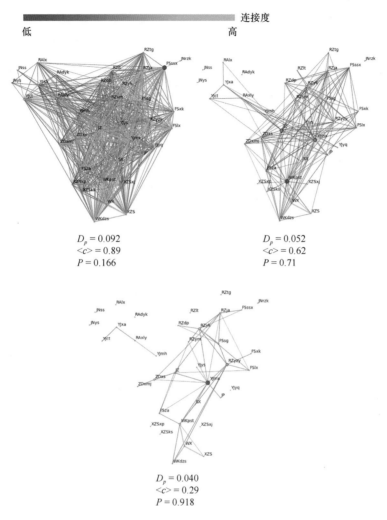

图3-9　"田鱼"种群网络结构

D_p表示剔除连接度的阈值；节点的大小代表中介度<bc>，<c>代表聚类系数；P值由置换检验得到。图中节点为样本点村名：龙现FSlx；山根FSsg；松树下FSssx；新坑FSxk；周岙FSza；东坪RZdp；莲头RZlt；塘古RZtg；蒋岙RZja；垟坑RZyk；应庄垟RZyzy；岩门RZym；汪坑WK；大舟山WKdzs；平山头WKpst；葵山XZSks；西平XZSxp；小舟山XZS；新建XZSxj；歇马降ZDxmj；徐山ZDxs；黄山垄SX；潘山JZ；上鸟JP；大垟坑RAdyk；林下RAlx；小林源RAxly；澄田YJct；新岙YJxa；银泉YJyq；茗后YJmh；茗下YJmx；岩山YJys；三石JNss；余山JNys；仁字坑JNrzk。后同

　　而最小生成树（图3-10）则表明，以永嘉茗下种群（YJmx）为中心，有三条主要的基因流路径：第一条主要流向青田县地区方山乡和仁庄镇；第二条主要流向瑞安和永嘉地区；第三条主要流向青田地区小舟山乡和吴坑乡。景宁县的3个种群分散在第一、二条路径，没有聚集。这说明永嘉茗下种群在该区域田鱼种群的基因流动网络中处于中心位置，该地很可能是历史上重要的集散地。

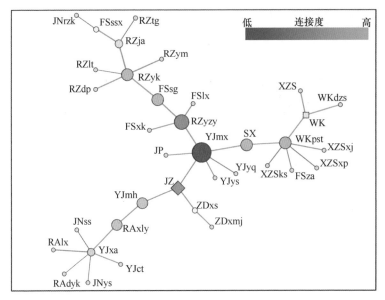

图3-10　"田鱼"种群最小生成树

图中节点为样本点村名，同图3-9

　　上述分子方差变异分析（AMOVA）表明，田鱼群体中3%的遗传变异来源于种群（自然村单位种群）间，种群间平均遗传距离F_{ST}=0.043（P=0.001）。主坐标分析（PCoA）、贝叶斯聚类分析和网络分析均显示，该地区田鱼种群不存在明显的聚类结构，遗传结构在空间上为连续分布。

四、青田田鱼遗传多样性的维持

（一）农户连接与种群生存力分析

　　青田田鱼作为一种典型的农家品种，在历经1200年之后仍保有较高的遗传多样性水平，其维持机制值得我们在农业种质的管理和保护中借鉴。影响遗传多样性的因素主要有3个：突变（mutation）、遗传漂变（genetic drift）和基因流（gene flow）。突变是遗传物质DNA在复制的过程中出现个别碱基的错配或丢失，导致DNA序列信息的改变，从而引入新的可遗传变异的过程。突变发生的概率通常极低，且在同一物种中相对稳定，如人类基因组的突变概率约为1.1×10^{-8}。对规模较大的种群（个体数超过1000），每个世代所产生的累计突变对种群的基因库起到有效补充作用，因而其遗传多样性更易于维持。当种群规模较小时，稀有等位基因容易在传代过程中随机性丢失，造成遗传多样性降低，这个过程称为"遗传漂变"。而当小种群之间存在有效个体流动和交换时，稀有等位基因在群体中被保存下来的概率增加，这个过程称为"基因流"（gene flow）。

　　我们的研究表明，青田田鱼的种群结构属于集合种群（meta-population），遗传多样性同时受到遗传漂变和基因流的影响。青田地区田鱼群体的基本单元是农户保有种群，为典型的"小种群"（亲鱼保有数量普遍少于5对），在田鱼小种群间存在频繁的种质流动，可将其"集合"成更高级的种群单元。根据微卫星数据计算，青田田鱼集合种群内的平均基因流为5，处于较高水平（一般集合种群内的基因流小于1），并且基因流的变异范围较大（图3-11a）。农户活动是促进田鱼小种群间基因流的直接动力，如鱼苗的出售、赠送和交换等，不同地区间农户参与种质交换的活动强度存在较大变异（图3-11b）。为反映农户间的"连接度"（即发生田鱼交流的概率），我们利用地理信息系统和农户活动数据计算了农户间的"最小成本路径"距离（least-cost path，LCP），两者呈负相关，即LCP越高，农户间连接度越低，发生田鱼种质交换的概率越小。相关性检验表明，田鱼小种群间遗传距离、地理距离和LCP均呈显著正相关（图3-11c）。利用偏分检验排除地理距离因素后，LCP仍然与遗传距离呈正相关（$r_{偏相关}=0.225$，$P=0.016$）。这些结果表明农户连接度越高（LCP低），遗传距离越小，而基因流越高。这说明，基因流强度的变异可以用农户间的连接度解释，农户活动特征是驱动青田地区田鱼种群基因流的主要动力。

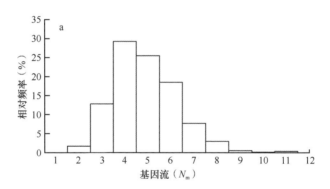

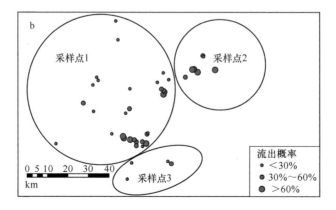

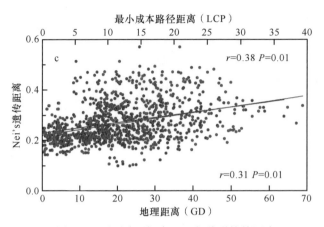

图3-11　不同地区间青田田鱼种群的基因流

a：基因流强度相对频率分布；b：调查样点田鱼流出概率；
c：田鱼小种群间的遗传距离和地理距离与LCP的相关性分析

　　除了基因流强度变异，青田地区参与稻田养鱼的农户类型也有较大变化。根据农户在田鱼种质管理中的角色，可将其分为三类（图3-12a）：①A类，保留大量种鱼，通常为15～30对，专门以出售鱼苗为生，这类农户数量极少，占比不足1%，通常具有纯熟的繁育技术和繁育池、暂养池等场地；②B类，保留亲鱼较少，通常为3～5对，鱼苗可以实现自给，同时向亲朋好友少量提供，这类农户占比约为19%；③C类，不保有亲鱼，通过购买鱼苗进行生产活动，这类农户占比最高，超过80%。不同地区三类农户的分布比例变异较大，形成3种局部组合形式（图3-12b）：①以AB类农户为主，如方山乡，除几个育苗大户外，几乎家家户户都留有亲鱼，可独立繁苗；②以AC类农户为主，如巨浦乡，仅有两个育苗大户，多数农户不具备繁苗条件，均需要向其购买；③ABC类农户结合，如小舟山乡，各类农户的比例配置较为均衡。

　　为探讨青田田鱼遗传多样性的维持机制，我们对青田稻鱼系统分布区域内从事稻鱼系统的农户数量、特征、分布和农户持有田鱼数量等进行了调查，并根据农户是否繁育鱼苗，将农户分为不同类型（表3-5）。同时，根据青田地区的农户类型特征、田鱼种群间基因流强度的规律，利用种群生存力分析（population viability analysis，PVA）模拟了青田田鱼在历经100个世代（300年）后在不同农户类型组合模式下遗传多样性的变化趋势，同时分析了基因流、农户数量、农户连接度对遗传多样性的影响。

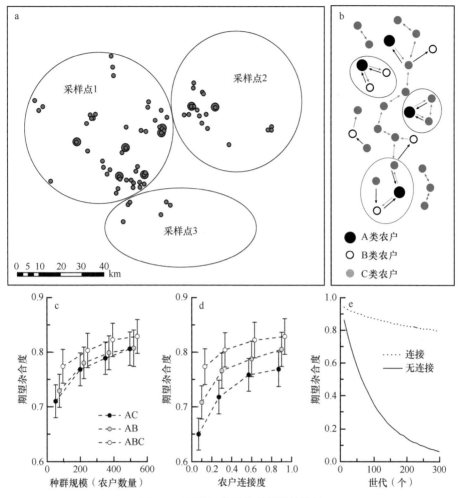

图3-12　青田田鱼遗传多样性的维持

a：农户类型分布，红色圆点为A类农户，蓝色圆点为B类农户；b：3类农户间田鱼种质流动模式；c：田鱼种群
规模对遗传多样性的影响；d：农户连接度对遗传多样性的影响；e：田鱼种群间基因流对遗传多样性的影响

表3-5　青田稻鱼系统分布区域31个村从事稻鱼系统农户的基本信息

村名	海拔（m）	地形	农户数	稻田面积（hm²）	RF-农户数*	A类农户数†	B类农户数‡	C类农户数§
龙现	337	山地	192	24	192	1	16	175
山根	358	山地	107	13	107	0	8	99
松树下	233	山地	290	73	290	0	25	265
新坑	273	山地	159	9	159	0	17	142
周岙	299	山地	340	23	340	1	5	334
东坪	584	山地	321	45	305	0	28	277
莲头	317	山地	265	26	260	0	18	242

村名	海拔（m）	地形	农户数	稻田面积（hm²）	RF-农户数*	A类农户数†	B类农户数‡	C类农户数§
塘古	786	山地	208	27	187	0	11	176
蒋岙	238	山地	325	24	325	1	24	300
垟坑	445	山地	144	13	144	0	36	108
应庄垟	116	丘陵	377	27	377	1	30	346
岩门	150	丘陵	189	15	189	0	14	175
汪坑	486	山地	119	30	109	1	9	99
大舟山	346	山地	232	27	220	0	17	203
平山头	388	山地	187	13	174	0	16	158
葵山	365	山地	462	45	462	1	31	430
西平	582	山地	87	23	71	0	6	65
小舟山	371	山地	340	49	340	1	26	313
新建	394	山地	357	50	357	0	23	334
歇马降	529	山地	120	24	100	0	7	93
徐山	427	山地	150	11	96	1	9	86
黄山垄	275	山地	141	22	80	0	5	75
潘山	117	丘陵	155	19	115	0	31	84
上鸟	442	山地	333	19	266	1	21	244
大垟坑	376	山地	147	21	37	0	3	34
林下	105	丘陵	178	26	68	0	5	63
小林源	179	丘陵	210	37	86	0	9	77
澄田	117	丘陵	420	58	134	0	10	124
新岙	97	平地	324	39	133	0	11	122
银泉	54	平地	225	44	106	1	15	90
茗后	466	山地	320	67	144	0	13	131
茗下	462	山地	265	29	148	1	10	137
岩山	473	山地	225	74	86	1	11	74

* RF-农户：从事稻鱼系统的农户；

† A类农户：保留大量种鱼，通常为15～30对，专门以出售鱼苗为生，这类农户数量极少，占比不足1%，通常具有纯熟的繁育技术和繁育池、暂养池等场地；

‡ B类农户：保留亲鱼较少，通常3～5对，鱼苗可以实现自给，同时向亲朋少量提供，这类农户占比约为19%；

§ C类农户：不保有亲鱼，通过购买鱼苗进行生产活动，这类农户占比最高，超过80%

　　结果显示，基因流可有效维持青田田鱼的遗传多样性（图3-12e）：在模拟至150个世代附近，当田鱼小种群间无基因流时（农户间无连接）时，平均期望杂合度（H_e）降至0.2左右，种群濒临崩溃；而在田鱼小种群间有基因流（农户间有连接）时，平均期望杂合度（H_e）则维持在0.8以上，种群状态较为健康。这说明对青田田鱼这种典型的集合种群结构，保证小种群间的种质交流是维持遗传多样性的必要条件。

　　随着农户数量和农户连接度（基因流强度）的提高，青田田鱼遗传多样性的维持效果有所增强（图3-12d、图3-12e）。在模拟100个世代后，当农户数量由130增加至520时，平均期望杂合度（H_e）增加约0.05；而在农户连接度由0.1增加至0.9时，平均期望杂合度（H_e）增加约0.1。这表明，相比于当前青田田鱼的种群规模，农户间的种质交流频率对田鱼的遗传多样性影响更大。此外，在农户数量或农户连接度较低时，不同的农户组合类型在遗传多样性维持上差异明显，以"ABC"组合模式的维持效果最好。而青田地区遗传多样性最高的田鱼种群恰恰是在以"ABC"农户模式为主的方山地区，这可能是由于农户类型的多样化伴随着种质交流途径的多样化，进而提高了基因流对遗传多样性的维持效果。

（二）农户连接对田鱼遗传多样性保护的意义

传统农业系统的一个特征是农户间的种质交换十分普遍（Louette et al.，1997）。农户参与种质资源管理是影响地方种质的种群遗传结构和维持遗传多样性最重要的因素（Parzies et al.，2004；Jarvis et al.，2008；Leclerc and D'Eeckenbrugge，2011）。研究表明，农户间的种质交换通常受到社会结构的影响（Berthouly et al.，2009；Delêtre et al.，2011；Labeyrie et al.，2016）。遗传结构分析表明，青田地区田鱼种群的遗传结构主要是由农户间的田鱼种群的基因流决定，符合地理隔离模型。种群生存力分析表明，农户主导的田鱼种群间的基因流可以维持其遗传多样性，并且参与稻田养鱼的农户数量是影响维持效果的关键因素。

在传统农业系统中，农户间交换种质的主要原因包括：①个体农户抵御风险的能力较差，需要不断获取新的种质资源以保证生产；②有意愿尝试新奇的种质；③追求具有优良性状的种质材料；④此外，一些地区受到宗教和神话的影响，会每年种植或者养殖不同的品种以期望实现高产。在我们的研究中，青田稻鱼共生系统中的"田鱼"体色十分丰富，经常在一个农户里可以看到多种颜色的田鱼共存，对多样化颜色群体的需求可能是维持种质交换的原因。此外，正如前面所提及的那样，不同体色田鱼种质交换还和婚嫁习俗有关，如在永嘉地区，男方在结婚前通常需准备一对"田鱼"作为聘礼送予女方，这种习俗至今仍保留在部分地区。

上述农户连接度与种群生存力分析还表明，在青田稻鱼系统分布区域，从事传统稻鱼系统生产的农户相互依存，在长期的生产实践中创造出独特的田鱼亲本选择、鱼苗繁育与交换的方式（图3-13）。在农业上，作物种子可以较长时间存放和较长距离传播，可以由独立的农户完成种子的存放和传播（Pautasso et al.，2013），与作物种子的存留和繁育不同，用于繁殖鱼苗的田鱼亲本需要持续的养殖，优良田鱼亲本的持续保育需要多个农户的共同完成。一方面，青田稻鱼系统的田鱼亲本保育和鱼苗繁育由许多小农户完成；另一方面，单个小农户保育的田鱼亲本数量有限，自交退化的风险大（Kincaid，1983）。一代又一代的传统稻鱼农户在生产实践中积累了共同保育和交换鱼苗的经验，避免了田鱼遗传退化，保留了田鱼的遗传多样性。

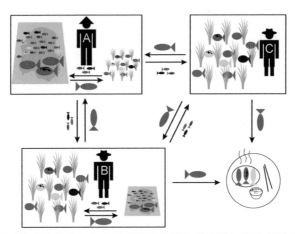

图3-13　相互依存的传统农户维持青田田鱼遗传多样性和表型多样性的概念图

A类农户：保育大量田鱼亲本，主要从事专业的鱼苗繁育和供应鱼苗给区域内外的稻鱼系统生产；B类农户：保育少量田鱼亲本，B类农户繁育的鱼苗主要用于自己的稻鱼系统生产，同时供给邻近的农户；C类农户：不保育田鱼亲本，是从事稻鱼系统生产的农户，主要从A类农户和B类农户处获得生产所需的鱼苗。交换过程：在每年10月稻鱼的收获季节，A类农户和B类农户会从C类农户的稻田中选育优秀的田鱼个体作为田鱼亲本培育对象，源源不断地补充田鱼亲本。传统稻鱼系统的农户常常在同一块稻田里养殖表型多样的田鱼

　　现在，我们稍稍再次整理一下：在青田稻鱼系统分布区域，稻鱼系统的农户都直接或间接参与了田鱼亲本的选育。稻鱼系统的农户中，有一类农户（我们称之为"A类农户"）保育大量田鱼亲本，A类农户主要从事专业的鱼苗繁育和供应鱼苗给区域内外的稻鱼系统生产（图3-12a）。另有一类农户（我们称之为"B类农户"）保育少量田鱼亲本，B类农户繁育的田鱼苗主要用于自己的稻鱼系统生产，同时供给邻近的农户。还有另一类农户（我们称之为"C类农户"）不保育田鱼亲本，是从事稻鱼系统生产的农户，从A类农户和B类农户处获得生产所需的鱼苗。在每年10月稻鱼的收获季节，A类农户和B类农户会从C类农户的稻田中选育优秀的田鱼个体作为田鱼亲本培育对象，源源不断地补充田鱼亲本。农户之间的这种连接方式形成了青田稻鱼系统独特的田鱼亲本选择和保育方式（图3-12b、c，图3-13）。

　　此外，在稻鱼系统分布的区域内田鱼的遗传距离与地理距离和农户连接度均呈正相关。农户连接度与种群生存力分析也表明，田鱼遗传多样性的维持和相互连接的农户数量与鱼苗交换频率均呈正相关，遗传多样性在独立的A类农户和B类农户中很难维持。在青田稻鱼系统分布的区域田鱼的基因流丰富，这可能与农户之间鱼苗的流动（鱼苗交换）频率较高有关。高的基因流可避免自交退化和遗传退化，并导致相邻种群之间的遗传结构的相似性（Frankham，2015）。可见，在青田稻鱼系统分布的区域内，农户活动主导的基因流将田鱼小种群连接起来，形成了一个大的基因库和连续分布的集合种群（meta-population），缓解了遗传漂变对小种群的影响，有效维持了青田田鱼的遗传多样性。而保证田鱼的种群规模、鼓励多种类型农户共同参与经营、维持农户间的种质交流是保护青田田鱼遗传多样性的关键。

五、青田田鱼遗传多样性的生态学意义

遗传多样性是生物多样性的基本组成部分，与生态系统功能呈正相关关系。遗传变异丰富的群体具有的功能性状更加多样，因此，可通过提高资源的利用效率，增强对不良环境的耐受度，使群体具有更强的生存能力（适合度）。

农业生产中常利用遗传多样性提高生产效率。据研究，不同品种混种可使谷物作物平均产量增加2.5%（Kiær et al.，2009）。云南农业大学朱有勇院士团队研究发现，稻瘟病抗性品种和普通品种混种时，水稻群体对病原的抗性显著增加，稻谷产量相比于普通品种单种提高了89%（Zhu et al.，2000）。

青田田鱼的体色丰富多样。据调查，青田地区约有65%的农户同时养殖两种以上体色的田鱼（图3-14）。这种养殖方式可能受审美和文化习俗的影响，同时也可能是因为多体色种群养殖相比于单体色种群养殖总体表现更佳，从而作为经验被保留。由多体色田鱼组成的种群显然比单体色田鱼种群遗传多样性更高。为探讨青田田鱼这种由体色多样性表征的遗传多样性是否在生产上具有优势，我们开展了田间控制试验。试验材料选择青田县红色、黑色和红黑3种最常见体色的田鱼，测定3种田鱼在单独养殖和等比例混合养殖时的生长表现。

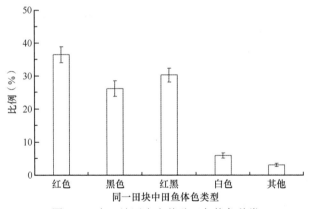

图3-14　青田地区农户养殖田鱼体色种类

稻田养殖一个生长季（110d）后，对田鱼进行称重，计算产量和生长率等指标。结果（图3-15）显示，体色混养处理的总产量显著高于3种体色田鱼单养的平均产量（图3-15d），且红色和黑色的生长率在混养时显著提高，而红黑无显著变化（图3-15a）。这说明，青田田鱼不同体色混养的增产效应可能使总体资源利用效率提高，进而平均生长表现提高，即"互补效应"（complementary effect）。遗传多样性产生的"互补效应"是由于同一物种内的个体在空间分布、活动规律和食物偏好等方面存在明显差异，多样性较高的种群内对空间和食物等资源的竞争压力相对减小，从而实现了总体资源利用效率的提高和生产力的提高。不同体色田鱼单独养殖

时的生长率有显著差异，红色和红黑的生长率相近，均显著高于黑色（图3-15a）。而针对不同体色田鱼在池塘养殖中的生长规律也有相关研究，结果显示不同体色田鱼的生长动态一致而生长率有明显差异，其中红黑的生长率最高（程起群等，2001；朱丽艳等，2013）。因此，不同体色的田鱼在生长特性上存在固有的遗传差异，这可能是由不同的活动规律和取食偏好造成的。

我们通过田间摄像和稳定性同位素技术分别研究了田鱼的活动与取食规律。结果发现，在活动强度上不同体色田鱼之间并无显著差异。然而，根据取食空间位置将取食行为细分为水面取食、稻秆基部取食、底泥取食，可以发现，3种体色田鱼的取食活动规律明显不同，如均是稻秆基部取食比例高，水面取食比例其次，底泥取食最低；但红色和红黑田鱼在底泥取食的比例高于黑色田鱼（图3-15b）。在稻田环境中，田鱼的食物资源具有空间异质性，如水面主要有浮游类生物和掉落的水稻花粉等，稻秆基部主要是附着的水绵（*Spirogyra communis*，双星藻科水绵属一种真核绿藻植物，又称水青苔）和一些虫卵，而底泥中主要是水蚯蚓和田螺等底栖动物。因此，不同体色田鱼在取食规律上的不同代表着它们的食物源也存在差异。

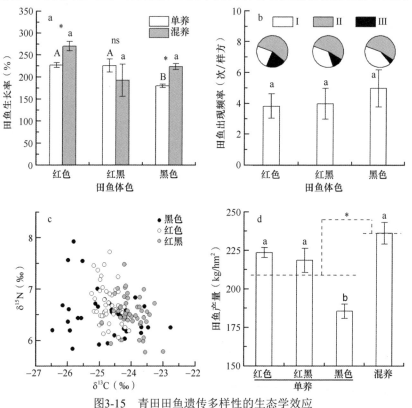

图3-15 青田田鱼遗传多样性的生态学效应

a：3种体色田鱼单养和混养时的生长率；b：3种体色田鱼活动频率和取食行为特征，Ⅰ类为水面取食、Ⅱ类为稻秆基部取食、Ⅲ类为底泥取食；c：3种体色田鱼的同位素丰度；d：3种体色田鱼单养和混养时的产量。*和ns分别表示单养与混养之间有无显著差异（0.05水平），大小字母分别代表不同体色田鱼之间的差异显著性（0.05水平）

稳定性同位素丰度是生物体的一个属性特征，可以反映其营养级地位和食物来源等。通过分析发现，3种体色田鱼的^{13}C及^{15}N同位素丰度存在明显差异（图3-15c），表明它们的食物组成不同，产生了取食生态位的分化。对田间主要食物资源的^{13}C及^{15}N进行测定，通过模型进行食谱分析得到3种体色田鱼取食各种食物资源的比例。结果显示，红色田鱼和红黑田鱼取食底泥中食源的比例更高（田螺和水蚯蚓），黑色田鱼取食各种食源的比例相对均匀，这和3种体色田鱼的取食活动规律一致。动物性食源由于富含蛋白质更有益于田鱼生长，因此在单独养殖时，红色田鱼和红黑田鱼的生长表现优于黑色田鱼。

我们的研究表明，不同体色的青田田鱼在田间活动规律和食物偏好上均存在明显差异，在多体色个体共存时，种群内对食物和空间的竞争相对减小，从而使其具有更好的生长表现。这种多体色群体养殖所具有的优势提高了农户保有多样化田鱼种质的需求，可能是促进田鱼小种群间基因流的一个重要原因。

六、结语

青田田鱼作为普通鲤鱼中独立演化的一个地方种群，在长期的自然和人工选择下形成了丰富多变的表型特征，并且其群体的遗传多样性得益于当地稻田养鱼规模和农户活动介导的基因流作用而始终维持在较高的水平。这些特性使青田田鱼在生产和观赏育种上具有极大的潜力，使其成为重要的农业种质资源。青田地区多体色田鱼的群体养殖方式有效地提高了资源利用效率和种群生产力，合理地利用了遗传多样性的生态效应。这种生产方式进一步增加了农户间的田鱼种质交换需求，从而有助于遗传多样性的维持。青田稻鱼共生系统体现了传统农业系统中遗传多样性的形成、保护和利用的有机结合，值得现代农业借鉴。

第二节　水稻品种多样性

水稻品种是人类根据水稻遗传和形态特性选育而成的基因型。一个农业区域内种植品种多样性是遗传多样性利用的反映。我们的上述研究已表明，青田稻鱼共作系统保留有遗传多样性高的田鱼地方种质资源（Wang and Li，2004；Ren et al.，2018），田鱼种群在青田稻鱼系统中一直延续和演化。但是，青田稻鱼系统中水稻传统品种的分布情况如何呢？稻鱼系统对水稻传统品种是否有保护作用？这些问题至今依然不是很清楚。为了回答这些问题，我们团队从2008年起，对青田稻鱼系统水稻品种的变迁和分布进行了分析。

一、青田稻鱼系统水稻品种的变迁

青田稻鱼系统分布在浙南山丘区。近70年来，浙南山丘区的水稻品种（包括分布在稻鱼系统中的水稻品种）更替明显，经历了以传统品种为主，到种植传统品种的改良品种，以杂交水稻品种和优质品种为主的过程。

（一）农家品种

浙南山丘区（包括丽水地区、温州地区）稻作历史悠久。在长期稻作生产过程中，逐渐形成了许多地方性的水稻品种，水稻遗传资源丰富。这些古老的地方农家品种是长期自然选择和人工选择的产物，深刻地反映了各个地方的风土特点，具有高度的地区适应性，主要表现为在其生长发育及其他生理特性上与地区的气候、土壤条件和原有的耕作条件相契合，对地区的不利气候、土壤因素具有顽强的抗性或耐性，甚至对地区的某些病虫害也具有一定的抵抗能力。据浙江省遂昌县有关部门统计，20世纪30年代之前，水稻品种多为地方农家品种，约79个。根据温度敏感性差异，有籼稻和粳稻之分；根据淀粉生化类型来分，有糯稻和非糯稻之别；依据对短日照敏感度的不同可分为早季稻、中季稻、晚季稻，每季又因生育期的长短各异而有早熟、中熟、迟熟各品种（何建清，2006）。据报道，青田稻鱼系统所在地区丽水市的农家品种丰富，约有92个，其中籼稻54个、粳稻15个、糯稻23个，主要有'仰天曲''长城谷''猪毛簇''野猪芒''珍珠糯''红壳糯'等（表3-6）（何建清，2006）。

表3-6　民国时期浙江丽水水稻农家品种名录（何建清，2006）

品种类型	品种名称
籼稻	丽水老农场稻、团头天花落、红米花谷儿、嘉兴白皮、高树晚京、矮树晚京、仰天曲、长城谷、齐头黄、白念惯、黄胖稻、叶下坑、龙凤尖、红银秋、自驮稻、长芒稻、细粒谷、九月冬、乌谷儿、白米儿、高山红、云和早、红米早、浪善早、老鼠牙、细叶青、大叶青、金华早、温州种、温州晚、兰溪白、九罗黄、西瓜红、红脚早、乌乌皮、早三倍、雷公早、登时黄、大叶孟、小叶孟、大花早、小花早、千棒槌、九黄禾、龙泉稻、孟早、晚成（金华稻）、早黄、谷儿、花谷、蒙丁、地暴、良善、鸣谷
粳稻	筬筛早粳、有芒沙粳、红壳芒谷、八月黄、大冬晚、野猪粳、野猪芒、早晚粳、土芒谷、鼓浪粳、猪毛簇、野香粳、早晚粳、红须粳、荔枝红
糯稻	淮南糯、珍珠糯、大冬糯、草鞋糯、本地糯、早糯稻、火烧糯、白壳糯、乌壳糯、红壳糯、野猪糯、红嘴糯、乌嘴糯、观音糯、松花糯、齐白糯、花早糯（籼型）、徽州糯（籼型）、西洋糯、红糯、水糯、寒糯、山谷

（二）改良品种

传统品种有很多优良特性，但由于农户长期自留、互换利用农家品种，容易混杂退化，产量不高。自20世纪50年代初开始，浙南地区就地利用优良农家品种，开展了农家品种的筛选和系统选育，先后筛选出了'松阳金华稻''松阳细叶青''松阳老鼠牙''丽水大叶稻''丽水齐头黄''丽水老农场稻''丽水高树细叶青'等高产农家品种。在此基础上，改良稻引种目标以早熟、高产、抗病为主，陆续引进和推广了早籼'南稻'，中籼'胜利籼'，晚籼'浙农晚籼9号''龙山京''硬头京''6506'，晚粳'新太湖青'及晚糯'红糯2号'等，其中早稻以'南稻'为主，晚稻以'浙农晚籼9号'当家。20世纪50年代末期，水稻主栽品种已从农家品种逐步变为改良品种。1959年遂昌县实收早稻4.78万亩，其中'南稻'3.73万亩，占早稻总面积的78%；实收双季晚稻2.37万亩，其中'浙农晚籼9号'1.96万亩，占82.4%（何建清，2006）。

20世纪60年代，以推广矮秆、高产、抗病良种为主。随着稻作生产的发展，施肥水平的提高，原有的早、晚稻高秆品种已不适应，因为容易倒伏和诱发病虫害。到了20世纪70年代，水稻品种转向推广矮秆、高产、多抗良种，不同熟期品种相继出现，为品种合理搭配奠定了基础。早籼以迟熟品种'珍龙13号'为主，以早熟品种'二九青'等为辅。粳稻以'祥湖48''嘉湖4号''矮粳23'为主。糯稻以'双糯4号''丽水糯''京引'为主。水稻从高秆品种替换为矮秆品种，至20世纪60年代后期，已基本实现了矮秆化。到了20世纪80年代，水稻品种推广从矮秆、高产、多抗向优质、高产、抗病转变，主栽品种突出以早稻'竹科2号''广陆矮4号'为当家种，每年栽培面积在40万亩左右，占早稻播种面积的60%以上。20世纪90年代，早稻主栽品种为'浙733'，占早稻播种面积的68.2%；同时，'舟优903''浙农8010'等优质品种相继出现，成为主要搭配品种（何建清，2006）。

（三）杂交水稻品种

杂交水稻在产量和抗性方面具有明显优势。稻鱼系统种植的杂交水稻品种大多表现出较好的适应，而且杂交水稻花粉量大，为田鱼提供了更多的食物来源。目前，种植的杂交水稻品种有'中浙优1号''中浙优8号''中浙优10号''甬优9号''甬优15''甬优17''甬优1540''华浙优1号''华浙优71''华中优1号''嘉丰优2号''甬优12''甬优538''深两优884''泰两优217''泰优两1332'等。

（四）优质品种

进入21世纪后，随着农业生产结构调整的不断深入及人们生活水平和生活质量的提高，青田稻鱼系统不断引种优质、高产、多抗的水稻品种，如'中浙优1号'，单产可达9t/hm^2，且品质好。此外，具有特殊用途的一些优质水稻品种也逐渐引入稻鱼系统中，如常规稻'嘉58'、'南粳46'、'润香'系列、'玉珍香'、'南粳46'、'嘉禾218'、'中嘉8号'等；一些糯稻和类红米风味的地方老品种'银秋''红壳糯''野猪糯''农垦58号''黑米''红晚金''老鼠牙'等，也有局部种植。

二、传统品种在稻鱼系统和水稻单作系统中的种植情况

上述分析表明，青田稻鱼系统所在区域一些传统品种已消失，如'广东青''三日齐''芒谷''红壳谷''白壳糯''广陆矮''矮粒多'，糯稻（高秆、矮秆）'万米''立冬青''寒露青''晚金'等。但仍现存有许多的传统品种，如'红米''千罗稻''米冻米''晚谷'等。2008年，我们随机挑选青田县137个稻鱼共作农户和52个水稻单作农户进行调查。在当地农业技术员的帮助下，我们调查了农户在水稻生长期间向稻田

中投入化学农药和肥料的情况。同时我们记录了稻鱼共作和水稻单作的每个水稻品种（包括现代水稻品种和传统水稻品种）的面积与产量。有机肥料和化学肥料都折算成纯氮（N）、磷（P）和钾（K）的含量，化学农药都以每公顷施用的有效成分量（AI）来表示。我们分别比较了在水稻单作区域和稻鱼共作区域中种植传统水稻与现代水稻品种的农户数及其种植面积。2009年，以全球重要农业文化遗产核心保护区龙现村为研究基地，对延续种植的水稻传统品种的空间分布格局进行了研究。在水稻成熟收获期，对分布于小流域内的田块逐一调查，记载所种植的水稻品种。同时，通过田间试验，比较研究传统品种和现代品种在稻鱼系统中的表现。

　　研究表明，在稻鱼共作系统分布的区域内，从事稻鱼系统的137个农户中，有52.4%的农户种植传统品种；而水稻单作的52个农户中，只有19.2%的农户种植传统品种（表3-7）。稻鱼共作系统中，传统品种面积占总种植面积的13.0%；而水稻单作系统中，传统品种面积占总种植面积的只有2.4%（表3-7），这意味着稻鱼共作系统对水稻传统品种具有保护作用。这些传统品种主要有'九月秋''长芒稻''白驮稻''红丁''银秋''细叶青''松阳稻''黄糯''黄相辫糯谷''野猪糯''温州株''筲丝糯''大糯''长粒白驮稻''红芒糯'。

表3-7　水稻单作和稻鱼共作农户中传统品种种植情况

	水稻单作	稻鱼共作
农户调查取样户数	52	137
种植水稻传统品种农户比例（%）	19.2	52.4
种植水稻传统品种面积比例（%）	2.4±0.8	13.0±2.4

　　稻鱼系统中，传统品种的产量平均为（4526±262）kg/hm²，显著低于现代水稻品种的产量，平均为（6233±179）kg/hm²（$P < 0.05$）。但传统品种需要的肥料和农药量显著低于现代品种（$P < 0.05$），氮、磷、钾投入总量仅是现代品种的77%，农药投入总量是现代品种的45%；成本也相对低，因而总收益无差异（表3-8）。

表3-8　稻鱼共作系统中现代水稻品种和传统水稻品种水稻产量、肥料投入和农药投入

	现代水稻品种	传统水稻品种
水稻产量（kg/hm²）	6233±179	4526±262
氮、磷、钾投入总量（kg/hm²）	139±16	107±9
农药投入总量（kg/hm²）	4.7±0.4	2.1±0.2
总收益（10³元/hm²）	28.9±1.3	28.3±1.6
成本（10³元/hm²）	4.1±0.1	3.1±0.1

　　注：数据为平均值±标准误

　　在全球重要农业文化遗产核心保护区龙现村这个面积300多公顷的小流域里，有

30hm²的面积为稻鱼共生系统。传统水稻品种面积占水稻种植总面积的5.28%，这些传统品种与现代水稻品种镶嵌式分布（图3-16）。由此可见，与水稻单作区域相比，稻鱼共生区域仍种植少量传统品种如糯稻、粳稻、芒稻、红米等，这些传统品种与现代水稻品种镶嵌分布。虽然农业发展到今天，许多地区的农业不可能简单恢复到传统农业时代，但在现代农作物品种大面积应用的过程中，如果能继续将一些重要传统品种种植在"边角料"地带，或通过设计生物多样性的现代农业系统，将能在获得高产和优质农产品的同时，保护农业生物多样性。

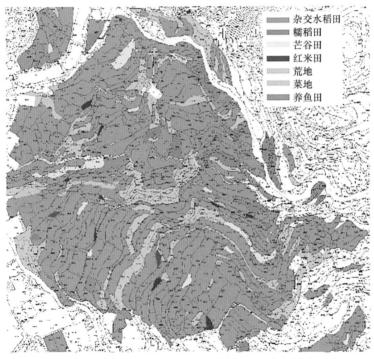

图例：
- 杂交水稻田
- 糯稻田
- 芒谷田
- 红米田
- 荒地
- 菜地
- 养鱼田

图3-16　GIAHS青田稻鱼共生系统保护地——龙现村水稻品种分布图（Xie et al.，2010）

三、传统品种和现代品种在稻鱼系统中的表现

2009年，我们在全球重要农业文化遗产核心保护区青田县龙现村开展了不同水稻品种的受控试验。试验的主要目的是在不使用化学肥料改进肥力和不使用农药控制病虫害的情况下，比较稻鱼共作系统中现代水稻品种和传统水稻品种的产量及产量性状与水稻对病虫害的抗性。彼时，试验地区域主要种植的现代水稻品种为'中浙优1号'（H-R），传统水稻品种有红米类型'红梅早'（T-H）、糯稻类型'珍珠糯'（T-Z）和芒稻类型'长芒稻'（T-C）。结果表明，不同水稻品种的株高、穗数、穗长及每穗实粒数存在差异。由于试验地位于海拔400m的山区（附近的龙源山庄海拔430m），加上青田方山东南方向有高山阻隔（山顶海拔都在850～1080m），

而龙现村坐落在山脉的西北侧，因此水稻的生育期都较长，尤其是'长芒稻'生育期长达169d，最短的为'珍珠糯'153d。现代水稻品种有较高的每穴分蘖数（表3-9）和每公顷穗数（表3-10），但'中浙优1号'的每穗实粒数比'长芝稻'和'珍珠糯'少，千粒重与'长芝稻'和'珍珠糯'没有显著差异，因此它的产量与'长芒稻'和'珍珠糯'相比没有显著差异（$P>0.05$）。'红梅早'的实粒数和千粒重最低，最后的产量也是最低（表3-10）。

表3-9　稻鱼共作系统中现代水稻品种和传统水稻品种的生长特性

水稻品种	生育期（d）	每穴分蘖数	株高（cm）	穗长（cm）
中浙优1号	161	19.3±0.8 a	106.7±1.4 a	26.0±0.5 a
长芒稻	169	14.4±0.6 b	119.97±1.1 b	22.0±0.4 b
珍珠糯	153	11.8±0.8 c	93.2±0.9 c	25.1±0.5 a
红梅早	160	13.5±0.6 bc	127.6±2.2 d	24.8±0.5 a

注：表中数值为平均值±标准误，同一列中不同字母表示在0.05水平上差异显著；后文同

表3-10　稻鱼共作系统中现代水稻品种和传统水稻品种的产量性状

水稻品种	穗数（$10^5/hm^2$）	每穗实粒数	千粒重（g）	水稻产量（kg/hm^2）
中浙优1号	24.4±0.92a	137±10 ab	26.7±1.82a	7093±747 a
长芒稻	20.8±0.66b	151±5 ab	26.0±0.97a	6514±313 ab
珍珠糯	17.7±1.01c	172±10 a	26.2±1.11a	6376±653 ab
红梅早	19.8±0.74bc	124±16 b	24.8±0.68b	4829±690 c

　　研究发现，采用不同水稻品种的稻鱼共作系统中稻飞虱的密度存在差异。同等管理条件下，现代水稻品种上的稻飞虱密度显著高于传统水稻品种的稻飞虱密度（$P<0.05$）。除了8月14日和20日两次调查，不同传统水稻品种之间的稻飞虱密度则没有显著差异（$P>0.05$），在8月14日和20日糯稻的稻飞虱密度显著高于其他两种传统水稻（$P<0.05$）（图3-17）。

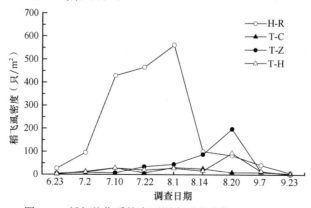

图3-17　稻鱼共作系统中不同水稻品种的稻飞虱密度

H-R：现代水稻品种为'中浙优1号'；T-C：传统水稻品种芒稻类型'长芒稻'；
T-Z：传统水稻品种糯稻类型'珍珠糯'；T-H：常规水稻品种红米类型'红梅早'。后文同

研究还发现，纹枯病的发生程度在不同水稻品种之间也存在差异。在8月15日和9月8日，现代水稻品种的纹枯病发病率显著高于传统水稻品种的发病率（$P<0.05$）；3个传统品种中发病率最高的为'珍珠糯'（图3-18）。

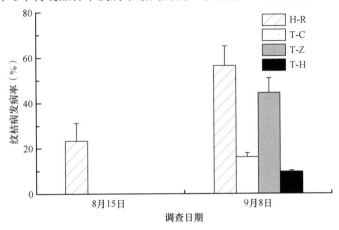

图3-18　稻鱼共作系统中不同水稻品种的纹枯病发病率

四、结语

水稻是重要粮食作物之一，不断提高水稻单位产量和总产量一直是水稻生产的重要任务。水稻产量与水稻品种密切相关。过去的几十年中，水稻品种不断改良，从传统品种到矮秆品种、杂交水稻品种，现代高产水稻品种的使用、灌溉条件的改善、农业机械和农业化学物质的应用等，使水稻产量大幅度提高（Mäder et al., 2002；Frei and Becker，2005），但与此同时，一些性状优良的传统品种逐渐丢失。传统农业系统是农家品种资源保护的重要场所（Brush，1995），许多传统农业系统内保留了大量作物品种多样性，如Jarvis等（2008）对5大洲8个国家的27个作物物种的研究表明，这些作物的遗传多样性被大量保留在传统农业系统中。

延续了千年的青田稻鱼系统，其中沿用的水稻品种也经历了不断的变迁，从以传统品种为主到以高产的现代水稻品种为主。但与大面积的水稻单作系统相比，青田稻鱼系统仍种植着少量传统品种（如糯稻、粳稻、芒稻和红米等），这些传统品种与现代水稻品种在稻鱼共生系统中镶嵌分布。虽然青田稻鱼系统发展到今天，水稻品种的种植不可能简单地恢复到利用传统品种的时代，但在大面积种植现代高产优质品种的过程中，如果能继续将一些重要的具有良好抗性性状或者品质性状或者特有性状的传统品种种植在"边角料"地带，将能在获得高产和优质水稻的同时，保护水稻遗传多样性，提高农业生态系统的稳定性。

参 考 文 献

程起群, 王成辉, 李思发, 徐志彬, 项松平, 王剑, 段江萍, 金家鑫, 何小珍. 2001. 不同体色瓯江彩鲤生长率和存活率的差异研究. 水产科技情报, 28(2): 56-63.

郭梁, 任伟征, 胡亮亮, 张剑, 罗均, 谌洪光, 姚红光, 陈欣. 2017. 传统稻鱼系统中"田鲤鱼"的形态特征. 应用生态学报, 29(2): 649-656.

何建清. 2006. 丽水稻作. 北京: 中国农业出版社.

卢宝荣, 朱有勇, 王云月. 2002. 农作物遗传多样性农家保护的现状及前景. 生物多样性, 10(4): 409-415.

徐福荣, 汤翠凤, 余腾琼, 戴陆园, 张红生. 2010. 中国云南元阳哈尼梯田种植的稻作品种多样性. 生态学报, 30(12): 3346-3357.

游修龄. 2006. 稻田养鱼——传统农业可持续发展的典型之一. 农业考古, (4): 222-224.

朱丽艳, 马玉清, 项松平, 毕详, 王剑, 李巍, 王成辉. 2013. 不同体色瓯江彩鲤生长动态的观察与分析. 上海海洋大学学报, (3): 24-31.

Achtak H, Ater M, Oukabli A, Santoni S, Kjellberg F, Khadari B. 2010. Traditional agroecosystems as conservatories and incubators of cultivated plant varietal diversity: the case of fig (*Ficus carica* L.) in Morocco. BMC Plant Biology, 10: 28.

Almekinders C, Louwaars N, Debruijn G. 1994. Local seed systems and their importance for an improved seed supply in developing countries. Euphytica, 78: 207-216.

Altieri M A. 2004. Linking ecologists and traditional farmers in the search for sustainable agriculture. Frontiers in Ecology and the Environment, 2: 35-42.

Altieri M A, Merrick L C. 1987. *In situ* conservation of crop genetic resources through maintenance of traditional farming systems. Economic Botany, 41: 86-96.

Alvarez N, Garine E, Khasah C, Dounias E, Hossaert-McKey M, McKey D. 2005. Farmers' practices, metapopulation dynamics, and conservation of agricultural biodiversity on-farm: a case study of sorghum among the Duupa in sub-sahelian Cameroon. Biological Conservation, 121(4): 533-543.

Berthouly C, Do Ngoc D, Thevenon S, Bouchel D, Van T N, Danes C, Grosbois V, Thanh H H, Chi C V, Maillard J C. 2009. How does farmer connectivity influence livestock genetic structure? A case-study in a Vietnamese goat population. Molecular Ecology, 18: 3980-3991.

Boettcher P, Hoffmann I. 2011. Protecting indigenous livestock diversity. Science, 334: 1058.

Bonnin I, Bonneuil C, Goffaux R, Montalent P, Goldringer I. 2014. Explaining the decrease in the genetic diversity of wheat in France over the 20th century. Agriculture, Ecosystems & Environment, 195: 183-192.

Brush S B. 1995. *In situ* conservation of landraces in centers of crop diversity. Crop Science, 35: 346-354.

Clutton-Brock J. 1999. A natural history of domesticated mammals (2nd Edition). Cambridge: Cambridge University Press.

Crooijmans R, Poel J, Groenen M, Bierbooms V, Komen H, Komen R. 1997. Microsatellite markers in common carp (*Cyprinus carpio* L.). Animal Genetics, 28: 129-134.

Crutsinger G M, Collins M D, Fordyce J A, Gompert Z, Nice C C, Sanders N J. 2006. Plant genotypic diversity predicts community structure and governs an ecosystem process. Science, 313: 966-968.

David L, Rajasekaran P, Fang J, Hillel J, Lavi U. 2001. Polymorphism in ornamental and common carp strains (*Cyprinus carpio* L.) as revealed by AFLP analysis and a new set of microsatellite marker. Molecular Genetics and Genomics, 266: 353-362.

Delêtre M, McKey D B, Hodkinson T R. 2011. Marriage exchanges, seed exchanges, and the dynamics of manioc diversity. Proceedings of the National Academy of Sciences of the United States of America, 108: 18249-18254.

Dyer G A, Lopez-Feldman A, Yunez-Naude A, Taylor J E. 2014. Genetic erosion in maize's center of origin. Proceedings of the National Academy of Sciences of the United States of America, 111: 14094-14099.

Esquinas-Alcazar J. 2005. Protecting crop genetic diversity for food security: political, ethical and technical challenges. Nature Reviews Genetics, 6: 946-953.

Evanno G, Regnaut S, Goudet J. 2005. Detecting the number of clusters of individuals using the software STRUCTURE: a simulation study. Molecular Ecology, 14: 2611-2620.

FAO. 2007. The state of the world's animal genetic resources for food and agriculture. Rome.

FAO. 2013. *In vivo* conservation of animal genetic resources. Rome.

Frankham R. 2015. Genetic rescue of small inbred populations: meta-analysis reveals large and consistent benefits of gene flow. Molecular Ecology, 24(11): 2610-2618.

Frei M, Becker K. 2005. Integrated rice-fish culture: coupled production saves resources. Natural Resources Forum, 29: 135-143.

Goldringer I, Enjalbert J, Raquin A L, Brabant P. 2001. Strong selection in wheat populations during ten generations of dynamic management. Genetics Selection Evolution, 33: 441-463.

Hall S J G. 2004. Livestock biodiversity: genetic resources for the farming of the future. Oxford: Blackwell Science Ltd.

Jarvis D I, Brown A H D, Cuong P H, Collado-Panduro L, Latournerie-Moreno L, Gyawali S, Tanto T, Sawadogo M, Mar I, Sadiki M, Hue N T N, Arias-Reyes L, Balma D, Bajracharya J, Castillo F, Rijal D, Belqadi L, Ranag R, Saidi S, Ouedraogo J, Zangre R, Rhrib K, Chavez J L, Schoen D J, Sthapit B, De Santis P, Fadda C, Hodgkin T. 2008. A global perspective of the richness and evenness of traditional crop-variety diversity maintained by farming communities. Proceedings of the National Academy of Sciences of the United States of America, 105: 5326-5331.

Kiær L P, Skovgaard I M, Østergård H. 2009. Grain yield increase in cereal variety mixtures: a meta-analysis of field trials. Field Crops Research, 114(3): 361-373.

Kincaid H L. 1983. Inbreeding in fish populations used for aquaculture. Aquaculture, 33(1-4): 215-227.

Koohanfkan P, Furtado J. 2004. Traditional rice-fish systems as Globally Indigenous Agricultural Heritage Systems (GIAHS). International Rice Commission Newsletters, 53: 66-74.

Labeyrie V, Thomas M, Muthamia Z K, Leclerc C. 2016. Seed exchange networks, ethnicity, and sorghum diversity. Proceedings of the National Academy of Sciences of the United States of America, 113: 98-103.

Leclerc C, D'eeckenbrugge G C. 2011. Social organization of crop genetic diversity. The G × E × S interaction model. Diversity, 4: 1-32.

Louette D, Charrier A, Berthaud J. 1997. *In situ* conservation of maize in Mexico: genetic diversity and Maize seed management in a traditional community. Economic Botany, 51: 20-38.

Mäder P, Fliessbach A, Dubois D, Gunst L, Fried P, Niggli U. 2002. Soil fertility and biodiversity in organic farming. Science, 296: 1694-1697.

Myers N, Mittermeier R A, Mittermeier C G, da Fonseca G A B, Kent J. 2000. Biodiversity hotspots for conservation priorities. Nature, 403: 853-858.

Parra F, Casas A, Manuel Penaloza-Ramirez J, Cortes-Palomec A C, Rocha-Ramirez V, Gonzalez-Rodriguez A. 2010. Evolution under domestication: ongoing artificial selection and divergence of wild and managed *Stenocereus pruinosus* (Cactaceae) populations in the Tehuacan Valley, Mexico. Annals of Botany, 106: 483-496.

Parzies H, Spoor W, Ennos R. 2004. Inferring seed exchange between farmers from population genetic structure of barley landrace Arabi Aswad from Northern Syria. Genetic Resources and Crop Evolution, 51: 471-478.

Pautasso M, Aistara G, Barnaud A, Caillon S, Clouvel P, Coomes O T, Delêtre M, Demeulenaere E, De Santis P, Döring T, Eloy L, Emperaire L, Garine E, Goldringer I, Jarvis D, Joly H I, Leclerc C, Louafi S, Martin P, Massol F, McGuire S, McKey D, Padoch C, Soler C, Thomas M, Tramontini S. 2013. Seed exchange networks for agrobiodiversity conservation. A review. Agronomy for Sustainable Development, 33(1): 151-175.

Perales H R, Benz B F, Brush S B. 2005. Maize diversity and ethnolinguistic diversity in Chiapas, Mexico. Proceedings of the National Academy of Sciences of the United States of America, 102: 949-954.

Plucknett D L, Smith N H J, Williams J T, Anishetty N M. 1987. Gene bank and the world food. Princeton: Princeton University Press.

Pritchard J K, Stephens M, Donnelly P. 2000. Inference of population structure using multilocus genotype data. Genetics, 155: 945-959.

Pusadee T, Jamjod S, Chiang Y C, Rerkasem B, Schaal B A. 2009. Genetic structure and isolation by distance in a landrace of Thai rice. Proceedings of the National Academy of Sciences of the United States of America, 106: 13880-13885.

Reed D H, Frankham R. 2003. Correlation between fitness and genetic diversity. Conservation Biology, 17: 230-237.

Ren W Z, Hu L L, Guo L, Zhang J, Tang L, Zhang E T, Zhang J E, Luo S M, Tang J J, Chen X. 2018. Preservation of the genetic diversity of a local common carp in the agricultural heritage rice-fish system. Proceedings of the National Academy of Sciences, 115: 546-554.

Reusch T B H, Ehlers A, Hammerli A, Worm B. 2005. Ecosystem recovery after climatic extremes enhanced by genotypic diversity. Proceedings of the National Academy of Sciences of the United States of America, 102: 2826-2831.

Tiranti B, Negri V. 2007. Selective microenvironmental effects play a role in shaping genetic diversity and structure in a *Phaseolus vulgaris* L. landrace: implications for on-farm conservation. Molecular Ecology, 16: 4942-4955.

Vargas-Ponce O, Zizumbo-Villarreal D, Martinez-Castillo J, Coello-Coello J, Colunga-Garcia M P. 2009. Diversity and structure of landraces of agave grown for spirits under traditional agriculture: a comparison with wild populations of *A. angustifolia* (agavaceae) and commercial plantations of *A. tequilana*. American Journal of Botany, 96: 448-457.

Wang C H, Li S F. 2004. Phylogenetic relationships of ornamental (koi) carp, Oujiang color carp and long-fin carp revealed by mitochondrial DNA COII gene sequences and RAPD analysis. Aquaculture, 231(4): 83-91.

Wang Dan, Liao X L, Cheng L, Yu X M, Tong J G. 2007. Development of novel EST-SSR in common carp by data mining from public EST sequences. Aquaculture, 271: 558-574.

Wei D, Lou Y, Sun X W, Shen J. 2001. Isolation of microsatellite markers in the common carp (*Cyprinus carpio*). Zoological Research, 22: 238-241.

Westengen O T, Okongo M A, Onek L, Berg T, Birkeland S, Khalsa S D K, Ring K H, Stenseth N C, Brysting A K. 2014. Ethnolinguistic structuring of sorghum genetic diversity in Africa and the role of local seed systems. Proceedings of the National Academy of Sciences of the United States of America, 111: 14100-14105.

Whitlock R. 2014. Relationships between adaptive and neutral genetic diversity and ecological structure and functioning: a meta-analysis. Journal of Ecology, 102: 857-872.

Wright S. 1943. Isolation by distance. Genetics, 28: 114-138.

Xie Jian, Hu Liangliang, Tang Jianjun, Wu Xue, Li Nana, Yuan Yongge, Yang Haishui, Zhang Jiaen, Luo Shiming, Chen Xin. 2011. Ecological mechanisms underlying the sustainability of the agricultural heritage rice-fish co-culture system. Proceedings of the National Academy of Sciences of the United States of America, 108(50): E1381-1387.

Xie Jian, Wu Xue, Tang Jianjun, Zhang Jiaen, Luo Shiming, Chen Xin. 2011. Conservation of traditional rice varieties in a Globally Important Agricultural Heritage System (GIAHS): rice-fish co-culture. Journal of Agricultural Sciences in China, 10(5): 101-105.

Yue G H, Ho M, Orbán L, Komen H. 2004. Microsatellites within genes and ESTs of common carp and their applicability in silver crucian carp. Aquaculture, 234: 85-98.

Zhu Y Y, Chen H R, Fan J H, Wang Y Y, Li Y, Chen J B, Fan J X, Yang S S, Hu L P, Leung H, Mew T W, Teng P S, Wang Z H, Mundt C C. 2000. Genetic diversity and disease control in rice. Nature, 406: 718-722.

第四章　青田稻鱼共生系统的种间与种内关系

自然生态系统中物种之间的正相互作用和资源的互补利用是生物多样性生态系统功能即"生物多样性与系统生产力呈正相关"的重要机理（Cardinale et al.，2002；Hector et al.，2002；Goudard and Loreau，2008；Isbell et al.，2009），也是农业系统利用生物多样性提高系统生产力的重要依据。研究表明，物种或遗传多样性高的农作物系统，由于作物之间对资源的互补利用，会出现"超产"（over-yielding）的现象（Li et al.，2007；Nyfeler et al.，2009），或由于作物的相互保护作用，可降低逆境（如低温、干旱）的影响（Tilman，1999）和有害生物的危害（Jimenez and Poveda，2009；Li et al.，2009）。青田稻鱼共生系统是在种植水稻的基础上引入田鱼，在自然条件和人类种养方式的共同影响下形成并逐渐完善的系统。田鱼和水稻"共同生活"在稻田浅水环境中，两者相互作用和对资源的共同利用是青田稻鱼共生系统可持续的基础。青田稻鱼共生系统展示了与农作物间套作不同的另一种生物多样性的农业类型。

自然生态系统中种群内部个体间的相互作用关系即种内关系（intraspecific relationship），不仅影响种群的结构、动态和生产力，也对生态系统功能产生重要影响（Forsman，2014；Lasky et al.，2014；Zhao et al.，2014；Siefert and Ritchie，2016）。农业系统常常在一定空间种植或养殖同一物种，人们常常通过合理利用种内遗传多样性（基因型多样性、表型多样性等）来提高抗逆性和资源利用效率（Zhu et al.，2000；陈欣和唐建军，2013）。例如，在同一块农田间作或混种基因型不同的品种，或在同一区域布局不同品种，可以明显控制病虫害的发生（Zhu et al.，2000；朱有勇，2014）。如第三章所述，青田稻鱼共生系统常常在同一稻田内养殖3～5种表型不同的田鱼，这些表型不同的田鱼对稻田资源的利用具有明显差异。

本章将从生物种间和种内关系的角度，论述青田稻鱼共生系统如何利用当地生物多样性（物种多样性和遗传多样性）来应用当地资源、产出稻鱼生物产量和维持系统稳定。

第一节　水稻和田鱼之间的种间互惠

生物种间的正相互作用包括原始合作、互利共生和偏利共生。原始合作指生态系统中某些物种之间呈正相互作用关系，一些物种可能会受益于其他一些物种提供的庇护、构造的小生境等，如不同生活型植物的间作和套种，有时可以利用对方造成的有利环境条件等，相得益彰（Ren et al.，2014）。互利共生指两个生物种群生活在一起，相互依赖，互相得益。共生的结果使得两个种群都发展得更好。互利共生常出现在生活需要极不相同的生物之间。例如，异养生物完全依赖自养生物获得食物，而自养生物又依赖异养生物得到矿质营养或生命需要的其他物质。

青田稻鱼共生系统是将两类生物（水稻和田鱼）种养在同一空间，在长期的发展演化过程中，田鱼和水稻之间是否发生了互惠互利效应？发生了哪些互利互惠效应？互利互惠效应的发生过程是怎么进行的？我们通过长期田间试验观测，试图回答这一组科学问题。

一、水稻对田鱼的庇护作用

（一）水稻对田鱼活动的影响

田鱼（尤其是性成熟之前的田鱼）在田间游动的主要动机是觅食。为观测分析水稻对田鱼活动的影响，通过田间试验设计稻鱼共作系统（rice-fish system，RF）和鱼单养系统（fish monoculture system，FM）2个处理，采用连续摄像的方法观测田鱼在稻田中的活动。RF处理田鱼的总活动频率显著高于FM处理（$P<0.05$）。RF处理中田鱼的分布比FM处理更均匀，每个样方内都有田鱼活动，在远离入水口的3、4、5、6样方内（图4-1），RF处理田鱼的活动频率显著高于FM处理（$P<0.05$）。FM处理中田鱼活动集中在入水口处（样方1和2），除了9:00～10:00这个时间段，其他3个时间段FM处理中田鱼活动频率显著高于RF处理（$P<0.05$）（图4-2）。

为进一步定量研究田鱼活动在稻田的分布格局，计算多样性指数和分布均匀性指数。分布多样性指数 $H'(S)=-\sum_{i=1}^{S}P_i\ln P_i$，其中 $P_i=n_i/N$，$N=\sum_{i=1}^{S}n_i$，S为田鱼活动频率大于0的样方总数量，n_i为第i个样方田鱼的活动频率，N为所有样方田鱼活动频率的总和。$H'(S)$值越大表明鱼在田间活动的空间分布多样性越高。分布均匀性指数$J=H'(S)/\ln S$，J值越大表明鱼在田间活动的空间分布越均匀。

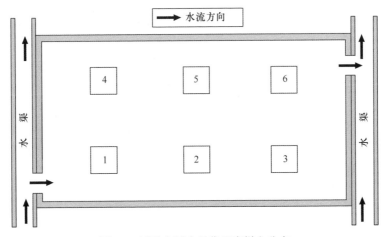

图4-1　试验小区内录像观察样方分布

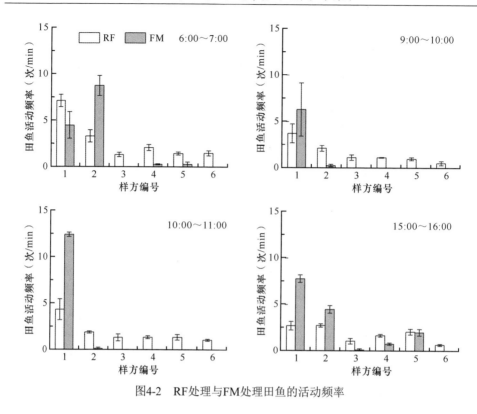

图4-2　RF处理与FM处理田鱼的活动频率

　　同时对田鱼逗留时间进行了定量分析。对两个处理分别选择各时段田鱼活动频率均较高的一个样方（样方1或样方2，相同时段两个处理所选择样方一致），将时段平均分成6个更短时段，即0′~10′、10′~20′、20′~30′、30′~40′、40′~50′、50′~60′。在每个短小时段内随机跟踪5~15条田鱼，记录每条田鱼从进入样方到离开样方的时间，作为该条田鱼在样方内出现的逗留时间。平均所有田鱼的逗留时间作为该短时间段内田鱼平均逗留时间。该时段田鱼平均逗留时间由6个短时段的平均逗留时间再平均而得到。

　　从田鱼活动在稻田的分布格局看，RF处理的田鱼分布多样性指数$H'(S)$（$F=346.397$，$P<0.001$，表4-1）和分布均匀性指数J（Mann-Whitney U test统计量=1，$P<0.001$，表4-2）均显著高于FM处理（表4-2）。这些结果表明，稻鱼共作系统中田鱼的活动（包括取食活动和非取食活动）范围更广，田鱼在水稻植株间活动和觅食，水稻植株为田鱼提供了活动生境；而田鱼单养系统中田鱼的活动范围主要集中在进水口（图4-2）。

表4-1　RF处理和FM处理田鱼分布多样性指数$H'(S)$

处理	6:00～7:00	9:00～10:00	10:00～11:00	15:00～16:00	平均值
RF	2.24（0.04）a	2.25（0.18）a	2.36（0.10）a	2.42（0.05）a	2.32（0.05）a
FM	1.08（0.16）b	0.32（0.16）b	0.13（0.07）b	1.69（0.05）b	0.81（0.20）b

注：表中数值表示平均值，其后括注的数值表示标准误；同一列中不同小写字母代表差异显著（$P<0.05$）。后同

表4-2　RF处理和FM处理田鱼分布均匀性指数J

处理	6:00～7:00	9:00～10:00	10:00～11:00	15:00～16:00	平均值
RF	1.25（0.02）a	1.26（0.10）a	1.31（0.05）a	1.35（0.03）a	1.29（0.03）a
FM	0.83（0.07）a	0.46（0.23）a	0.11（0.05）a	1.05（0.03）a	0.61（0.12）b

从田鱼在样方的逗留时间看，RF处理的田鱼逗留时间显著大于FM处理（$F=13.209$，$P<0.001$）。4个时段中，6:00～7:00两个处理的停留时间最为接近，平均相差1.67s，而15:00～16:00两个处理之间差异最明显，平均相差19.6s（图4-3），这些结果表明，在中午和15:00～16:00温度高与太阳辐射强的情况下，稻鱼共作系统中田鱼仍在田间进行觅食等活动，而鱼单养系统中田鱼的活动减少。

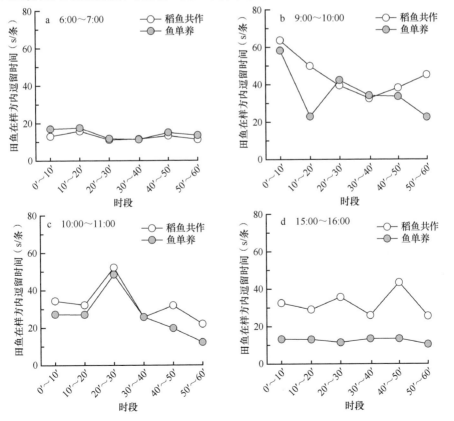

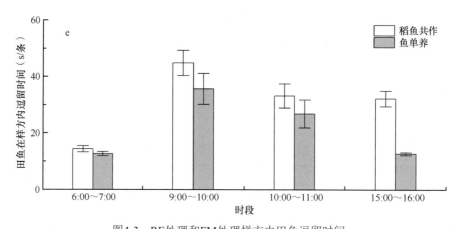

图4-3 RF处理和FM处理样方内田鱼逗留时间

a～d：4个观察时段的田鱼在样方的逗留时间及时间分布；e：每个时段的平均逗留时间

（二）水稻为田鱼创造良好的生存环境

为了解释RF处理中田鱼活动比FM处理更频繁，我们在试验地一年中温度最高的时期（7～8月），逐日测定了稻田表面水温度和光照强度。结果表明，7～8月每天12:00～14:00，FM处理的稻田表面水温度（$F_{1,6}=437.587$，$P=0.000$）和光照强度（$F_{1,6}=254.531$，$P=0.000$）显著高于RF处理（图4-4）。由此可见，稻鱼共作系统中的水稻植株改善了田间微气候环境，为田鱼提供了庇护所。

采用摄像的方法对夏季高温期进行全天候的观测发现，田鱼在一天中有两个活动高峰：一个是6:00～10:00，另一个是17:00～18:00；中午是活动低谷，鱼单养系统中田鱼几乎停止活动，一般驻留在水层的相对下层位置（有水草时倾向于躲进水草中），以避免高温伤害。但在稻鱼共作系统中，即使是在中午时段仍有较高的活动频率（图4-5）。

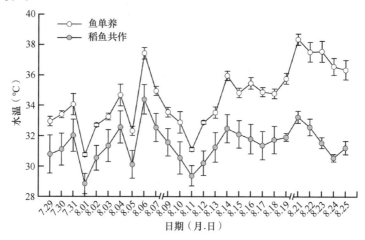

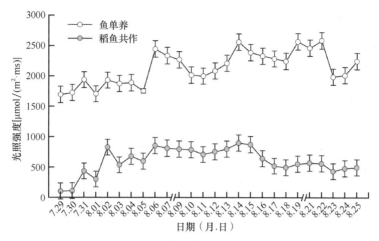

图4-4　RF处理和FM处理稻田表面水温和光照强度

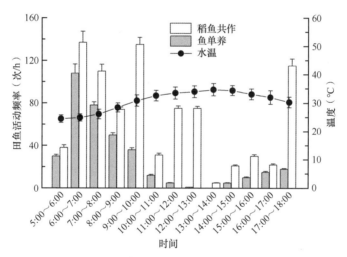

图4-5　田鱼一天的活动频率及水体表面温度观察

我们的研究还发现，在水稻的生长季，稻鱼共作处理中水体中氨氮含量显著低于鱼单养处理（$F_{1,30}=10.620$，$P=0.000$，图4-6）。在进行试验的5年期间，鱼单养处理的土壤总氮含量有增加的趋势，但是稻鱼共作处理中的土壤总氮含量基本没有改变（图4-6）。鱼单养处理的土壤总氮含量逐渐积累，并且在试验结束时高于稻鱼共作处理中的土壤总氮含量（图4-6b，$F_{1,30}=2.783$，$P=0.044$）。这些研究表明，稻鱼共生系统中水稻能不断吸收利用田鱼排泄物中的养分（氮和磷），鱼类的排泄物中铵根离子是氮素的主要存在形式（Chakraborty and Chakraborty，1998；Kyaw et al.，2005；Lazzari and Baldisserotto，2008），是水稻偏爱利用的氮素形式，水稻对鱼类排泄物中的氮素能很快吸收利用。由此可见，水稻能够为田鱼保持较好的水体环境，不至于让水体中氮素不断富集。

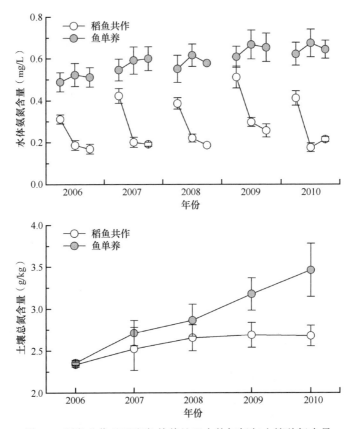

图4-6　稻鱼共作处理和鱼单养处理水体氨氮与土壤总氮含量

二、田鱼对水稻病虫草害发生的影响

　　为了研究青田稻鱼系统中田鱼对水稻的帮助,我们进行了田间试验,设计了水稻单作系统(rice monoculture system,RM)和稻鱼共作系统(rice-fish system,RF)2个处理,在不使用农药的情况下,调查了5年时间内病虫草害的发生率。结果发现,稻飞虱(包括褐飞虱、白背飞虱和灰飞虱)暴发时期(从8月下旬到9月上旬),RM的稻飞虱密度比RF中更多($P<0.05$,图4-7a)。然而,为害水稻的主要叶面害虫二化螟(*Chilo supperssalis*)的数量在RM和RF间并没有显著差异($F_{1,30}=0.166$,$P=0.687$)(图4-7b),但水稻卷叶虫(稻纵卷叶螟*Cnaphalocrocis medinalis*)的数量在RM和RF间差异显著($F_{1,30}=10.128$,$P=0.038$)($P<0.05$,图4-7f)。纹枯病(由立枯丝核菌*Rhizoctonia solani*引起)和稻瘟病(由灰梨孢菌*Pyricutaria oryzae*引起)是该地区水稻的主要病害,RM纹枯病的发病率比RF高($F_{1,30}=11.706$,$P=0.002$,图4-7c)。水稻生长早期,RM和RF间稻瘟病的发病率(6月到8月上旬)没有差异($F_{1,30}=2.714$,$P=0.110$),但是在生长后期(8月下旬到9月上旬),RM的发病

率显著高于RF（$F_{1,30}$=12.992，P=0.023）（图4-7d）。RF杂草生物量明显低于RM（图4-7e）。

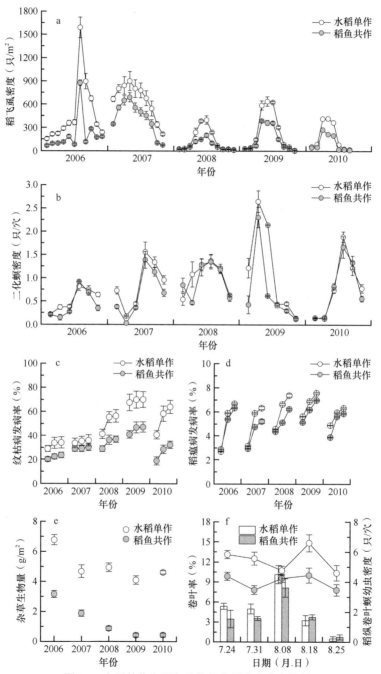

图4-7　水稻单作和稻鱼共作的水稻病虫草害比较

a: 稻飞虱密度；b: 水稻二化螟密度；c: 纹枯病发病率（均值±标准误）；
d: 稻瘟病发病率；e: 杂草生物量；f: 稻纵卷叶螟幼虫密度（折线）和造成的卷叶率（柱状图）

　　我们注意到这样一个现象：当田鱼撞击水稻茎秆的时候，稻飞虱会掉落到水面，因此推断稻鱼系统中稻飞虱的减少可能是由田鱼活动造成的。因此我们设计了相关试验量化这个效应。我们在水稻单作系统（没有田鱼撞击水稻）和稻鱼共作系统（田鱼可能会撞击水稻）中分别建立了包含4穴水稻的样方。通过视频记录的方式量化稻鱼系统样方中田鱼撞击水稻的次数。此外，我们也记录掉落到稻鱼系统和水稻单作系统样方内水面的稻飞虱的数目。稻鱼系统样方的视频记录表明，每天（5:00~18:00）每穴水稻被撞击（26.8±2.4）次。在水稻单作系统样方中每天（5:00~18:00）掉落在水面的稻飞虱的数目为（79±6）头，而在稻鱼系统样方中该数目是（174±15）头（图4-8）。

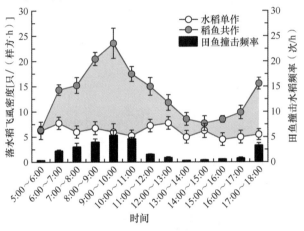

图4-8　试验中田鱼活动和稻飞虱的去除

田鱼撞击水稻的频率（柱子表示每小时每穴水稻被撞击的次数）；从水稻单作系统（没有田鱼撞击水稻）样方收集到的稻飞虱密度（空心点折线，折线表示每个样方的数量）；从稻鱼共作系统（田鱼撞击水稻）样方中收集到的稻飞虱总数量（实心点折线，折线表示每个样方的数量）。两条折线之间的阴影表示因为田鱼的活动而掉落水中的稻飞虱密度

　　为了估算一天中由田鱼的活动引起的掉落到水中的稻飞虱密度，我们假定水稻单作系统中掉落到样方的稻飞虱是由田鱼活动以外的因素引起的，在稻鱼共作系统样方中这些因素同样存在，并且影响程度相同。因此，我们通过稻鱼共作系统样方和水稻单作系统样方中掉落到水面的稻飞虱密度之差来计算田鱼活动对稻飞虱掉落的影响，如图4-8中的阴影部分（图中两条折线之间）所示。每个稻鱼共作系统样方由于田鱼撞击水稻的活动而掉落的稻飞虱平均每天有（96±8）个，水稻单作系统和稻鱼共作系统样方中平均每穴水稻植株上分别有（117±13）头和（91±8）头稻飞虱。稻鱼共作系统一个样方中的稻飞虱总数量为（364±32）头［（91±8）头/穴×4穴/样方］。一个样方中田鱼对稻飞虱的去除率等于田鱼活动去除的稻飞虱量除以稻飞虱总量。因此，田鱼对稻飞虱的去除率为26%±2%（图4-8）。

　　用连续摄像的方法进一步观测表明，田鱼在一天的活动规律中有两个活动频率高峰（图4-6，图4-8）：一个是在早晨，田鱼的活动对水稻的碰撞导致露珠掉落，水稻冠层湿度降低，不利于稻瘟病的发生；另一个活动高峰是傍晚，田鱼的活动对水稻的碰撞干扰了蛾类害虫的交配和产卵，从而逐渐降低来年螟虫等害虫的虫口密度。此外，田鱼直接取食杂草或干扰杂草幼苗的生长，这种生态学过程的年年持续发生是杂草也是虫害发生程度降低的主要原因。

第二节　水稻和田鱼对氮素资源的循环利用

生态系统中的各种矿质元素在不同营养级中传递（动植物死亡后有机体被微生物分解，又以无机形式的矿质元素归还到环境中，重新被动植物吸收利用），构成了生态系统的养分循环。农业生态系统是经人类驯化的生态系统，为了最大限度地获取目标农产品而进行人工投入，因此，农业生态系统养分的利用和循环明显不同于自然生态系统。人类的生产、生活依存于农业生态系统中农、畜等产品的输出，这一特性决定了农业生态系统中的大量养分会脱离系统被带走；为了维持农业生态系统养分的平衡和正常循环，就需要人为返还各种营养物质（包括大量的有机和无机肥料），因而农业系统是一个养分大量输入、大量输出的系统（骆世明，2017）。相较于自然生态系统，农业生态系统养分循环的封闭程度较低，系统外化学物品的大量投入使农业系统养分平衡状态受到干扰。

稻田为大量生物提供了庇护所和生存空间，栖息着大量的水生生物，如浮游植物（绿藻、蓝藻等）、底栖动物（如水蚯蚓等）、水生植物、水生昆虫等（王缨和雷慰慈，2000；汪金平等，2009），具有丰富的生物多样性和自然生产力（Fernando，1993；Halwart and Gupta，2004）。冉茂林和陈铮（1993）对水田的生物调查结果显示，水田中有36种水生植物、67种藻类、27种底栖动物和77种浮游动物。Bambaradeniya等（1998）对稻田中的动、植物种群进行了研究，鉴定出无脊椎动物377种、脊椎动物44种、植物34种。稻田系统中蕴藏的如此大量的水生生物，为水产动物提供了丰富的天然食物（Fernando，1993；Halwart，2006）。

研究表明，不同鱼种的生物学特征和对食物的偏好，决定了鱼对田间资源的利用和稻鱼系统的生产力（Haroon and Pittman，1997；Rothuis et al.，1998；Vromant et al.，2002；Frei et al.，2007a，2007b）。我们研究发现，一方面青田稻鱼共生系统田鱼利用了稻田环境的一些"闲置资源"（藻类、浮游生物、杂草、昆虫等），将其转化为田鱼的生物产量和作水稻有机肥的粪便；另一方面，水稻和田鱼可以互补利用输入的氮素（如饲料氮和化肥氮），使稻鱼系统的氮素循环发生明变化。

一、田鱼的食谱及资源利用分析

青田田鱼是杂食性鱼类。为了测定稻鱼系统中田鱼对稻田资源的利用，我们开展了田间试验，设计了水稻单作系统（rice monoculture system，RM）、稻鱼共作系统无饲料投喂（rice-fish system non-feed，RF-n）和稻鱼共作系统投喂饲料（rice fish system with feed，RF-f）3个处理，通过稳定性同位素技术测定田鱼对稻田资源的利用情况、田鱼食物资源的量。

（一）田鱼的食谱

稳定性同位素（^{13}C、^{15}N）技术是研究生态系统中食物网结构的有效技术。δ^{13}C值常用来分析消费者食物来源，δ^{15}N值常用来确定生物在食物网中的营养位置（张丹等，2010）。采用线性混合模型（linear mixing model），使用R软件的稳定性同位素分析包SIAR（stable isotope analysis in R）（Jackson et al.，2011），根据各类食物来源和田鱼的^{13}C、^{15}N同位素值计算各类食物来源对田鱼食谱的贡献率。通过田间试验，对RF-f处理和RF-n处理下的田鱼食谱进行分析，对田鱼的食源，包括各类昆虫、杂草、水稻基部叶片、藻类、浮游植物和投入的饵料等进行了分析，得到各类食物源的δ^{13}C和δ^{15}N值；同时对不同生长发育时期的田鱼个体进行^{13}C和^{15}N同位素分析，得到田鱼体内体的δ^{13}C和δ^{15}N积累值。通过同位素混合线性模型分析，得到田鱼的食谱结构。

RF-f处理和RF-n处理下田鱼肌肉碳、氮含量均没有显著差异（C：$P=0.991$，N：$P=0.667$）（表4-3）。RF-f处理中，饲料对田鱼食谱的贡献率达到70%（图4-9）。RF-n处理中田鱼的自然资源食物主要是浮萍（22.70%，由于青萍和紫萍的稳定性同位素值不易区分，因此将两者合为一种食物，合称"浮萍"）、浮游植物（34.76%）和田螺（30.02%）（图4-10）。RF-f处理中浮游植物和田螺对田鱼食谱的贡献率低（浮游植物5.87%、田螺1.62%）。

表4-3　田鱼肌肉和食物资源的碳、氮含量

	氮含量（%）		碳含量（%）	
	均值	标准差	均值	标准差
田鱼肌肉（RF-f）	15.02	0.52	43.71	0.98
田鱼肌肉（RF-n）	14.85	0.38	43.70	0.57
鱼苗	14.34	0.24	44.74	0.82
饲料	5.86	0.08	38.24	0.28
田螺	8.02	1.11	31.13	4.11
青萍	2.25	0.07	38.68	1.86
紫萍	2.54	0.84	38.88	2.01
浮游植物	0.84	0.06	13.62	3.18

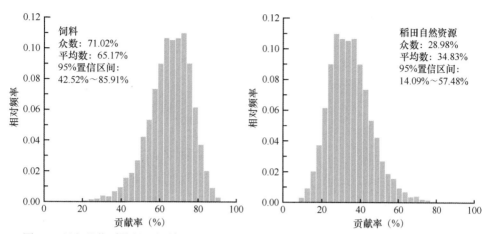

图4-9 稻鱼共作系统投喂饲料处理（RF-f）中饲料和稻田自然资源对田鱼食谱的贡献率

直方图表示某一种资源贡献率的概率分布

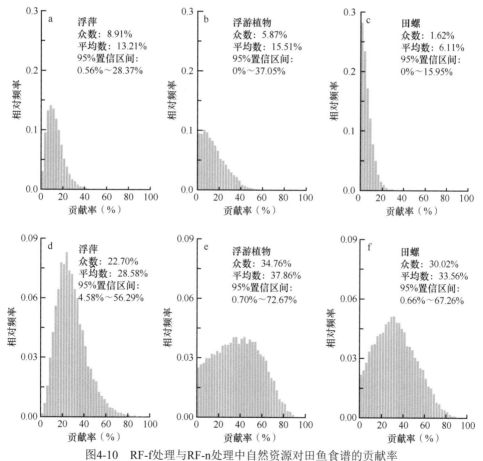

图4-10 RF-f处理与RF-n处理中自然资源对田鱼食谱的贡献率

a、b和c是RF-f处理；d、e和f是RF-n处理。直方图表示某一种资源贡献率的概率分布。

因青萍和紫萍不易区分，故将二者当作一种食物，合称浮萍采用稳定性同位素^{13}C和^{15}N的方法，进一步对稻鱼共作系统中投喂与不投喂条件下田鱼的稳定性同位素生态位宽度进行分析。结果表明，不投喂处理中田鱼的稳定性同位素生态位宽度大于投喂处理，表明不投喂条件下田鱼对田间资源的利用更多样化，扩大了系统的资源利用率（图4-11）。

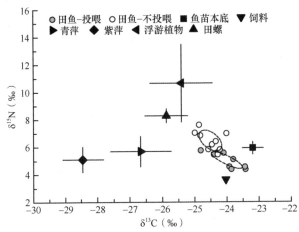

图4-11　稻鱼共作处理中水生生物和田鱼的δ^{13}C与δ^{15}N值

虚线椭圆代表依据SIBER软件所表示的椭圆生态位宽度，误差线表示的是标准差；
田鱼-投喂表示稻鱼共作投喂饲料处理；田鱼-不投喂表示稻鱼共作不投喂饲料处理

（二）稻田内田鱼土著食物资源的测定

对水稻单作系统（rice monoculture system，RM）、稻鱼系统无饲料投入（rice fish system non-feed，RF-n）和稻鱼系统有饲料投入（rice fish system with feed，RF-f）3个处理中田鱼主要食物组成浮萍、水蚯蚓和水绵的生物量和氮素含量进行了分析。结果表明，浮萍生物量及氮素含量在3个处理间没有显著差异（$P>0.05$）。RM和RF-f处理的水蚯蚓生物量与氮素含量均显著高于RF-n处理（$P<0.05$）。由于RM处理浮萍对光线遮蔽能力较强，水绵生物量和氮素含量为0。水绵生物量和氮素含量在RF-f与RF-n处理之间没有显著差异（$P>0.05$）（图4-12）。

二、稻鱼共生系统有机物质的分解

青田稻鱼共生系统水产动物的排泄物、未被取食饲料部分中的有机养分均需要经过微生物的分解释放才能被水稻吸收利用。有机质的分解对稻鱼系统养分循环起着关键的作用。为此我们通过稳定性同位素双标记的方法，比较研究水稻单作系统（rice monoculture system，RM）、稻鱼共作系统（rice-fish system，RF）和鱼单养系统（fish monoculture system，FM）稻田的有机质分解状态。

将^{15}N和^{13}C稳定性同位素双标记饲料装入0.20μm孔径的尼龙网袋中，袋口用橡

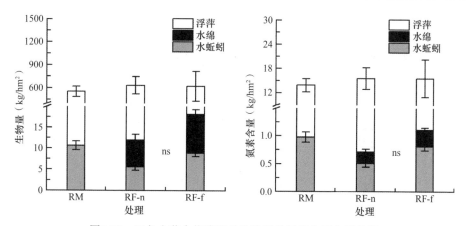

图4-12　田鱼土著食物资源的生物量及氮素含量分析比较

皮筋扎紧后再放入上下两端和侧面均开口的PVC管中（图4-13），分解材料中碳含量为0.41%，碳同位素丰度δ^{13}C为−16.2‰，每个分解管含2.18mg ^{13}C；分解材料中氮含量为0.03%，氮同位素丰度δ^{15}N为19 940.57‰，每个分解管含1.02mg ^{15}N。分解管（图4-13）垂直埋入稻田土壤中，上端与土表面齐平。埋入后第40天和第80天分别从每个埋放点取样，测定分解管内^{13}C、^{15}N丰度和碳、氮含量的存留量。

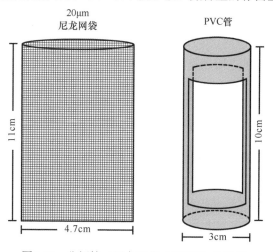

图4-13　分解管（尼龙网袋+PVC管）示意图

　　从分解管内碳的剩余量情况来看，水稻单作系统、稻鱼共作系统和鱼单养系统3个处理的分解材料中未分解有机碳在第90天显著低于第45天（F=83.713，P<0.001，图4-14），但3个处理之间，分解管碳的剩余量（^{13}C）在第45天和第90天均没有显著差异（F=1.782，P=0.202，图4-14）。

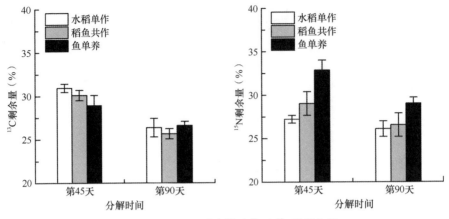

图4-14　不同处理分解管中^{13}C和^{15}N的剩余量

第45天和第90天是指分解管埋入土壤后的天数

有机氮的分解速率与有机碳相似，3个处理的未分解有机氮含量在第90天显著低于第45天（$F=9.610$，$P=0.007$，图4-14），不同处理间未分解有机氮含量也有显著差异（$F=10.439$，$P=0.001$，图4-14）。LSD多重比较显示，在这两个测定时间水稻单作与稻鱼共作处理间未分解有机氮含量没有显著差异（$P=0.276$），鱼单养处理未分解有机氮含量显著大于水稻单作处理（$P=0.001$）和稻鱼共作处理（$P=0.005$）。

进一步分析分解材料中^{15}N的剩余量表明，水稻能够加速土壤有机氮的分解，在分解时间为45d和90d时，稻鱼共作处理土壤有机氮分解速率比鱼单养处理分别增加5.63%和3.71%。可以推测，在稻鱼共生系统中，水稻利用土壤有机物中的氮（如鱼排泄物中的氮素等），从而促进有机物（如未被鱼利用的饲料和鱼的排泄物等）的分解，可大大提高氮素在系统中的利用效率。

三、输入氮素流向的稳定性同位素分析

与水稻单作系统不同，稻鱼共生系统有饲料氮和化肥氮的同时输入。为弄清输入稻鱼系统这两种类型氮素的流向和被利用情况，我们用稳定性同位素^{15}N示踪的方法在田间分别开展微型小区示踪试验，小区面积为4.5m^2（1.5m×3m），设3次重复。

（一）饲料氮的运转分析

试验设2个处理（表4-4）：处理A，稻鱼系统，投喂^{15}N标记饲料（RF-^{15}N）；处理B，稻鱼系统，不投喂饲料（RF）。

表4-4　不同处理的化肥和饲料输入

处理	肥料（g/小区）			投饵（g/小区）
	尿素	磷酸钙[Ca₃(PO₄)₂]	氯化钾（KCl）	
A	72.27	73.70	53.54	920.7（¹⁵N标记）
B	72.27	73.70	53.54	0

注：处理A为稻鱼系统，投喂¹⁵N标记饲料（RF-¹⁵N）；处理B为稻鱼系统，不投喂饲料（RF）

1. 水稻生长及氮素积累

从水稻的角度看，处理A（RF-¹⁵N）秸秆生物量及籽粒产量均高于处理B（RF），但均没有显著差异（图4-15，水稻秸秆：$F=2.767$，$P=0.172$；水稻籽粒：$F=3.573$，$P=0.132$）；处理A（RF-¹⁵N）的秸秆及籽粒氮素含量均显著高于处理B（RF）（图4-15，水稻秸秆：$F=12.862$，$P=0.023$；水稻籽粒：$F=7.769$，$P=0.049$）。处理A（RF-¹⁵N）的水稻秸秆和籽粒δ¹⁵N均显著高于处理B（RF）（图4-15，水稻秸秆：$F=104.437$，$P=0.001$；水稻籽粒：$F=97.261$，$P=0.001$）。

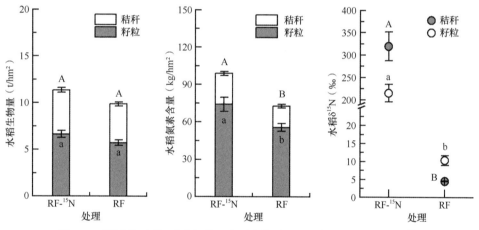

图4-15　饲料-¹⁵N标记试验条件下水稻生物量、水稻氮素含量和水稻δ¹⁵N

RF-¹⁵N：稻鱼系统，投喂¹⁵N标记饲料；RF：稻鱼系统，不投喂饲料

2. 田鱼生长及氮素积累

从田鱼的角度看，稻鱼系统投喂¹⁵N标记饲料处理（处理A，RF-¹⁵N）的田鱼干重显著高于稻鱼系统不投喂饲料（处理B，RF）（图4-16，$F=178.597$，$P=0.000$）；但RF-¹⁵N（处理A）的田鱼氮素含量（RF-¹⁵N）与稻处理B（RF）之间没有显著差异（图4-16，$F=5.645$，$P=0.076$）。处理A（RF-¹⁵N）的田鱼δ¹⁵N显著高于处理B（RF）（图4-16，$F=566.726$，$P=0.000$）。

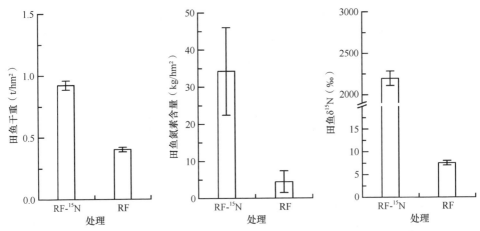

图4-16　饲料-^{15}N标记试验条件下田鱼干重、田鱼氮素含量和田鱼δ^{15}N

RF-^{15}N：稻鱼系统，投喂^{15}标记饲料；RF：稻鱼系统，不投喂饲料

3. 土壤氮素积累

从表层土壤（0～10cm）全氮含量看，试验前与试验后在处理A（RF-^{15}N）（图4-17，$F=0.256$，$P=0.639$）和处理B（RF）中均无显著差异（$F=0.862$，$P=0.406$）。从表层土壤（0～10cm）δ^{15}N看，处理A（RF-^{15}N）中试验后δ^{15}N显著高于试验前（图4-17，$F=24.719$，$P=0.008$），处理B（RF）中表层土壤δ^{15}N在试验前后无显著差异（图4-17，$F=0.995$，$P=0.375$）。

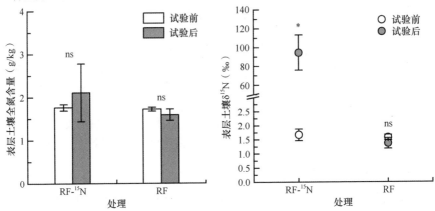

图4-17　饲料-^{15}N标记试验条件下表层土壤（0～10cm）全氮含量和δ^{15}N

RF-^{15}N：稻鱼系统，投喂^{15}标记饲料；RF：稻鱼系统，不投喂饲料。
*和ns分别代表试验开始前与试验后有无显著差异（0.05水平）

4. 饲料氮在稻鱼系统中的分配

饲料氮在稻鱼系统中的分配结果显示（图4-18），在分蘖后期田鱼对饲料氮的利用率为14.72%，到完熟期为10.08%。水稻在分蘖后期对饲料氮的利用率为8.31%，到完熟期为9.61%，其中籽粒利用率为7.91%，秸秆为1.7%。饲料氮在分蘖后期有31.57%留在表层土壤中，到完熟期变为59.76%。

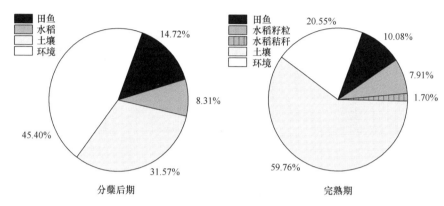

图4-18　饲料-¹⁵N标记试验条件下稻鱼系统中饲料氮的分配

（二）化肥氮流向

为了研究化肥氮的流向，进行了氮肥同位素¹⁵N标记试验。试验共设2个处理见表4-5。处理C：稻鱼共作，基肥中氮肥为¹⁵N标记尿素（RF-¹⁵N）；处理D：稻鱼共作，基肥中不包括氮肥（RF）。

表4-5　化肥氮施用量

处理	施肥（g/小区）			投饵（g/小区）
	尿素	磷酸钙[Ca₃(PO₄)₂]	氯化钾（KCl）	
C	72.27（¹⁵N）	73.70	53.54	920.7
D	0	73.70	53.54	920.7

注：处理C为稻鱼共作，基肥中氮肥为¹⁵N标记尿素（RF-¹⁵N）；处理D为稻鱼共作，基肥中不包括氮肥（RF）

1. 水稻产量和氮素积累

试验结果表明，在水稻秸秆生物量和籽粒产量方面，处理C（RF-¹⁵N）与处理D（RF）之间无显著差异（图4-19，水稻秸秆：$F=0.013$，$P=0.914$；水稻籽粒：$F=1.202$，$P=0.334$）。在水稻秸秆和籽粒氮素含量方面，处理C（RF-¹⁵N）与处理D（RF）之间也无差异（图4-19，水稻秸秆：$F=1.169$，$P=0.340$；水稻籽粒：$F=1.970$，$P=0.233$）。处理C（RF-¹⁵N）水稻秸秆和籽粒δ¹⁵N显著高于处理D（RF）（图4-19，水稻秸秆：$F=775.862$，$P=0.000$；水稻籽粒：$F=1040.605$，$P=0.000$）。

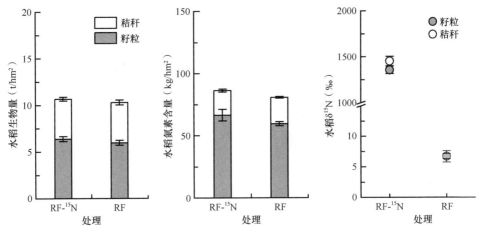

图4-19　肥料-^{15}N标记试验条件下水稻生物量、水稻氮素含量和水稻δ^{15}N

RF-^{15}N：稻鱼共作，基肥中氮肥为^{15}N标记尿素；RF：稻鱼共作，基肥中不包括氮肥

2. 田鱼生物量和氮素积累

　　在田鱼生物量与田鱼氮素含量方面，处理C（RF-^{15}N）和处理D（RF）之间在统计学上均无显著差异（田鱼生物量：$F=0.000$，$P=0.997$；田鱼氮素含量：$F=0.044$，$P=0.844$，图4-20）。处理C（RF-^{15}N）和处理D（RF）在田鱼δ^{15}N上有显著差异（$F=33.551$，$P=0.004$，图4-20）。

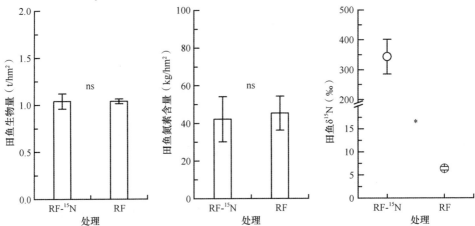

图4-20　肥料-^{15}N标记试验条件下田鱼生物量、氮素含量和田鱼δ^{15}N

RF-^{15}N：稻鱼共作，基肥中氮肥为^{15}N标记尿素；RF：稻鱼共作，基肥中不包括氮肥。

*和ns分别代表RF-^{15}N与RF间有无显著差异（0.05水平）

3. 土壤氮素积累

　　处理C（RF-^{15}N）的表层土壤全氮含量在试验前后无显著差异（$F=5.045$，

$P=0.088$，图4-21），但处理D（RF）表层土壤全氮含量在试验后显著降低（$F=25.499$，$P=0.007$，图4-21）。处理C（RF-^{15}N）表层土壤δ^{15}N在试验后显著高于试验前（$F=71.072$，$P=0.001$，图4-21），但处理D（RF）的表层土壤δ^{15}N在试验前后无显著差异（$F=0.149$，$P=0.719$，图4-21）。

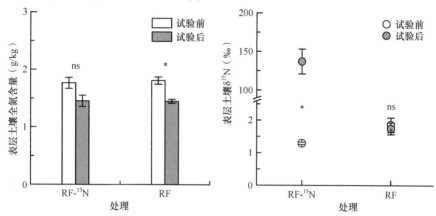

图4-21　肥料-^{15}N标记试验条件下表层土壤（0～10cm）全氮含量和δ^{15}N

*和ns分别代表试验前与试验后有无显著差异（0.05水平）

4. 化肥氮在稻鱼系统中的分配

化肥氮在稻鱼系统中的分配结果显示（图4-22），在分蘖后期化肥氮中有0.45%被田鱼利用，到完熟期下降为0.24%。水稻对化肥氮的利用率在分蘖后期为5.22%，在完熟期为5.8%，其中籽粒对化肥氮利用率为4.4%，秸秆为1.4%。施用的化肥氮在分蘖后期有9.4%留在土壤中，到完熟期下降为7.8%。

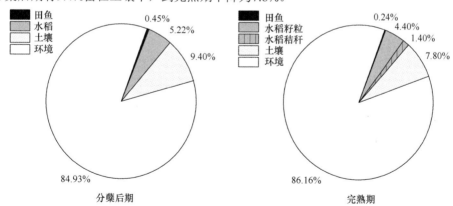

图4-22　肥料-^{15}N标记试验条件下稻鱼系统中化肥氮的分配

上述饲料-^{15}N和肥料-^{15}N示踪试验均证明，田鱼和水稻可以对两种输入氮素（饲料氮与化肥氮）互补利用。在饲料氮示踪试验中，投喂^{15}N标记饲料处理（处理A）

系统生产力（田鱼和水稻）及系统氮素输出量（田鱼和水稻）均高于不投喂饲料处理（处理B），相对于不投喂饲料处理（处理B）分别高出19.4%和71.8%。在投喂^{15}N标记饲料处理中，表层土壤氮素在试验后相对于开始前增加19.4%，不投喂饲料处理表层土壤氮素在试验后相对于开始前下降7.6%。随着试验进行，饲料投喂量增加，水稻对饲料氮的利用率从8.31%（分蘖后期）增加到9.61%（完熟期）。田鱼对饲料氮的利用率由14.72%（分蘖后期）下降到10.08%（完熟期）。但饲料氮流失量由45.4%（分蘖后期）下降到20.55%（完熟期）。更高比例的饲料氮保留在了表层土壤中（分蘖后期为31.57%，完熟期为59.76%）。

在化肥氮示踪试验中，施加^{15}N标记尿素试验处理（处理C）系统生产力仅比不施尿素试验处理（处理D）高3.29%，系统氮素输出仅比不施尿素实验处理（处理D）高1.91%，均无显著差异。试验后相对于试验前，施加^{15}N标记尿素试验处理（处理C）表层土壤全氮含量下降17.54%，不施尿素实验处理（处理D）下降19.79%。到分蘖后期，有84.93%的化肥氮流失到环境中，到完熟期，有86.16%的化肥氮流失到环境中。田鱼可以利用化肥氮，但利用率较低，在分蘖后期为0.45%，到完熟期下降到0.24%。水稻对化肥氮的利用率随试验进行而逐渐增加，在分蘖后期为5.22%，到完熟期达到5.8%。保留在表层土壤中的化肥氮含量随试验进行而逐渐下降，由9.4%下降到7.8%。

四、饲料氮和化肥氮在稻鱼之间互补利用分析

此外，我们还通过田间小区试验进一步分析了饲料氮和化肥氮在水稻与田鱼之间的互补利用情况，设计的处理包括：水稻单作系统（RM）、稻鱼系统不投喂饲料（RF feed 0）、稻鱼系统投放饲料（RF feed 1）、鱼单养系统不投喂饲料（FM feed 0）、鱼单养系统投放饲料（FM feed 1），计算了每一个系统内（RM、RF或FM）的氮素投入和产出情况。

每一个系统内（RM、RF或FM）氮素的产出和输入平衡情况，通过计算收获的水稻和田鱼体内的含氮量减去输入的总氮（化肥氮与饲料氮）来评估，产出和输入的差值若为正值，表明部分输入氮素没有被水稻和田鱼利用而保留在稻田环境（水或土壤）或已迁移到附近的沟渠或进入大气；产出和输入的差值若为负值，表明水稻或田鱼是从稻田土壤中获取已有的氮素。

不投喂饲料的稻鱼系统（RF feed 0）和鱼单养系统（FM feed 0）处理，田鱼的氮素主要来自稻田环境，而水稻的氮素主要来自输入的化肥和稻田环境。投喂饲料的稻鱼系统（RF feed 1）和鱼单养系统（FM feed 1）处理，田鱼的氮素主要来自饲料和稻田环境，水稻的氮素主要来自输入的肥料、饲料和稻田环境。

为了弄清楚RF feed 1和FM feed 1处理中饲料氮的去向，我们进行了如下8项计算，这些计算包含以下变量。

fish-N：田鱼体内的氮含量。

rice-N：水稻体内的氮含量。

X_{RF}：稻鱼系统中饲料氮的输入。

X_{FM}：鱼单养系统中饲料氮的输入。

$fish_{RF}$-N1：RF feed 1处理中田鱼体内的氮含量。

$rice_{RF}$-N1：RF feed 1处理中水稻体内的氮含量。

$fish_{RF}$-N0：RF feed 0处理中田鱼体内的氮含量。

$rice_{RF}$-N0：RF feed 0处理中水稻体内的氮含量。

$fish_{FM}$-N1：FM feed 1处理中田鱼体内的氮含量。

$fish_{FM}$-N0：FM feed 0处理中田鱼体内的氮含量。

FX_{RF}：RF feed 1处理中田鱼体内来自饲料的氮含量。

RX_{RF}：RF feed 1处理中水稻体内来自饲料的氮含量。

FX_{FM}：FM feed 1处理中田鱼体内来自饲料的氮含量。

(%) FX_{RF}：RF feed 1处理中田鱼总氮来自饲料氮的百分比。

(%) RX_{RF}：RF feed 1处理中水稻总氮来自饲料氮的百分比。

(%) Environment RF：RF feed 1处理中保留在环境中的饲料氮的百分比。

(%) FX_{FM}：FM feed 1中田鱼总氮来自饲料氮的百分比。

(%) Environment FM：FM feed 1处理中保留在环境中的饲料氮的百分比。

主要计算公式如下：

$$FX_{RF}=fish\text{-}N1-fish\text{-}N0 \qquad (4\text{-}1)$$

$$RX_{RF}=rice\text{-}N1-rice\text{-}N0 \qquad (4\text{-}2)$$

$$FX_{FM}=fish_{FM}\text{-}N1-fish_{FM}\text{-}N0 \qquad (4\text{-}3)$$

$$(\%)FX_{RF}=(FX_{RF}/X_{RF})\times100\% \qquad (4\text{-}4)$$

$$(\%)RX_{RF}=(RX_{RF}/X_{RF})\times100\% \qquad (4\text{-}5)$$

$$(\%)Environment\ RF=[(X_{RF}-FX_{RF}-RX_{RF})/X_{RF}]\times100\% \qquad (4\text{-}6)$$

$$(\%)FX_{FM}=(FX_{FM}/X_{FM})\times100\% \qquad (4\text{-}7)$$

$$(\%)Environment\ FM=[(X_{FM}-FX_{FM})/X_{FM}]\times100\% \qquad (4\text{-}8)$$

化肥氮能够促进浮游生物的生长（然后被鱼取食），这部分的量为稻鱼系统中田鱼的氮含量与单养系统中田鱼的氮含量的差值。通过上述计算，发现稻鱼系统（RF）和鱼单养系统（FM）投喂的田鱼饲料中分别仅有11.1%与14.2%的氮被田鱼同化利用，但是在RF中，水稻利用了饲料中未被田鱼利用的氮，减少了田鱼饲料氮在环境中（即土壤和水体中）的积累。投喂饲料和不投喂饲料条件下RF的比较表明，水稻籽粒和秸秆中31.84%的氮来自投入的田鱼饲料；而RF和FM各自田鱼体内氮含量的差值表明，化肥中2.1%的氮进入了田鱼的体内。与水稻单作（RM）和鱼单养（FM）比较，稻鱼系统的氮素利用效率大大提高，利用效率在42.9%以上（图4-23）。

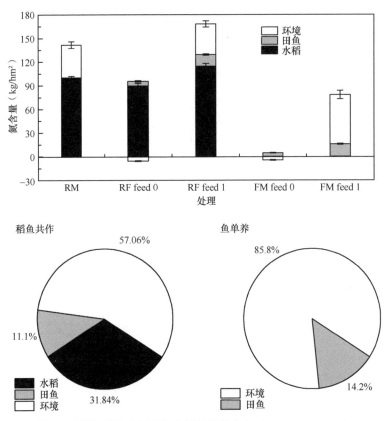

图4-23　稻鱼系统中氮平衡和饲料氮的去向（Xie et al.，2011）

氮含量中，柱子分别表示RM、RF不投喂饲料（RF feed 0）、RF投喂饲料（RF feed 1）、FM不投喂饲料（FM feed 0）和FM投喂饲料（FM feed 1）中氮投入和产出。环境中氮的负值意味着水稻或者田鱼中部分氮来自环境，正值表示投入的氮中有部分没有被田鱼或者水稻使用而留在了环境中。饲料氮去向的饼图表示RF和FM中田鱼饲料氮在收获的水稻、鱼与环境中的分配比例（即RF和FM中田鱼饲料提供的11.1%与14.2%的氮积累在田鱼的体内）。RM代表水稻单作系统；RF代表稻鱼系统；FM代表鱼单养系统。误差线代表标准误

结果还发现，RF处理在投喂田鱼饲料条件下，水稻氮含量显著高于不投喂饲料的处理（图4-23，$F_{2,11}$=6.566，P=0.031）。投喂田鱼饲料的RF中水稻氮含量也有高于RM的趋势，即使RM田块氮投入量比投喂鱼饲料的RF处理高36.5%（图4-23）。田鱼饲料的投入显著增加了FM和RF中田鱼的产量（图4-23，$F_{3,15}$=22.545，P=0.001）。这表明饲料氮的输入可以促进水稻产量的形成。

在上述饲料氮互补利用的基础上，以水稻目标产量需要的氮素为化肥氮的总输入量，设计不同田鱼的目标产量和相应的饲料氮投入，构成化肥氮输入逐渐降低和饲料氮投入相应逐渐增加的试验设计（Hu et al.，2013），研究不同来源的氮素（饲料氮和化肥氮）在生物之间、生物与环境之间的流向，试图揭示生物之间互补利用氮素是否可以减少氮素的投入（图4-24）。研究发现，在总氮投入120kg/hm²的情况

下，随着饲料氮比例的升高，水稻产量不变，但田鱼产量增加，由于未被利用的饲料氮在土壤中可逐渐被水稻吸收利用，水稻所需的氮肥只需要总量的37%，而且停留在水体和土壤中的饲料氮大大减少（与鱼单养处理比）。当饲料氮和化肥氮的比重分别为63%与37%时，系统能很好地维持氮平衡和稻鱼产量。

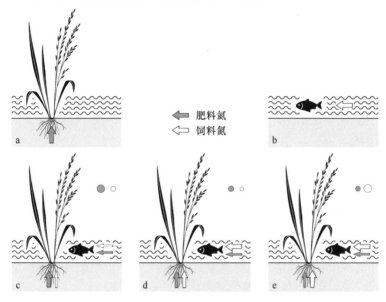

图4-24　稻鱼系统中水稻和田鱼对氮素的互补利用概念图（Hu et al.，2013）

a：水稻单作（化肥氮仅被水稻利用）；b：鱼单养（饲料氮仅被田鱼利用）；c：稻鱼共作，75%化肥氮和25%饲料氮；d：稻鱼共作，56%化肥氮和44%饲料体中氮；e：稻鱼共作，37%化肥氮和63%饲料氮。灰色和白色箭头分别代表化肥氮与饲料氮，小圆点为输入的氮在土壤和水中的分布，c、d和e中圆点大小表示化肥氮和饲料氮输入的量，箭头表示水稻利用化肥氮或田鱼利用饲料氮

五、田鱼对氮素循环影响的定量分析

在水体生态系统中，水产动物在系统养分循环中扮演着重要角色，并且可以通过水生动物的介导为生产者提供养分从而影响系统初级生产力（Meyer et al.，1983；Grimm，1988；Vanni，2002；McIntyre et al.，2007，2008）。在稻田系统中生活着大量水生生物，如浮游植物（蓝藻、浮萍）、底栖动物（水蚯蚓、田螺）和水生植物（水绵）等（汪金平等，2009；王缨和雷慰慈，2000），可以为水产动物提供丰富的土著食物资源。如上所述，青田稻鱼共生系统中，虽然田鱼在稻田中更倾向于取食投喂的饲料，但在有饲料投喂的情况下，稻田土著资源仍然为田鱼提供了41.02%的食物来源。此外，田鱼同化食物的过程中，会通过排泄物的形式或分泌的形式将氮素返回到稻田中，这部分返回的氮素可被水稻利用，形成稻鱼共生系统中的内循环。

为此，我们在此基础上设计了田间试验，进一步研究田鱼对这些田间资源的转化情况和氮素内循环。田间试验设置3个处理：水稻单作处理（RM）；稻鱼共作处理，投喂田鱼饲料（RF-f）；稻鱼共作处理，不投喂田鱼饲料（RF-n）。在7月、8月、9月3个时间点，采取测定稻田水体表层浮萍、水体中层水绵和土壤表层水蚯蚓的生物量、碳氮含量与^{13}C、^{15}N同位素的含量。在这3个取样时间，同时测定田鱼一天内不同时段（7:00～10:00、10:00～13:00、13:00～16:00、16:00～19:00）的排泄物量和氮素含量。

田鱼对系统氮素内循环影响的定量分析通过以下步骤计算：①田鱼从饲料中获得的氮素含量（N_{fe}）通过式（4-9）计算；②田鱼从稻田自然资源中获得的氮素含量（N_{re}）通过式（4-10）计算；③田鱼同化的氮素含量（N_{as}）通过式（4-11）计算；④田鱼通过排泄排出的氮素含量（N_{ex}）等于N_{ex-f}；⑤田鱼通过排遗排出的氮素含量（N_{eg}）等于N_{eg-f}。

$$N_{fe}=N_f-N_n+N_{ex-f}-N_{ex-n}+N_{eg-f}-N_{eg-n} \qquad (4-9)$$

$$N_{re}=N_n-N_b+N_{ex-n}+N_{eg-n} \qquad (4-10)$$

$$N_{as}=N_f-N_b \qquad (4-11)$$

式中，N_f为RF-f处理试验结束后田鱼氮素含量，N_n为RF-n处理试验结束后田鱼氮素含量，N_b为试验开始前田鱼氮素含量，N_{ex-f}为RF-f处理田鱼排泄排出的氮素含量，N_{ex-n}为RF-n处理田鱼排泄排出的氮素含量，N_{eg-f}为RF-f处理田鱼排遗排出的氮素含量，N_{eg-n}为RF-n处理田鱼排遗排出的氮素含量。

田间测定结果表明，田鱼在稻田中通过排遗（排便）和排泄（排氨）排出的氮素含量调查结果如图4-25所示。RF-f处理在有饲料投喂下，粪便干重、粪便氮含量、氨氮量、总氮量均显著高于RF-n处理（$P<0.05$）。

定量分析研究结果表明（图4-26），在整个生长季中，稻田自然生物资源中总共有42.2kg/hm^{2}氮素被田鱼取食摄入，饲料氮共被田鱼摄入37.6kg/hm^2，有62.88kg/hm^{2}饲料氮以残饵方式输入到土壤中。通过摄食获得的氮素有14.36kg/hm^{2}被田鱼同化，有65.44kg/hm^{2}被排出。在田鱼排出的氮素中，有15.62%（10.22kg/hm^2）通过排遗排出，以粪便（623.14kg/hm^2）的形式输入土壤；有84.38%（55.22kg/hm^2）通过排泄排出，以氨的形式进入稻田水体环境中。

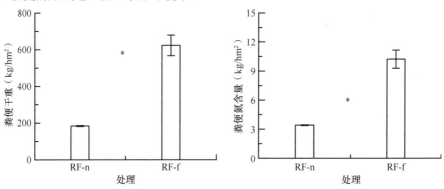

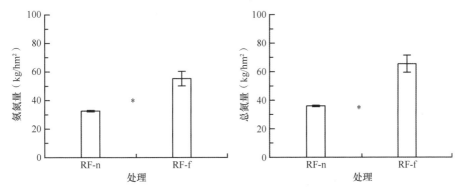

图4-25 RF-f处理和RF-n处理中田鱼粪便干重、粪便氮含量、氨氮量及总氮量差异

RF-f：稻鱼共作处理，投喂田鱼饲料；RF-n：稻鱼共作处理，不投喂田鱼饲料。*$P<0.05$

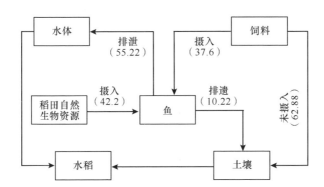

图4-26 田鱼对系统氮素循环影响的定量分析（单位：kg/hm^2）

六、结语

水产动物在水体生态系统的养分循环中扮演着重要角色，并且可以通过水生动物的介导为生产者提供养分从而影响系统初级生产力。稻田系统中生活着的大量水生生物，包括浮游植物、底栖动物和水生植物等，可以为水产动物提供丰富的土著食物资源。正如前文报道，在有饲料投喂时，田鱼在稻田中更倾向于取食饲料。不过，即便如此，稻田土著资源仍然为田鱼提供了41.02%的食物来源，也说明，田鱼能够较大程度地利用稻田自然资源。在整个生长季中田鱼通过取食摄入饲料氮37.6kg/hm²，田间土著资源氮素42.2kg/hm²。其中有17.99%（14.36kg/hm²）氮素被田鱼同化，82.01%（65.44kg/hm²）氮素被田鱼排出（图4-26）。田鱼排出的氮素中有84.38%（55.22kg/hm²）通过排泄以氨的形式排出到稻田水体中，可以被水稻直接吸收利用；有15.62%（10.22kg/hm²）通过排遗以粪便（623.14kg/hm²）形式返回到土壤中。有研究发现，在自然生态系统中，动物排出的粪便多以有机质的形式稳定地储存在土壤中，在被微生物分解利用后缓慢释放出养分，对于土壤肥力状况的改

善、系统养分供应具有重要意义（Peterson and Heck，2001；McIntyre et al.，2007；Lansing and Kremer，2011；Angelini，2015）。这说明在稻鱼共生系统中田鱼通过取食、排遗和排泄行为，一方面可以持续为水稻提供养分，弥补水稻生殖生长阶段对氮肥的需求；另一方面通过粪便的补充，弥补土壤中被水稻吸收利用的氮素。张剑等（2017）在室外大田试验中发现，单独养殖水产动物田块的水体含氮量显著高于稻鱼共作田块。这也说明长势更好的水稻通过吸收水体中的氮素改善稻田水体环境和通过遮阴等方式改善田鱼生活环境，有利于田鱼生长和更好地利用田间资源（Cardinale，2002）。

本研究证明，田鱼对稻田自然资源、饲料的转化，可以促进水稻对环境中氮素的吸收利用并增加有机态氮素（粪便和水稻根系）向土壤氮库的输入。这种通过系统氮素循环发生的物种间关系对于维持或提高系统水稻产量、土壤氮素含量具有重要意义。

第三节　田鱼性状多样性及其效应

种群内的功能性状的变异能直接地产生生态学效应（种群的适合度、群落功能）（Forsman，2014；Lasky et al.，2014；Zhao et al.，2014；Siefert and Ritchie，2016）。许多研究发现，脊椎动物中表现出种内资源利用的多样性（Smith and Skúlason，2003），在一些鱼类中，种内的资源利用差异甚至超过种间。例如，生活在同一区域的北极红点鲑（*Salvelinus alpinus*）最多有4种存在形态，其中2种主要以底栖动物为食，1种以浮游植物为食，另1种以其他鱼类为食。这4种形态的个体在颜色、生活史及遗传上均存在差异（Jonsson and Jonsson，2001）。产生种内多样性的基础是种间竞争释放和出现新生态位（Bolnick，2001；Bolnick et al.，2010）。

青田稻鱼共生系统中，田鱼在进入稻田后成为环境中的优势种，在长期适应新的生态位（稻田环境）中，种内竞争加剧，很容易产生分化，形成种内的多样性。如本书第三章所述，青田田鱼的体色表型多样。那么，不同体色的田鱼是否在体型等其他表型上也存在差异？如果有差异，这种差异导致的生态学功能（生产力等）又有什么样的变化规律？为此，我们具体从形态、行为、田间资源利用等方面分析不同体色田鱼的表型和表现差异，并通过试验研究这种表型多样性及行为差异与种群生产力的关系。

一、典型体色田鱼的遗传差异

我们选择3种典型体色的田鱼作为试验材料（图4-27），分别是：①黑色田鱼（B），取自青田县巨浦乡，该地区田鱼养殖属于"人放天养"模式，在整个生长季均不投喂，黑色田鱼数量约占当地田鱼种群的60%；②红色田鱼（R），取自青田县小舟山乡，该地区在田鱼生长季仅投入少量农家饲料，红色田鱼数量约占当地田鱼种群的90%；③红黑田鱼（Rb，底色为红色，带有黑色斑点），取自青田县仁庄镇，该地区田鱼养殖以投入配合饲料为主，红黑田鱼数量约占当地田鱼种群的60%。在上述地区随机挑选符合体色要求的1龄田鱼各100尾，暂养于试验小区。3个田鱼种群的遗传多样性和前期研究的结果一致，遗传分化较小但达到显著水平（表4-6，图4-28）。

红色

黑色

红黑

图4-27 三种典型体色的田鱼

表4-6 田鱼种群本底遗传多样性及遗传距离

类群	N	N_a	N_e	I	H_o	H_e	F
黑色	26	7.8	4.01	1.6	0.75	0.76	−0.02
红色	27	9	4.27	1.7	0.81	0.77	−0.07
红黑	34	8.2	3.95	1.57	0.76	0.73	−0.08
类群比较	F_{ST}	P					
黑-红	0.025	0.001					
黑-红黑	0.033	0.001					
红-红黑	0.031	0.001					

注：N表示样本数；N_a表示等位基因数；N_e表示有效等位基因数；I表示香农多样性指数；H_o表示观测杂合度；H_e表示期望杂合度；F表示近交系数；F_{ST}表示种群间遗传分化指数；P表示通过置换检验得到的概率。黑色指体色为黑色的田鱼；红色指体色为红色的田鱼；红黑指体色为红黑相间的田鱼

二、典型体色田鱼的形态差异

体重与体长、体长与体宽、体长与吻宽的相关性是描述鱼类重要的生物学特征。对上述3种典型体色田鱼的形态进行分析表明，3种典型体色的田鱼的体重与体

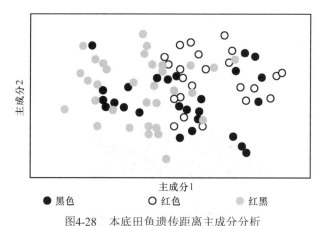

图4-28　本底田鱼遗传距离主成分分析

黑色指体色为黑色的田鱼；红色指体色为红色的田鱼；红黑指体色为红黑相间的田鱼

长之间、体长与体宽之间、体长与吻宽之间均呈显著正相关。体重与体长之间为指数相关关系（图4-29），黑色田鱼体重与体长相关性为$R^2=0.910$，$P<0.001$（图4-29）；红色田鱼的相关性为$R^2=0.855$，$P<0.001$（图4-29）；红黑田鱼的相关性为$R^2=0.882$，$P<0.001$（图4-29）。

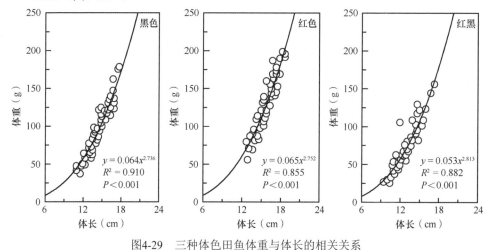

图4-29　三种体色田鱼体重与体长的相关关系

黑色指体色为黑色的田鱼；红色指体色为红色的田鱼；红黑指体色为红黑相间的田鱼

　　3种体色田鱼的体宽与体长之间为线性相关关系（图4-30），黑色田鱼体宽与体长相关性为$R^2=0.994$，$P<0.001$（图4-30）；红色田鱼的相关性为$R^2=0.996$，$P<0.001$（图4-30）；红黑田鱼的相关性为$R^2=0.993$，$P<0.001$（图4-30）。

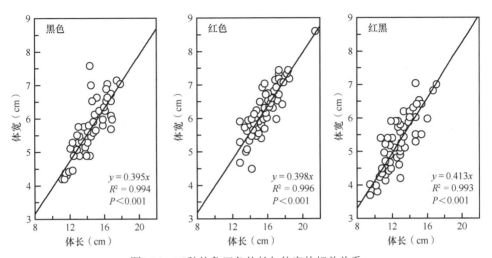

图4-30　三种体色田鱼体长与体宽的相关关系

黑色指体色为黑色的田鱼；红色指体色为红色的田鱼；红黑指体色为红黑相间的田鱼

三种体色田鱼的体长与吻宽之间也呈线性相关关系（图4-31），黑色田鱼：$R^2=0.984$，$P<0.001$；红色田鱼：$R^2=0.988$，$P<0.001$；红黑田鱼：$R^2=0.985$，$P<0.001$。

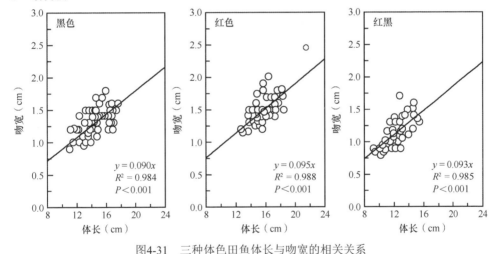

图4-31　三种体色田鱼体长与吻宽的相关关系

黑色指体色为黑色的田鱼；红色指体色为红色的田鱼；红黑指体色为红黑相间的田鱼

传统形态学测量指标（侧线数、鳍条数）显示，3种田鱼的形态不存在显著差异（表3-1），但地标几何形态测量结果则表明3种田鱼的形态存在显著差异（表3-2）。通过空间网格的变形图展示（图3-3）发现，黑色田鱼体型偏细长，红色田鱼尾柄偏短，从头部到尾部的躯干较为短圆，红黑田鱼体型最为宽胖。

三、典型体色田鱼的行为差异

建立田间随机区组试验，通过摄像观测黑色田鱼单养（B）、红色田鱼单养（R）、红黑田鱼单养（Rb）和3种体色田鱼混养（Mix）4个处理。统计录像中田鱼出现的频率及行为类型（取食行为：啄稻秆，啄土，啄稻叶；非取食行为：游弋行为），对田鱼在不同处理下活动频率的差异和行为比例的差异进行检验。

在单养处理中，3种体色田鱼的活动频率有显著差异（$F=5.2$，$P=0.015$），其中黑色田鱼活动频率最高，红色和红黑田鱼活动频率依次下降。而在混养处理中，与单养处理相比，3种田鱼的活动频率均显著增加（$F=56.31$，$P<0.001$），但相互之间无显著差异（$F=1.19$，$P=0.344$）（图4-32）。卡方检验表明，黑色田鱼在混养处理中捕食行为的比例显著升高（$\chi^2=9.077$，$P=0.003$），且3种捕食行为比例与单养处理下存在显著差异（$\chi^2=28.788$，$P=0.002$）。

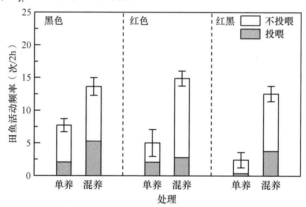

图4-32 投喂和不投喂情况下田鱼活动频率特征

黑色指体色为黑色的田鱼；红色指体色为红色的田鱼；红黑指体色为红黑相间的田鱼

在单养处理中，3种田鱼活动频率的时间分布无明显规律，黑色田鱼的活动高峰在14:30，其他两色鱼类的活动高峰往后推移至15:00～16:00，而在混养处理中它们的活动频率变化趋于一致（图4-33）。在单养处理中，黑色田鱼的活动频率较为稳定且明显高于红色田鱼和红黑田鱼。相关性分析表明，在混养处理中，3种田鱼的活动频率显著相关（表4-7），其中红色和红黑田鱼的相关性最高（$R=0.94$，$P<0.001$）。这些结果说明3种田鱼之间可能存在相互作用，在混养处理中活动规律趋同并且整体活动频率增加。

四、典型体色田鱼的同位素丰度差异

碳氮稳定性同位素丰度测定表明，3种体色田鱼肌肉的碳、氮含量无明显差异，食物资源中除浮游植物外含碳量无明显差异，而田螺和水蚯蚓的含氮量较高，植物

性食物含氮量均小于5%（表4-8）。

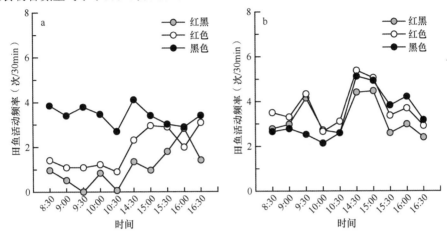

图4-33 单养（a）和混养（b）田鱼活动频率的时间分布

黑色指体色为黑色的田鱼；红色指体色为红色的田鱼；红黑指体色为红黑相间的田鱼

表4-7 3种田鱼在混养处理中活动频率的相关性检验

	R	95% CI	t	P值
B vs R	0.75	（0.24，0.94）	3.25	0.012
B vs Rb	0.56	（−0.11，0.88）	1.89	0.095
R vs Rb	0.94	（0.75，0.99）	7.60	0.000

注：B代表黑色田鱼；R代表红色田鱼；Rb代表红黑相间的田鱼；R代表Pearson相关系数

表4-8 田鱼及其食物的碳、氮含量

	氮含量（%）	标准差	碳含量（%）	标准差
B肌肉	13.86	0.52	44.23	1.39
R肌肉	13.81	0.81	44.67	5.99
Rb肌肉	14.03	0.40	43.24	1.89
B-本底	14.65	0.25	43.25	0.76
R-本底	14.67	0.11	44.21	0.58
Rb-本底	14.49	0.47	43.88	0.56
田螺	8.02	1.11	31.13	4.11
水蚯蚓	10.51	0.59	41.05	0.62
苔藓	1.86	0.21	39.12	1.64
浮萍	3.31	0.61	39.05	1.45
水稻花粉	3.37	0.20	45.54	0.77
水绵	3.31	0.61	39.05	1.45
浮游植物	0.84	0.06	13.62	3.18

注：B代表黑色田鱼；R代表红色田鱼；Rb代表红黑相间的田鱼

每种体色的田鱼单养和混养处理中的同位素丰度基本无显著差异（表4-9），因此，将同种体色田鱼的样本合并分析。田鱼的同位素丰度测定结果显示，黑色田鱼的碳、氮同位素丰度空间分布最为广泛，红色田鱼和红黑田鱼在^{13}C同位素丰度上有明显分离，而在^{15}N同位素丰度上无明显差异（图4-34a）。统计分析表明，3种田鱼的同位素生态位差异显著（$P<0.05$）（图4-34b）：代表同位素中心位置的CD指标在红黑田鱼与黑色田鱼、红色田鱼之间有显著差异，而在黑色田鱼和红色田鱼之间差异不显著；反映同位素丰度分布扩散程度的指标MDC与MNN在黑色田鱼中显著高于红色和红黑田鱼；反映碳、氮同位素协同变化的ECC在3种田鱼之间差异均不显著（表4-9，表4-10）。

表4-9　3种田鱼单养和混养时同位素生态位Layman指标的差异（P值）

类群	MD	MDC	MNN	ECC
黑色田鱼	0.80	0.39	0.92	0.20
红色田鱼	0.08	0.15	0.40	0.03
红黑田鱼	0.08	0.64	0.38	0.61

注：MD代表样本间的平均坐标距离；MDC代表所有样本坐标到CD的距离平均值；MNN代表每个样本和其最近样本的距离平均值；ECC代表同位素二维空间形状的椭圆率

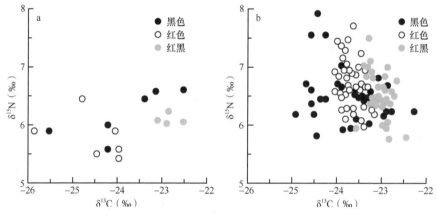

图4-34　3种田鱼本底样品（a）与试验收获样品（b）的δ^{13}C值和δ^{15}N值
黑色指体色为黑色的田鱼；红色指体色为红色的田鱼；红黑指体色为红黑相间的田鱼

表4-10　3种田鱼同位素生态位Layman指标的差异

	CD	P	MD	P	MDC	P	MNN	P	ECC	P
B-R	0.21	0.76	0.21	0.15	0.43	0.00	0.11	0.01	0.19	0.28
B-Rb	0.73	0.02	0.82	0.00	0.42	0.00	0.08	0.04	0.31	0.08
R-Rb	0.79	0.03	0.73	0.00	0.01	0.89	0.02	0.46	0.12	0.45

注：B代表黑色田鱼；R代表红色田鱼；Rb代表红黑相间的田鱼；CD代表C、N同位素二维坐标的中心值；MD代表样本间的平均坐标距离；MDC代表所有样本坐标到CD的距离平均值；MNN代表每个样本和其最近样本的距离平均值；ECC代表同位素二维空间形状的椭圆率；P由非参数置换检验得到

五、典型体色田鱼的食谱差异

在水稻生长季进行了3次食物资源采样，共采集到7种主要食源：田螺（snail）、水蚯蚓（tubifex）、苔藓（moss）、浮萍（duckweed）、水稻花粉（rice pollen）、水绵（spirogyra）和浮游植物（phytoplankton）。将这7种食源的同位素经过分馏系数校正后进行模型分析，和田鱼同位素坐标位置越接近的食源，表明其被取食的比例越高（图4-35）。

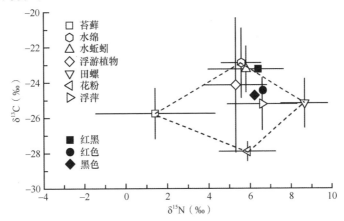

图4-35　田鱼稳定性同位素食谱分析

黑色指体色为黑色的田鱼；红色指体色为红色的田鱼；红黑指体色为红黑相间的田鱼

三种田鱼的本底在食谱中贡献率不同，黑色田鱼为14.55%，红色田鱼为11.28%，红黑田鱼为22.38%。去除本底效应后分析，发现3种田鱼对田间资源的利用程度不同（表4-11）。黑色田鱼对7种资源均有一定程度的利用，而红色田鱼和红黑田鱼主要利用田螺、水蚯蚓、水绵和浮萍4种资源，且红色田鱼取食田螺的比例明显高于红黑田鱼，而红黑田鱼取食水绵的比例最高。

表4-11　田鱼食谱中各组分贡献率　　　　　　　　（单位：%）

	黑色	95% CI	红色	95% CI	红黑	95% CI
田螺	26.43	（14.85，38.77）	36.07	（26.48，46.95）	29.70	（19.35，40.12）
水蚯蚓	11.99	（0，25.98）	19.29	（3.13，34.79）	19.93	（0.47，37.29）
苔藓	4.48	（0，10.89）	3.33	（0，8.26）	2.99	（0，7.30）
浮萍	16.65	（0，32.54）	16.42	（0.40，32.18）	11.30	（0，27.10）
水稻花粉	15.18	（3.20，26.38）	8.60	（0.47，16.29）	4.06	（0，9.76）
水绵	12.66	（0，27.33）	11.36	（0.08，22.88）	22.49	（0.80，42.87）
浮游植物	12.56	（0，28.32）	4.96	（0，11.53）	9.55	（0，21.09）

注：黑色指体色为黑色的田鱼；红色指体色为红色的田鱼；红黑指体色为红黑相间的田鱼。括号中数字表示95%置信区间的下限和上限

六、种内性状差异的生产力效应

由上述研究结果可见，不同体色田鱼的形态、行为、田间资源利用等方面存在显著差异，这些体色不同的田鱼常常被养殖在同一块稻田（图3-14），那么这些不同类群的田鱼在同一异质程度丰富的生境中，是否有利于田鱼群体生产力的提高？为此，我们通过田间试验开展研究。

田间试验为单因素随机区组试验设计，设4个试验处理和4个重复。试验处理分别为黑色田鱼单养、红色田鱼单养、红黑田鱼单养及3种体色田鱼混养。水稻品种选用'中浙优1号'，育秧后移栽，插秧密度为30cm×30cm。田鱼在插秧后3d投放，规格为25g/尾，投放密度为18尾/66.7m^2，试验过程中不投喂饲料，试验结束后测定田鱼的产量。

田间试验表明，不同处理的水稻产量无显著差异（$P>0.05$），平均单产为6.30~6.45t/hm^2。3种田鱼的总产量在混养处理中显著高于单养处理（$P<0.05$），对3种田鱼单独分析发现，黑色田鱼和红色田鱼在混养处理中产量均显著提高（$P<0.05$），而红黑田鱼产量有下降趋势，但统计检验不显著。混养处理的田鱼平均产量（220.5kg/hm^2）高于单养时的最高产量（红色田鱼：217.5kg/hm^2）（图4-36）。这些结果说明，在3种田鱼混养时，在不投喂饲料的情况下，对资源的利用更加充分，种群的适合度提高。

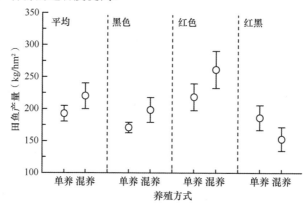

图4-36　不同处理下田鱼产量

黑色指体色为黑色的田鱼；红色指体色为红色的田鱼；红黑指体色为红黑相间的田鱼

许多研究发现，资源的互补利用可以增加总体资源的利用率和系统的生产力（Tilman，1999）。而遗传多样性的相关研究表明，单纯增加基因型的数量可能会增加竞争作用而降低生态系统功能，不同基因型间的功能性状差异组合是实现资源互补利用从而产生生态系统功能的基础（Jousset et al.，2011）。功能性状是指所有影响适合度和生态系统功能的生物特征，在物种及群落水平的研究中已经非常普遍

（Petchey and Gaston，2006）。研究表明，功能多样性和系统发生多样性（即物种多样性、遗传多样性）都可以预测生物多样性与生态系统功能的关系（Flynn et al.，2011），且在一定条件下功能性多样性具有更好的预测性（Gagic et al.，2015）。我们的结果表明，在青田田鱼种群内存在形态、行为和资源利用方式等功能的多样性，并且这种多样性带来了种群适合度的提高。因此，农业生物多样性的相关研究应该将种群内功能多样性考虑其中。

七、结语

青田稻鱼共生系统在长期的生产实践中，田鱼受到稻田环境和人工的双重选择作用，种群内形成了表型多样性。通过摄像观察、形态分析和同位素分析等方法研究表明，3种典型体色田鱼的活动频率存在显著差异，黑色田鱼活动频率最高，红色田鱼和红黑田鱼依次降低。在混养处理中3种田鱼的活动频率均显著增加，但相互之间无显著差异。此外，3种田鱼的形态存在显著差异，黑色田鱼体型偏细长，红色田鱼尾柄偏短，从头部到尾部的躯干较为短圆，红黑田鱼体型最为宽胖。3种田鱼的同位素生态位存在明显差异，黑色田鱼对7种田间资源的利用最均匀，而红色田鱼和红黑田鱼主要利用田螺、水蚯蚓、水绵和浮萍4种资源，且红色田鱼取食田螺的比例明显高于红黑田鱼，红黑田鱼取食水绵的比例最高。在3种田鱼混养处理中，种群的总生产力显著提高，其中黑色田鱼和红色田鱼的产量显著提高，红黑田鱼产量变化不显著。青田田鱼体色表型在形态、行为和资源利用上存在的这些差异，带来了种群适合度的提高，在稻田浅水环境中提高了群体利用资源的效率。

参 考 文 献

陈欣, 唐建军. 2013. 农业系统中生物多样性利用的研究现状与未来思考. 中国生态农业学报, 21(1): 54-60.

骆世明. 2017. 农业生态学（第3版）. 北京: 中国农业出版社.

冉茂林, 陈铮. 1993. 我国稻田养鸭的发展及研究现状. 中国畜牧杂志, 29(5): 58-59.

汪金平, 曹凑贵, 李成芳, 金晖, 袁伟玲, 展茗. 2009. 稻鸭共育稻田水体藻类动态变化. 生态学报, 29(8): 4353-4360.

王缨, 雷慰慈. 2000. 稻田种养模式生态效益研究. 生态学报, 20(2): 311-316.

张丹, 闵庆文, 成升魁, 王玉玉, 杨海龙, 何露. 2010. 应用碳、氮稳定同位素研究稻田多个物种共存的食物网结构和营养级关系. 生态学报, 30(24): 6734-6742.

张剑, 胡亮亮, 任伟征, 郭梁, 吴敏芳, 唐建军, 陈欣. 2017. 稻鱼系统中田鱼对资源的利用及对水稻生长的影响. 应用生态学报, 28(1): 299-307.

朱有勇. 2014. 农业生物多样性与作物病虫害控制. 北京: 科学出版社.

Angelini C, van der Heide T, Griffin J N, Mort J P, Derksen-Hooijberg M, Lamers L P M,

Smolders A J P, Silliman B R. 2015. Foundation species' overlap enhances biodiversity and multifunctionality from the patch to landscape scale in southeastern United States salt marshes. Proceedings of the Royal Society B-Biological Sciences, 282(1811): 20150421.

Bambaradeniya C N B, Fonscka K T, Ambagahawatte C L. 1998. A preliminary study of fauna and flora of a rice field in Kandy, Sri Lanka. Ceylon Journal of Science Biological Sciences, 25: 1-22.

Bolnick D I. 2001. Intraspecific competition favours niche width expansion in *Drosophila melanogaster*. Nature, 410: 463-466.

Bolnick D I, Ingram T, Stutz W E, Snowberg L K, Lau O L, Paull J S. 2010. Ecological release from interspecific competition leads to decoupled changes in population and individual niche width. Proceedings of the Royal Society B-Biological Sciences, 277: 1789-1797.

Cardinale B J, Palmer M A, Collins S L. 2002. Species diversity enhances ecosystem functioning through interspecific facilitation. Nature, 415: 426-429.

Chakraborty S C, Chakraborty S. 1998. Effect of dietary protein level on excretion of ammonia in Indian major carp, *Labeo rohita*, fingerlings. Aquaculture Nutrition, 4: 47-51.

Fernando C H. 1993. Rice field ecology and fish culture: an overview. Hydrobiologia, 259: 91-113.

Flynn D F B, Mirotchnick N, Jain M, Palmer M I, Naeem S. 2011. Functional and phylogenetic diversity as predictors of biodiversity-ecosystem-function relationships. Ecology, 92: 1573-1581.

Forsman A. 2014. Effects of genotypic and phenotypic variation on establishment are important for conservation, invasion, and infection biology. Proceedings of the National Academy of Sciences of the United States of America, 111: 302-307.

Frei M, Becker K. 2005. A greenhouse experiment on growth and yield effects in integrated rice-fish culture. Aquaculture, 244: 119-128.

Frei M, Khan M A M, Razzak M A, Hossain M M, Dewan S, Becker K. 2007a. Effects of a mixed culture of common carp, *Cyprinus carpio* L., and Nile tilapia, *Oreochromis niloticus* (L.), on terrestrial arthropod population, benthic fauna, and weed biomass in rice fields in Bangladesh. Biological Control, 41: 207-213.

Frei M, Razzak M A, Hossain M M, Oehme M, Dewan S, Becker K. 2007b. Performance of common carp, *Cyprinus carpio* L. and Nile tilapia, *Oreochromis niloticus* (L.) in integrated rice-fish culture in Bangladesh. Aquaculture, 262: 250-259.

Fry B. 1988. Food web structure on Georges Bank from stable C, N, and S isotopic compositions. Limnology and Oceanography, 33: 1182-1190.

Fry B, Joern A, Parker P L. 1978. Grasshopper food web analysis: use of carbon isotope ratios to examine feeding relationships among terrestrial herbivores. Ecology, 59: 498-506.

Gagic V, Bartomeus I, Jonsson T, Taylor A, Winqvist C, Fischer C, Slade E M, Steffan-Dewenter I, Emmerson M, Potts S G, Tscharntke T, Weisser W, Bommarco R. 2015. Functional identity and diversity of animals predict ecosystem functioning better than species-based indices. Proceedings of the Royal Society B-Biological Sciences, 282(1801): UNSP 20142620.

Goudard A, Loreau M. 2008. Nontrophic interactions, biodiversity, and ecosystem functioning: an interaction web model. American Naturalist, 171(1): 91-106

Grimm N B. 1988. Role of macroinvertebrates in nitrogen dynamics of a desert stream. Ecology, 69(6): 1884-1893.

Halwart M. 2006. Biodiversity and nutrition in rice-based aquatic ecosystems. Journal of Food Composition and Analysis, 19(6-7): 747-751.

Halwart M, Gupta M V. 2004. Culture of Fish in Rice Fields. Rome: FAO and the World Fish Center: 83.

Haroon A K Y, Pittman K A. 1997. Diel feeding pattern and ration of two sizes of silver barb, *Puntius gonionotus* Bleeker, in a nursery pond and ricefield. Aquaculture Research, 28(11): 847-858

Hector A, Bazeley-White E, Loreau M, Otway S, Schmid B. 2002. Overyielding in grassland communities: testing the sampling effect hypothesis with replicated biodiversity experiments. Ecology Letters, 5: 502-511.

Hu L L, Ren W Z, Tang J J, Li N N, Zhang J, Chen X. 2013. The productivity of traditional rice-fish co-culture can be increased without increasing nitrogen loss to the environment. Agriculture Ecosystems & Environment, 177: 28-34.

Isbell F I, Polley H W, Wilsey B J. 2009. Species interaction mechanisms maintain grassland plant species diversity. Ecology, 90(7): 1821-1830

Jackson A L, Inger R, Parnell A C, Bearhop S. 2011. Comparing isotopic niche widths among and within communities: SIBER-Stable Isotope Bayesian Ellipses in R. Journal of Animal Ecology, 80: 595-602.

Jimenez M I G , Poveda K. 2009. Synergistic effects of repellents and attractants in potato tuber moth control. Basic and Applied Ecology, 10(8): 763-769.

Jonsson B, Jonsson N. 2001. Polymorphism and speciation in Arctic charr. Journal of Fish Biology, 58: 605-638.

Jousset A, Schmid B, Scheu S, Eisenhauer N. 2011. Genotypic richness and dissimilarity opposingly affect ecosystem functioning. Ecology Letters, 14: 537-545.

Kyaw K M, Toyota K, Okazaki M, Motobayashi T, Tanaka H. 2005. Nitrogen balance in a paddy field planted with whole crop rice (*Oryza sativa* cv. Kusahonami) during two rice-growing seasons. Biology and Fertility of Soils, 42(1): 72-82

Lansing J S, Kremer J N. 2011. Rice, fish, and the planet. Proceedings of the National Academy of Sciences of the United States of America, 108(50): 19841-19842.

Lasky J R, Yang J, Zhang G, Cao M, Tang Y, Keitt T H. 2014. The role of functional traits and individual variation in the co-occurrence of *Ficus* species. Ecology, 95: 978-990.

Lazzari R, Baldisserotto B. 2008. Nitrogen and phosphorus waste in fish farming. Boletim do Instituto de Pesca Sao Paulo, 34(4): 591-600.

Li C Y, He X H, Zhu S S, Zhou H P, Wang Y Y, Li Y, Yang J, Fan J X, Yang J C, Wang G B, Long Y F, Xu J Y, Tang Y S, Zhao G H, Yang J R, Liu L, Sun Y, Xie Y, Wang H N, Zhu Y Y. 2009. Crop diversity for disease control. PLoS ONE, 4(11): e8049.

Li L, Li S M, Sun J H, Zhou L L, Bao X G, Zhang H G, Zhang F S. 2007. Diversity enhances agricultural productivity *via* rhizosphere phosphorus facilitation on phosphorus-deficient soils. Proceedings of the National Academy of Sciences of the United States of America, 104: 11192-11196.

McIntyre P B, Flecker A S, Vanni M J, Hood J M, Taylor B W, Thomas S A. 2008. Fish distributions and nutrient cycling in streams: can fish create biogeochemical hotspots? Ecology, 89(8): 2335-2346.

McIntyre P B, Jones L E, Flecker A S, Vanni M J. 2007. Fish extinctions alter nutrient recycling in tropical freshwaters. Proceedings of the National Academy of Sciences of the United States of America, 104(11): 4461-4466.

Meyer J L, Schultz E T, Helfman G S. 1983. Fish schools: an asset to corals. Science, 220(4601): 1047-1049.

Nyfeler D, Huguenin-Elie O, Suter M, Frossard E, Connolly J, Luscher A. 2009. Strong mixture effects among four species in fertilized agricultural grassland led to persistent and consistent transgressive overyielding. Journal of Applied Ecology, 46: 683-691.

Petchey O L, Gaston K J. 2006. Functional diversity: back to basics and looking forward. Ecology Letters, 9: 741- 758.

Peterson B J, Heck K L. 2001. Positive interactions between suspension-feeding bivalves and seagrass-a facultative mutualism. Marine Ecology Progress Series, 213: 143-155.

Ren W Z, Hu L L, Zhang J, Sun C P, Tang J J, Yuan Y G, Chen X. 2014. Can positive interactions between cultivated species help to sustain modern agriculture? Frontiers in Ecology and the Environment, 12(9): 507-514.

Rothuis A, Duong L, Richter C, Ollevier F. 1998. Polyculture of silver barb, *Puntius gonionotus* (Bleeker), Nile tilapia, *Oreochromis niloticus* (L.), and common carp, *Cyprinus carpio* (L.), in Vietnamese ricefields: feeding ecology and impact on rice and ricefield environment. Aquaculture Research, 29: 649-660.

Siefert A, Ritchie M E. 2016. Intraspecific trait variation drives functional responses of old-field plant communities to nutrient enrichment. Oecologia, 181: 245-255.

Smith T B, Skúlason S. 2003. Evolutionalry significance of resource polymorphisms in fishes, amphibians, and birds. Annual Review of Ecology and Systematics, 27: 111-133.

Tilman D. 1999. Ecology-diversity and production in European grasslands. Science, 286: 1099-1100.

Vanni M J. 2002. Nutrient cycling by animals in freshwater ecosystems. Annual Review of Ecology and Systematics, 33: 341-370.

Vanni M J, Flecker A S, Hood J M, Headworth J L. 2002. Stoichiometry of nutrient recycling by vertebrates in a tropical stream: linking species identity and ecosystem processes. Ecology Letters, 5(2): 285-293.

Vromant N, Duong L T, Ollevier F. 2002. Effect of fish on the yield and yield components of rice in integrated concurrent rice-fish systems. Journal of Agricultural Science, 138: 63-71.

Xie J, Hu L L, Tang J J, Wu X, Li N N, Yuan Y G, Yang H S, Zhang J E, Luo S M, Chen X. 2011. Ecological mechanisms underlying the sustainability of the agricultural heritage rice-fish coculture system. Proceedings of the National Academy of Sciences of the United States of America, 108: E1381-E1387.

Zhang X, Davidson E A, Mauzerall D L, Searchinger T D, Dumas P, Shen Y. 2015. Managing nitrogen for sustainable development. Nature, 528(7580): 51-59.

Zhao T, Villéger S, Lek S, Cucherousset J. 2014. High intraspecific variability in the functional niche of a predator is associated with ontogenetic shift and individual specialization. Ecology and Evolution, 4: 4649-4657.

Zhu Y Y, Chen H R, Fan J H, Wang Y Y, Li Y, Chen J B, Fan J X, Yang S S, Hu L P, Leung H, Mew T W, Teng P S, Wang Z H, Mundt C C. 2000. Genetic diversity and disease control in rice. Nature, 406: 718-722.

第五章　青田稻鱼共生系统可持续的技术环节

从生产角度来说，作为人类主动管理的农业生产系统的核心在于技术的运用，农业生产系统就是一个完整的技术体系。这个完整的技术体系包括熟制的选择、种养种类的选择、品种的选择与搭配、农田生物系统（稻、鱼、虫、草、病等）的管理、农机设备的恰当运用，以及生物、水体、土壤、大气的调控及热量资源的科学利用。农业生产技术系统是服务于既定的产出目标和可持续需求的。随着生产目标及人类生活方式的改变，农业生产系统及其包含的技术也会不断发生变化，几无例外。

青田稻鱼共生系统历史十分悠久，也是一个不断改变和发展着的农业系统，自然选择因素和人类生产方式的改进不断地或快或慢地改变着稻鱼共生系统，不断向周边地区传播，也在不断地吸纳本地区及其他地区各种先进的或者实用的生产技术，使其不断完美完善，传承至今。进入20世纪后半叶，社会发展进入快速发展及急剧变更年代，农业生态系统的相对封闭性被很快打破，系统内外的交流越来越频繁，新品种、新材料、新技术、新物态不断涌入，新型经营主体不断涌现，新型经营理念不断发展，经营者的年龄与知识结构及其经营模式不断发生连续变化。

千百年来，浙南山区的先民们从认知稻鱼共生这样一种和谐的生态关系，把握这样一种农业生态系统，运作和改进这样一种生态农业模式开始，并不断地完善这种技术模式，最终维持了这种稻鱼共生系统近2000年，直至20世纪80年代，稻是主要产出，田鱼产量主要依靠自然生产力，间或伴以少量的农家饲料（糠麸、豆饼、菜籽饼、瓜菜、其他豆类加工副产品等），不使用农药和化学肥料，水稻品种偏向于多样化且包含很多地方品种，鱼苗投入量少，不追求田鱼高产，稻田水体和村庄房前屋后的其他水体都构成了田鱼的生活地，田鱼可以被主人随不同季节放在不同水体里度过不同时期。因此，以群落内稻鱼的互利共生为基础、彼此以恰当比例生产的稻鱼共生体系一直能较好地维持了近2000年。这种可持续的发展思路的思想内核——适度生产、系统持续，在今天仍有很大的借鉴价值。

依靠农田系统中的自然资源，在水源保证的情况下，田鱼利用稻田生态系统中的杂草、昆虫、底栖生物、浮游生物、部分水稻枯枝落叶及菌核等，以及农民不经意的补充投喂，这些作为田鱼的主要饵料来源，年自然生产力在75～225kg/hm²，不需要专门的田间设施，也不会产生环境压力，生产成本也比较低下，因为不过分贪求田鱼产量与效益，所以也没有太大风险。田鱼的食用品质也一直保持着田鱼特有的"原汁原味"。近2000年的发展历史证明，这种传统的稻鱼共生方式是可以持久的。

　　但是，对现状永不满足是人类的一大特点。进入21世纪后，人类对稻鱼共生体系有了更多的了解，因而对这种传承千年的农业系统逐渐产生了新的期待，人们希望通过主动的技术渗入和支持及更多的物质投入，来追求更多的物质产出和经济产出。而在粮食与田鱼效益差异比较大的情况下，轻粮重鱼、毁粮增鱼、增加田鱼饲养密度，大量投饵（尤其是促进快速生长的工厂化生产的配合饲料的大量投入）加快田鱼生长速度以达到不断提高的田鱼产量目标而实现更大的经济效益，逐渐成了稻田经营者的一种尝试和渴望。抗病虫但不耐肥且产量不高的传统水稻品种被现代化的耐肥高产品种替代，也开始只投放饲养一些生长速度比较快的单一类型田鱼，稻鱼之间的合理比例被打破，稻鱼比例不断下降，稻田自然资源已经不能满足相对比较高密度的田鱼群体对食物的要求，因此投饵（尤其是工厂化配合饲料）成了生产经营中的必要环节；稻鱼之间的互惠互利的生态学过程被弱化，由此带来的面源污染环境风险、病虫草害暴发风险、水稻倒伏减收风险不断增加，田鱼风味品质不断劣化，传统的稻鱼共生体系面临严峻的挑战。应对和迎合新时期社会与产业体系的发展需要，对稻鱼共生系统做必要的技术体系改造和提升，成为业界、学界所面临的一个极大挑战。高产、优质、高效、稳定和最关键的——可持续，成为稻鱼共生产业发展面临的最大挑战。笔者所在的浙江大学生命科学学院生态学系101实验室稻渔共生团队在国家科学技术部、国家自然科学基金委员会、国家环保部（现为生态环境部）、浙江省科学技术厅、浙江省农业农村厅等有关上级部门的支持下，从2009年起，以传统稻鱼共生产业的提升与改造为技术攻关重点，以解决稻鱼共生系统产出增加与投入增加、污染增加、风险增加、品质下降之间的主要矛盾为关键目标，通过优化生态系统生物组分，优化生态系统生态学过程，调控生态系统生态学功能，研究提出最佳种养配比和空间布局优化方案，制定出杜绝农田污染发生的田鱼产量上限目标，提出了有利于维持田鱼品质的优化投饵策略，制定了一系列维持土壤肥力保持的土壤养分管理策略，创建了一套实现稻鱼系统可持续稳定生产的提升技术方案。

　　传统稻鱼共生体系在提升过程中，一些关键的技术也随之发生改变。这个过程有可能是渐变的，而某些阶段有可能是骤变的。当然，提升的现代化技术是以传统技术为基础的。两者都有相同的科学合理性，也分别适合于不同的社会、经济、自然与文化条件。哪怕是到了21世纪的今天，传统的技术和方法仍然没有被现代技术体系完全替代，在一些相对偏远的乡村同样被农民沿用，而且其中的一些做法在今天仍然还有很多的价值，值得我们重视。

　　为此，本章在阐述稻鱼共生系统传统经验的基础上，从提升和保护青田稻鱼共生系统相结合的角度，论述、探讨关键技术的一些实验研究结果。

第一节　青田稻鱼共生系统的传统经验

青田稻鱼共生系统具有1200年以上的历史。在漫长的生产实践中，人们在水土资源利用、稻鱼品种选育、种养管理技术、水肥管理和病虫草害控制等方面积累了丰富的经验，从而形成了这一独特的系统。

一、青田稻鱼共生系统土壤特点

青田县地属浙南山区，雨量充沛、水源丰富。养鱼的稻田多为有山涧水流动的梯田和排灌方便的坝田，在其更高海拔的区域，往往是植被覆盖良好的林草系统，有良好的水土保持和水源涵养能力，农作区域土壤保水保肥能力强。根据第二次全国土壤普查结果，2010年前后，全县水田土质肥力处于全国中等偏上水平（有机质含量25.32g/kg、全氮2.17g/kg、碱解氮104.46mg/kg、速效磷61.06mg/kg、速效钾59.09mg/kg）（饶汉宗和陈胜，2015）。

二、水稻栽培和田鱼养殖的品种

水稻品种经历了从传统农家品种到现代杂交种的演化。适合于稻鱼共生体系的水稻品种迄今尚没有成为水稻育种工作者专门的育种目标，基本上都是农民根据稻鱼共生体系下长期淹水又养有水生生物，同时目前比较重视食用品质这些生产和社会实际需求，相对刻意地选择了一些耐水淹、抗倒伏、抗病虫、品质优的水稻品种类型。最近几年来（2012年以来），比较常用的主要水稻品种为杂交稻甬优系列（'甬优15''甬优17''甬优18''甬优8050'）、'嘉丰优2号'、'泰香1号'，以及中浙优系列（'中浙优86''中浙优8号''中浙优1号'）和'两优培九'等。但包括笔者实验室在内的科研和农技部门每年都在努力引进与试验一些新品种，以满足生产不断发展的需要。不过，在一些相对偏远的山区，也有少部分地方品种仍在种植，主要是一些粳糯、芒稻、紫米和红米等类型，合计种植面积不超过当地水稻种植面积的5%。

田鱼的品种是鲤鱼物种生活在当地综合条件下的土著鱼种瓯江彩鲤（*Cyprinus carpio* var. *color*）在稻田里的一个特殊种群，即前述的"青田田鱼"。青田田鱼虽属于普通鲤鱼，但因自古在稻田中养殖，已经形成了很多适合浅水稻田生活的特征特性，故俗称"青田田鱼"（*Cyprinus carpio* cv. *qingtianensis*）（郭梁等，2017）。青田田鱼原产于浙江省南部山区的青田、永嘉、瑞安、龙泉等县市，为当地著名的淡水养殖品种。实际上，史书所载的青田田鱼具有极其丰富的体色表型。在明洪武二十四年（1391年）的《青田县志·土产类》中记载"田鱼有红黑驳数色……"，说明古时候劳动人民已经注意到田鱼体色的多样化（陈介武和吴敏芳，2014）。在目前农民所养殖的田鱼群体中可以观察到的体色有红色、金黄色、白色和灰黑色等基本类型，以及这些基本类型与大块黑斑、细小黑斑点（当地俗称"芝麻点"）或背部的深灰色等花纹形成不同的组合，因此，田鱼的体色类型总共达10种以上。青田田鱼群体中各种体色类型的比例在历史各个时期并不相同，在20世纪80年代和更早的时候以灰黑色为主，目前则以红色为主。这是当地老百姓对不同颜色的偏好和有意识选择的结果。田鱼丰富的体色与其内在丰富的遗传多样性息息相关。笔者所在实验室对青田、永嘉和瑞安等地反映有较原始、较土著类型的33个"偏远"乡镇所采集得到的田鱼样本进行微卫星标记（simple sequence repeat，SSR）分析，结果显示，田鱼的遗传多样性平均水平高于大部分的野生鲤鱼种群，并具显著高于其他养殖鲤鱼种群的平均水平（Ren et al.，2018）。

田鱼除了拥有一般鲤鱼的生物学特征，由于经过长期的人工驯化和稻田环境的选择，比一般鲤鱼更能适应稻田养殖的生产模式和稻田浅水环境。田鱼在浙南山区稻田内可自然越冬，最适生长温度为15～28℃，养殖水体最宜pH在6.5～8.0。经过一个生长季（约100d）的饲养观察，50g左右的大规格鱼种（当地俗称"冬片"），在强化的人工投料饲养条件（饲喂对象重量3%的投饵强度）下，平均体重达到400g上下（当地市场最佳上市大小一般在400g/尾左右，价格也相对较高）；而在天然饵料放养条件下，平均体重仅达到150g/尾，生长速度较缓慢。在传统模式情况下，投饵是非常有限的，所以，稻田只能维持在1000尾/hm²的养殖密度，生长季的田鱼生产力是150kg/hm²。

三、水稻栽培技术

20世纪70～80年代，曾有双季稻栽培阶段，但2010年后基本上改为单季稻制度。目前，水稻耕作制度主要为一年一熟，少部分地区蓄育再生稻。水稻5月初育秧，6月初移栽，9月底收割。计划蓄育再生稻的地区，水稻提前播种、插秧并提前到8月20日左右收获，再蓄育再生稻直到11月收获。传统品种栽插方式为水稻稀植，一般行株距为40cm×40cm左右。山区田块面积小、形状多变且地势多为梯田，一直以来机械化程度低，因此多采用人工移栽，在大秧龄（≥30d）移栽。现行的杂交品种的种植规格采用宽行（40cm）窄距（15～20cm）长方形东西行密植，稻丛间透光好，群体内部受光相对均衡，群体郁闭度低，能有效地改善田间小气候。水稻叶片直立，株形紧凑，颜色较深，抗倒伏能力强。有的还根据水稻品种、苗情、地力等具体情况来确定栽插密度。基于稻田共生体系中较长时间淹水这样一个相对不利于水稻分蘖的现实情况，总体原则是倾向于保证基本苗，采用以大穗取胜的产量设计模式。养鱼稻田重施基肥，轻施追肥。基肥为总肥量的70%～100%，靠近村边有劳动力条件的田块还会施用有机肥，使用量在7.5～15t/hm²，一般都与农户劳动力丰乏及家庭经济目标有关。插秧前施用N-P-K复合肥450～600kg/hm²作基肥，水稻移栽7～10d后追施尿素75～150kg/hm²。

　　在水稻病害防治方面，由于田鱼的活动对稻飞虱、草害、纹枯病有一定的控制作用，以及这种模式的年复一年的采用所产生的对病虫草害的控制效果，因此水稻整个生长期几乎不使用除草剂和杀菌剂。为防止农药对田鱼的毒害，病虫害发生轻的年份不用农药。如果稻纵卷叶螟等虫害发生严重，则使用对田鱼低毒害的生物性农药1~2次，同时设置杀虫灯或性诱剂等辅助工具诱杀害虫。有的农民还采用诱虫灯来除虫，灯架中一般挂一盏煤油灯，灯下有个托盘，托盘里盛有桐油、菜籽油和茶油等。利用昆虫的趋光性，一些向光而来的昆虫就会被烫死落入托盘被油粘住，白天将这些俘获的昆虫倒入田中作为田鱼的饵料，因而可以同样达到除虫喂鱼的效果。而现在大部分稻田养鱼地区都会使用农药除虫。

　　利用生态系统食物链中捕食者生态位的原理，研究控制稻鱼系统中稻飞虱为害水稻的生态方法。利用廉价、习见、环保的生物质油，通过在养有田鱼的稻田稻飞虱大暴发前期，以特定方法适时、定量、适当次数释放到稻田水面，借助特制的推水工具（图5-1），利用油水不相溶且油轻于水的性质将油铺展于水面上生成薄层均匀油膜，利用推水工具操作过程溅起的水花及碰撞稻株过程引起的昆虫假死习性，将水稻稻株上的稻飞虱振落至水面油膜上，从而被田鱼捕食，达到控制稻飞虱的目的。该技术可在避免使用化学农药的情况下较有效地控制稻飞虱等害虫，由此免除毒性有机污染物在鱼体和稻米中的积累，因此是一种绿色、环境友好、低碳的害虫控制方式（唐建军等，2011）。

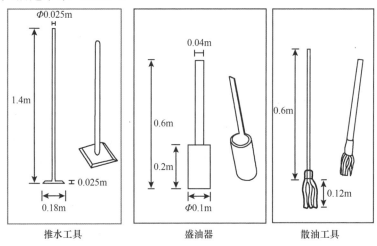

图5-1　用于稻鱼共生系统中稻飞虱控制的特制推水工具（唐建军等，2011）
本发明所涉及的原创性专用工具及其构造与尺寸

　　由于需要保证田鱼的正常活动，青田县的养鱼稻田在整个生育期都保持淹水状态，因此选用的水稻品种多为较耐深水的中熟品种。笔者所在实验室进行的稻鱼共生体系下品种适应性比较筛选结果表明，在青田仁庄的耕作制度和生产水平下，籼粳杂交稻'甬优5550'、'甬优7850'和'甬优8050'，籼型杂交稻'嘉丰优2号'和'深两优332'较耐倒伏，有较好的适应性和较好的产量表现。

四、田鱼养殖技术

（一）田间工程

传统的稻鱼共生体系中并没有太多的田间工程设施，主要是恰当地安排进水口和出水口，并在出水口处安装竹栅栏（图5-2）防鱼逃。由于传统模式中田鱼养殖密度比较低，加上以前农药使用也比较少，很少设置鱼沟、鱼凼，部分山区冷浸田里会在后塝留出一条深、宽各50cm的深沟，进行水稻起垄栽培，水稻生长有明显的改观，而鱼的通路也得到改进。面积相对比较大的田块（田块后塝到前埂的距离在10m以上），可以在田间开出一字沟或十字沟，便于田鱼的活动。

图5-2　用竹木制成的田鱼防逃栅栏

稻田进水口与出水口一般设在田块对角线的两角处，以便灌水和排水时能带动整个稻田的水均匀流动，增加稻田的灌溉水中的含氧量。进出水口的大小取决于稻田大小和大雨时的排水量。青田县的稻田一般设进水口、出水口各1个，进出水口宽30～50cm，高度视水位和田埂高度而定。由于鲤鱼有逆水溯游的习性，因此在进水口和出水口都要设置栅栏以防鱼逃走，同时栅栏也可防止体型较大的野杂鱼和固体废弃物进入稻田。栅栏通常用铁丝或竹片制成，栅孔的大小要小于鱼苗规格，对投养冬片（每尾重量通常为30～50g）的田块，出水口可以用废弃未破的塑料篮（杨梅出产季节装杨梅用的）反扣于出水口（图5-3）。水稻移栽后鱼苗未放入田中之前，为防止秧苗

图5-3　用塑料篮反扣于出水口处内侧起防逃栅栏作用

"漂苗"并利于水稻返青促进早期分蘖，稻田水位一般控制在10cm以内。放入鱼苗后，为保证田鱼的正常活动，田中水深保持在15～30cm，前期较浅，后期加深。

养鱼稻田与非养鱼稻田相比，蓄有水位较高，因此需要根据生长季内的最大水深预先加高田埂（一般高50～60cm）。由于田鱼有碰撞田埂的习性，因此在加高田埂的同时还必须加固田埂。传统做法是将田埂捶打结实。为保证田埂的结实耐用，目前全县养鱼田的田埂，在各类项目经费的支持下，多用水泥混凝土进行了加固。大多数水泥田埂浇筑完成后不能马上投入使用，需经过一段时间的浸泡等，待水生固着生物（藻类等）在其上生长，否则会因田鱼碰撞坚硬、粗糙的埂壁而受伤。这一点，除了刚刚实施田埂硬化的稻田需要加以注意，以水泥池作为暂养池时也需要注意刚放入鱼类的受伤问题，撞壁机械碰伤的田鱼很容易受到病菌的感染。从农业生态系统角度而言，田埂的水泥硬化仅仅是便利于农事操作而已，并不利于田埂生物群落的构建，而农田边界生物多样性的生态学意义在维护农田生态系统稳定性等方面作用重大（谢坚等，2008）。所以，是否需要对田埂硬化，需要进行综合的权衡。

（二）鱼苗的孵化与培育

长期以来，浙西南稻鱼共生系统的鱼苗，多数是自繁自育的。一些经验丰富的老农也会凭借自己的经验和乡里声望，在特定的季节里专门从事鱼苗繁育工作并在乡村里销售，在其他季节则同普通农民一样进行其他的农业生产。从20世纪90年代开始，虽有一定规模的田鱼鱼苗繁育场开始涌现，以供应丽水地区的稻鱼共生系统鱼苗的需要。但多数情况下仍然以小规模的自繁自育自用和小规模交换扩散传播为主，尤其是后者。

青田田鱼传统的鱼苗孵化培育方法如图5-4所示。通常会分为下面这几个主要阶段：①选择亲鱼进行组配。按照客户对体色（最近20年里体色鲜红的类型在浙西南的温州、丽水具有较高的市场偏好）、生长速度（体色全黑的田鱼生长最快，体色全红和花色田鱼生长较快，白色突变体生长较慢）等偏爱要求，一般选择3龄雌性田鱼和2龄雄性田鱼作为亲鱼，要求体色纯正、体型良好、体质健壮无病态，亲鱼体重在1～2kg为宜。雌、雄亲鱼数量以1∶2为宜。②产卵和受精。大致过程和方法如下：每年3月，将从山上砍回的柳杉枝条充作鱼巢置于淹水的田间或者产卵池；当水温达到18℃时，于雨后初晴之日的下午，将分池养的3龄雌亲鱼和2龄雄亲鱼按照不高于1∶2的个体比例放入产卵池中，当晚亲鱼开始产卵，其间保持不断注水以实现体外受精。③孵化。将沾满受精卵的柳杉枝条（图5-4）及时取出移至其他条件配备良好的孵化池，孵化池里保持微流水集中孵化。④育苗。在鱼苗即将出膜的前一天，将鱼巢从孵化池小心移至水质条件良好的培育池；当鱼苗长至3～4cm时进行炼苗。

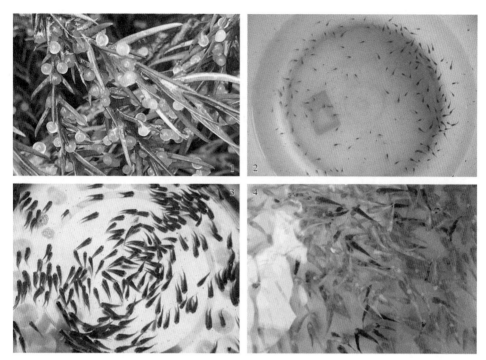

图5-4　青田稻鱼共生系统田鱼成长过程（鱼卵孵化—水花—夏花—冬片）

1.产在柳杉枝条上正在孵化的鱼卵；2.水花阶段；3.夏花阶段；4.冬片阶段

　　农户可采用稻田直接培育方法，方法如下。①选田与准备。选择条件较好的田块，田里要放15cm以上深度的水，让田鱼亲鱼个体在此产卵、繁殖鱼苗。②放入柳杉枝条充作鱼巢。以便让田鱼在此上产卵，要求300万～450万粒/hm^2。③孵化。产卵3d后，把柳杉枝条上的鱼苗放回稻田里，过几天就有成千上万条小田鱼（俗称水花）出生了。④育苗。一般的田鱼种苗按规格有水花、夏花和冬片之分，孵出后3～4d的鱼苗叫水花，水花培育20～30d长至4～5cm的鱼苗称为夏花或夏花鱼种。夏花再经过3～5个月的饲养，体长达8～15cm（每尾体重在25～50g），当年冬季出塘的鱼种叫冬片或冬片鱼种。传统上，可以利用稻田养成鱼田块培育冬片，于5～6月套养夏花15 000～30 000尾/hm^2，培养次年大规格田鱼鱼种。这种方法简单、经济效益好。传统育苗农户常采用这种方法培育鱼苗，供周边市场需要。

（三）放鱼和喂养

　　由于移栽秧苗在秧床上生长时间长（5月后的温度比较高，20～30d的苗龄算中等），秧苗个体较大，移栽后生长迅速，在较短时间内便能抵御田鱼碰撞而不至于"漂苗"。移栽后3～5d便能向稻田中放养田鱼苗。鱼苗多为夏花或冬片，夏花规格为每条10g以下（有的只有几克），一个稻鱼共生生长季下来还只能长大50～100g；

冬片较大，每条约50g，在按照田鱼重量2%～3%的投饵强度下，一个生长季可以长到350～450g。田鱼在稻田里的生长速度主要与稻田肥沃程度、投饵强度及流水情况有密切关系。放养密度为150～270kg/hm²。鱼苗在投放之前先用浓度约3%的盐水消毒10～15min，或者用20mg/L的高锰酸钾药液浸泡1～2min。选择健康强壮的鱼苗在某一天的清晨或傍晚投放，中午水温过高，鱼苗可能不能适应。一般每亩稻田投放鱼苗300尾左右（即4500尾/hm²）。投放鱼苗时，建议缓缓加入，以便鱼苗慢慢适应，不宜突然迅速倒入。此外，如果需要对稻田进行消毒，可以在水稻移栽前一天进行，一般是对田块撒生石灰75kg/hm²左右，一方面可杀死细菌类以防止鱼苗发生病害，另一方面可杀死稻田里的杂鱼。如果在生长季内采用"人放天养"的方式，在没有任何补充性饲料投入的情况下，每亩稻田能实现5～15kg的自然生产力（当然，自然生产力与田间天然饵料丰乏、水温、水体流动等因素有关，一般丘平区肥沃稻田自然生产力高些）。为了提高田鱼的生长速率，可根据生长情况，投米糠、麦麸、豆渣等农家饲料或加工而成的配合饲料。配合饲料的投喂通常早晚各一次，每天按照田鱼鲜重2%～3%的比例投喂，在一个水稻生长季内总投入饲料为每公顷750～3000kg。在水稻收割后排水收鱼，鱼也可继续在田中养殖，这时可以在田里撒上适量的稻草来增加稻田的有机质，改善田间浮游生物的生长，但要注意高温季节稻草的快速腐烂很可能会导致水体缺氧而引发"翻塘"死鱼，所以，一般建议及时移走稻田的稻草。秋季水稻收获时，可以捕大留小，单尾体重250g以上者可以起捕出售。其他小规格的田鱼，可以集中暂养于各家各户房前屋后的水塘、水池中；也可以暂养于村庄附近的田块里，用作来年稻田里的鱼种。所以，实际上，稻鱼共生系统是2年型，第一年从亲鱼交配到产卵、孵出水花，第一个稻鱼共生季节是从几毫克大小的刚孵化出来的小鱼苗（农民称之为"水花"），经过一个生长季的共生，经过夏花阶段，等一个生长季结束，可以育成大约50g的冬片；第二个共生季，才能将50g左右的冬片养成体重为300～400g的商品鱼（充足投饵时，鱼体可以长到400～500g/尾乃至更高的水平）。

　　浙南山区一带，曾在20世纪70～90年代推行过双季稻，从热量条件角度来看，也是基本可以满足水稻生产需求。但进入21世纪后，由于社会发展，青田百姓赴海外务工情形发展迅速，青田本地劳力紧张，农业逐渐成为妇老农业，双季稻逐渐减少，目前已经以一季稻为主。部分区域开始尝试主茬稻加再生稻技术，以延长稻鱼共生期，提高稻鱼共生的互惠效益。这部分内容在以后章节里另外展开。

五、田间水分的管理经验

　　合理的水分管理是稻鱼共生系统维持和延续的关键。在青田稻鱼共生系统分布区，人们积累了丰富的管理田间水的经验。200多年前，青田方山龙现村在水源地位置设计了"十三闸"，科学地解决了农民用水纠纷问题。"十三闸"位于龙现村的水源头。当时，全村百姓统一协商在全村水田的水源头装设一个石闸，人们称之为"石门峡"，又称"十三闸"。所谓"闸"或"峡"者，实际上是一块长3m、宽1.2m、厚约30cm的竖立石板，3m长的石板上凿设了13个宽度大小不一的流水缺口（缺口大小与该出口所覆盖的灌溉稻田面积成正比），水流沿各缺口分流到农田（图5-5）。据当地村民介绍，该闸自清朝中期设置以来，其公平合理的分水制度深为大家所接受，至今已有200余年历史，该村未发生过稻田引灌纠纷。

图5-5　浙江青田龙现村"十三闸"小型水利工程（根据灌溉田亩大小分水）

"十三闸"的13个分水口，最大的有9cm宽，最小的仅为2.5cm，其次有7.3cm、7cm、6cm、5.5cm、4cm、3.8cm不等。这些出水口的大小是根据当时不同缺口所覆盖的引灌面积而测算后设计的，避免分水不均或管水者作弊而特设的。最近200年来，渠水长流，石槽依旧，功能未减。

首先，它突出实施了分级管理制。从"十三闸"至源头的"前端"隐含了一个统一管理的前提：组织修渠机构，按田亩和人丁分摊管理成本，落实管理制度。设施共有、资源共享，确保水源不断流、不减流。

其次，中段抓合理分配，共享公平。在农村，最突出的问题就是小农意识，尤其是土地私有制年代，由于分水不公而出现的抢水、争水、偷水的系列事例不胜枚举，甚至因此世代结仇也不鲜见。制度落实显然成为维护农民切身利益、稳定社会的关键措施。"十三闸"正是根据实际需求，老少无欺，算得上是一个深得民心的"阳光工程"，为历代打造"和谐村风"提供了很好的典范。

最后，从"十三闸"的十三个输出口，再由各输水管道至受灌区自行再细分（下游仍有同样机制的再分流情形）。这部分的"基层网络"各施其责，各显神通，有落实到位的监管机制，其机制相当科学。龙现村作为"中国田鱼之乡"，稻鱼共生的历史成就离不开引灌水系的合理布局和科技落实。该村和谐村风的形成中

"十三闸"功不可没。

第二节 提升青田稻鱼共生效应的技术探讨

青田稻鱼共生系统的传统经验在延续传统稻鱼系统中至今仍起重要作用，随着科学技术的发展（高产水稻品种的育成、种养技术的发展、信息技术的应用等）和社会经济的需求，将传统经验与现代科学技术结合将有利于青田稻鱼共生系统的传承和发展。为此，我们在研究青田稻鱼共生系统效应与原理的基础上，探讨提升稻鱼系统的技术环节。

一、提升稻鱼共生系统的必要性

当今技术、文化和经济的快速发展，正动摇和威胁着许多农业文化遗产及其生物多样性与社会环境基础。在过去的几十年里，人们高度关注农业生产能力、专业化水平和全球市场，而忽视了相关的外部性与适应性管理的策略，导致全面忽视对这些多种多样、独具特色的农业生产系统的研究和发展的支持。生存的压力阻碍了农民的创造性，迫使他们采用不可持续的生产方式过度开发自然资源，导致生产力水平下降、农业生产物种多样性和遗传多样性趋于单一、外来物种不断引入等。严重的基因污染、相关知识体系和传统文化的丧失，以及重要的全球性遗产传承断裂的风险，可能将乡村拖入到贫穷和社会经济动荡的不良循环之中。

农业现代化的进程对世界传统农业的冲击是显而易见的，过去几十年受到了学者的高度关注，也引起了一些国际组织的注意。2002年8月，联合国粮食及农业组织（FAO）、联合国开发计划署（UNDP）和全球环境基金（GEF）、联合国大学（UNU）等10余家国际组织或机构，以及一些地方政府，开始发起一项旨在保护具有全球重要意义农业系统的项目——全球重要农业文化遗产系统（GIAHS），目的是建立全球重要农业文化遗产及其有关的景观、生物多样性、知识和文化保护体系，并使之在世界范围内得到认可与保护，使之成为可持续管理的基础。至2005年，已在7个国家挑选出具有典型性和代表性的5个传统农业系统（分别是中国青田的稻鱼共生系统、菲律宾伊富高山坡的稻米梯田系统、秘鲁安第斯高原沟渠农业系统、智利智鲁岛农业系统，以及阿尔及利亚、摩洛哥、突尼斯的绿洲农业系统）作为试点，以探索农业文化遗产参与式发展和"动态保护"的模式。中国浙江青田的稻鱼共生系统于2005年被选为首批全球重要农业文化遗产试点，以保护农业生态系统中农业生物多样性及其内涵文化的多样性（闵庆文，2010）。稻鱼共生系统即稻田养鱼，是一种典型的、优秀的传统农业生产方式，生态系统内水稻和鱼类共生，通过内部自然生态协调机制，实现系统功能的完善。这种传统的农业系统既可使水稻丰产，又能充分利用田中的水、伴生生物（包括虫类、草类）来养殖鱼类，综合利用水田中水稻的一些废弃物质来发展生产，提高生产效益，在不用或少用高效低毒农药的前提下，以生物防治虫害为基础，养殖出优质鱼类。由于系统具有多方面的重要价值，尤其体现在农业生物多样性保护和人类食物安全、营养健康等方面，因此其具有成为世界农业系统示范和在全球同类地区推广的重要意义。但是，如何保护这些优秀的传统农业生产体系，目前仍缺乏技术支撑，其关键技术需要进一步研究。

由于许多传统农业系统都存在技术粗放、品种单一、种性退化、生产规模小、比较效益低等问题，早在1964年美国农业经济学家舒尔茨在其著名著作《改造传统农业》中提到，通过提高技术水平提高传统农业的生产力和经济水平。随着农业的发展，如何通过技术创新来提升和改造传统农业越来越受到关注（李向东等，2007）。例如，宋家永等（2005）提出通过现代生物学技术改良作物产量和品种、控制病虫草害等是提升传统农业的重要途径；章家恩等（2005）通过将优质水稻品种、鸭品种引入"稻鸭系统"，并引入物理技术防治水稻病虫草害，使"稻鸭系统"的产品产出量大大增加、产品质量提高，而且农药、化肥的使用量大大降低，注入新技术的传统"稻鸭系统"在珠江三角洲地区大面积发展。

青田传统稻鱼共生系统是优秀的传统农业系统，但对青田稻田养鱼系统进行系统调查和分析发现，生产方式粗放、产业化冲击、比较效益低下、特色资源流失、传统技术革新困难等问题比较严重，使得青田稻鱼共生系统生产力提升面临多重挑战，传统模式的提升改造已经迫在眉睫。2010年，笔者所在实验室获得了浙江省科学技术厅重大科技专项的资助，开展了以稻鱼共生系统提升改造为重点的技术攻关研究。

传统的稻鱼生产方式建立在代代相传的实践经验基础上。但由于缺乏基础理论的指导，生产技术较为粗放。传统的稻鱼生产方式在进入21世纪后遭遇的问题和挑战越来越明显。①水体面积小，鱼类栖息环境差。传统的稻田养鱼方式不开鱼沟和鱼坑，采取"平板式"养鱼，由于水体面积小，总溶氧量、浮游生物量下降，夏季田水温度高，鱼类遇敌害时不易逃避等一系列问题，限制了稻田养鱼的密度、回捕率和产量。②鱼种规格小，放养密度低。传统养殖方式主要放养小规格鱼种，有的还直接放养鱼苗，造成田鱼生长慢，成活率低。稻田养鱼种，夏花放养密度为10 500～22 500尾/hm²；养商品鱼，每亩放养当年夏花1500～2250尾/hm²，放养冬片鱼种750～1200尾/hm²。③饵料不足。传统稻田养鱼不投人工饵料，但稻田天然饵料数量有限，尤其在山区，用于灌溉的溪水冷瘦，浮游生物量更低，田间杂草的量也随鱼体生长而下降，在水稻生长后期，杂草量和其他可取食的资源已经不能满足田鱼生长的需要。④迟放早捕，养殖时间短。田鱼一般在插秧1周后放养，收稻时起捕，稻鱼共生期很短，一季中稻地区90～110d，而中国南方稻田每年宜渔时间有240～330d，一季稻情况下的水热资源浪费严重。⑤品种单一，种性退化。传统的稻田养鱼一般以养鲤鱼为主，这些鲤鱼品种性温顺不善跳跃，不易逃逸，很适应稻田环境。但长期以来，由于外来速生品种的快速混入，加之近亲繁殖，种性退化，生长缓慢，影响了稻田养鱼产量的提高。⑥生产规模小，比较效益低。传统稻田养鱼田鱼产量较低。青田县1985年稻田养鱼田块中田鱼平均单产为114kg/hm^2，到2004年为300kg/hm^2，而完全采用传统方式养殖的田块产量一直保持在150kg/hm^{2}以下。加之农民稻田养鱼面积小且零星分布，如方山龙现村多数农户仅有几分田，即使全部出售，收益也十分有限。而相对于稻田养鱼，人们经商或出国有更高的收入。⑦劳动力投入的居高不下成为维护稻鱼共生系统的重要限制。改革开放以来，农村劳动力机会成本不断提高。过去10年，东南沿海地区的劳动力成本提高了2~5倍。农村大量劳动力转移，如方山、仁庄等乡镇出国人口占60%以上，而且多为青壮年。农村劳动力的不足带来了农业的粗放经营倾向，单作水稻劳动力投入由300~375个工时/hm^{2}降低到105~225个工时/hm^2。而稻田养鱼在减少用工方面效益不明显，因此限制了传统稻鱼共生系统的传承。⑧现代农业生产方式的冲击。从20世纪60年代起，为提高水稻产量，稻田开始大量施用化肥、农药，且施用量逐年增加，在一定程度上破坏了稻鱼的和谐共生，加大了稻鱼矛盾，动摇了粮食生产保障体系，引起了有关部门和业界的及时关注。

现代农业的重要发展趋向是利用现代高科技技术和思想，对农业生产工艺全过程进行系统优化，通过对农业生产经营过程的精细化、准确化的调节与控制，实现低投入、低消耗、高收益的可持续农业发展目标。由于中国在过去20多年推进了城镇化策略，留在农村的人越来越少，因此劳动力投入少、技术要求简单，也是维持当今农业生产的重要需求。为此，我们针对当前青田传统稻田养鱼系统的特点和目前存在的问题，并吸收现代精准农业的思想，试图通过集成现代生物技术、物理化学技术和信息技术于稻鱼系统中，建立既能大幅度提升稻鱼系统的生产力和效益，又不破坏其传统性和保护环境的关键技术，建立利于传统农业生产体系保护和效益提升的技术集成的示范模式。提升改造的思路如图5-6所示。

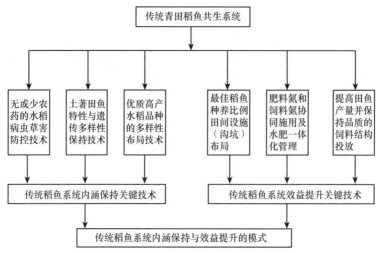

图5-6　传统稻鱼共生系统保护与提升思路示意图

二、提升和保护稻鱼共生系统的关键技术环节

与水稻单作系统不同，稻鱼共生系统中田鱼和水稻共存于同一个稻田空间，因而，适用的水稻品种类型、稻田空间布局、稻田对田鱼的容纳量（田鱼密度）、维持水稻产量稳定的最低种植密度、协同氮素的输入量、田鱼的饲料投喂，乃至于水稻品种（遗传多样性）的景观布局等，都是重要的关键技术环节。

（一）适于青田稻鱼共生系统的水稻新品种筛选

虽然稻鱼共生系统已经传承千年以上，但一直以来是以水稻为主角、田鱼为配角的一种生产体系。进入20世纪中期，水稻品种的发展进入快速更换时期，水稻矮秆化品种推进迅速，水稻产量迅速提高。进入20世纪80年代后期，杂交水稻的推广进入快速阶段。进入21世纪以后，青田地区的水稻品种开始以各种类型的杂交水稻（包括两系杂交水稻及亚种间杂交的超级水稻等）为主栽类型。但所有这些水稻品种的推广都是水稻生产技术体系自身发展的结果，没有考虑或者充分考虑到稻鱼共生体系的发展对水稻本身的需求。整个水稻育种界也尚未有专门为稻鱼共生体系选育的水稻品种。适合稻鱼共生体系的水稻品种的筛选和定向培育已经迫在眉睫。

然而，水稻育种是一个非常需要时间和精力的过程，新品种的培育需要七八个世代的定向选择，才有可能培育出符合目标的品种类型。所以，品种选择目前主要是采用田间评比筛选的方法来进行。

品种选择主要从以下几个方面进行考虑。①选用抗倒伏品种：由于养鱼的田块建立水层时间长，耕层被泡得松软，加上鱼类在田间的活动，容易引起水稻倒伏，因此要求在养殖田鱼的稻田里栽植的水稻品种要茎叶粗壮，抗倒伏力强；②选择耐肥品种：实行养殖的稻田，由于投入的饲料往往不能100%被利用，加上水产生物排泄物的排入，稻田养分含量较高，水稻容易"贪青"倒伏，因此宜选择耐肥品种；③选用抗病害品种：选用抗病害品种，可以免用或少用农药，减轻对鱼类的危害，因此水稻品种的选择要灵活掌握；④米质要优良：因为稻鱼共生产业通常需要规模化经营，所以商品化是其重要特征。米质优良是这类品种的一个基本需求，这样才能在市场上具有竞争力。

笔者所在实验室联合浙江省种植业管理局及浙江省青田县农业农村局，在2017~2018年在浙江省各地市进行了较大规模的现代水稻品种在稻鱼共生系统的表现研究。其中一个主要田间试验点就设在青田县。据官方报道，青田县全县稻田面积约6200hm^2（最近10年由于赴海外打工成为潮流，稻田抛荒比较严重，目前实际面积估计只有5000hm^2），其中85%以上为稻鱼共生模式，在这个地区开展品种筛选试验很有应用意义。通过两年的田间研究，较系统地比较了在稻鱼共生体系下浙江省若干主栽品种的实际表现，并通过产量目标等的综合评定，提出了一个相对适合于

稻鱼共生系统的水稻品种名单，已建议相关地区考虑采用（史晓宇等，2019）。

为筛选适合稻鱼共生系统的高产高效水稻品种，笔者所在的研究组以长江中下游地区非稻鱼共生体系中具有较大生产规模的10个杂交稻和常规稻品种为供试材料，并以当地种植面积最大的'中浙优1号'和'中浙优8号'为对照开展研究。供试水稻品种情况见表5-1。田间品比试验旨在比较在青田稻鱼共生条件下不同品种的株型、产量及其构成因素的差异。整个田间研究在浙江省丽水市青田县仁庄镇奁垟村（北纬28°01′25″，东经120°16′02″，海拔90m）进行。该地地处瓯江中下游，亚热带季风气候，年均气温为18.3℃，年均日照为1712~1825h，降水量为1400~2100mm。试验地耕层厚度约为20cm，土壤属于洪积性砂壤土，容重约为1.12g/cm^3，呈弱酸性。试验选择地势平坦、肥力适中、灌溉良好的大田，面积约为0.1hm^2。试验采用单因素完全随机区组设计，设3个区组，共36个小区。各小区长5.4m，宽2.4m，间隔40cm。小区间水体互通，统排统灌。所有水稻品种统一在5月14日播种，6月14日移栽，密度为30cm×30cm。杂交品种每穴1本，常规品种每穴3本。在所有小区的外围种植5行'中浙优1号'作为保护行。移栽前1d施有机肥10t/hm^2。有机肥购自浙江欣宏源养殖有限公司，含水量35%，干物质中有机质、氮、磷和钾的含量分别为45%、0.64%、2.94%和1.99%。移栽后7d投放青田田鱼（*Cyprinus carpio* cv. *qingtianensis*）鱼苗，规格为50g/尾，投放密度为6000尾/hm^2。田间水深在分蘖前期为10~15cm，在分蘖后期至成熟期为20~25cm。整个生长期内不使用肥料和农药。研究得到以下主要结果。

表5-1 供试水稻品种基本信息

供试品种	遗传类型	生育期（d）
甬优5550	籼粳交三系杂交稻	143
甬优7850	籼粳交三系杂交稻	155
甬优8050	籼粳交三系杂交稻	129
嘉丰优2号	籼型三系杂交稻	145
深两优332	籼型二系杂交稻	140
泰两优217	籼型二系杂交稻	137
嘉58	粳型常规稻	156
南粳46	粳型常规稻	158
丙709	粳型常规稻	143
嘉禾236	粳型常规稻	143
中浙优8号（对照2）	籼型三系杂交稻	159
中浙优1号（对照1）	籼型三系杂交稻	131

1. 经济产量

水稻实际产量在品种间存在显著差异（$F_{11,22}$=10.126，$P<0.01$）（图5-7）。试验品种平均产量为4.38t/hm²，比对照中浙优系列（平均产量为3.95t/hm²）高10.89%。'甬优5550''嘉丰优2号''甬优7850''甬优8050'为籼粳杂交稻，它们的产量显著高于其他品种；而'嘉58''南粳46''丙709''嘉禾236'为常规稻，产量较低，与'中浙优1号'和'中浙优8号'差异不显著。

2. 株高性状

各品种株高差异较大，品种间有显著差异（$F_{11,22}$=21.762，$P<0.01$）。常规稻品种株高较矮，显著低于籼粳杂交稻。'甬优5550'株高最高，为139.1cm；其次为籼型杂交稻'嘉丰优2号'和对照'中浙优8号'，均为128.3cm；'嘉58'和'南粳46'的株高较矮，分别为91.6cm和87.3cm。

3. 产量结构

从产量结构看，不同品种的产量构成明显不同（表5-2），有些品种如'嘉禾236''嘉58''丙709''深两优332''中浙优1号''中浙优8号''南粳46'的有效穗数明显高于其他品种；'嘉丰优2号''甬优5550''甬优7850''甬优8050''泰两优217'的每穗实粒数则明显高于其他品种。由此可见，从利于田鱼活动的角度看，在稻鱼系统中，可能稀植的大穗水稻品种更合适。

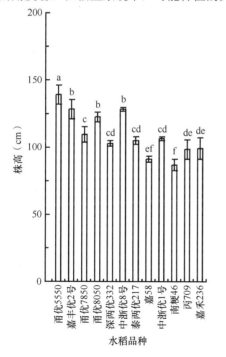
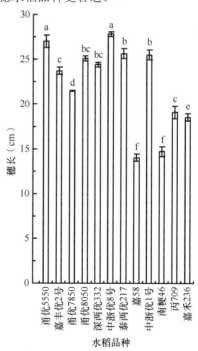

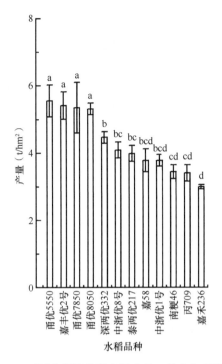

图5-7　不同水稻品种的实际产量、株高和穗长

不同小写字母代表在0.05水平差异显著，下同

表5-2　不同水稻品种的产量结构

品种	有效穗数（穗/穴）	每穗实粒数（粒/穗）	结实率（%）	千粒重（g）
甬优5550	8.41±0.71 f	227.78±13.89 bcd	0.88±0.01 c	23.17±0.15 c
嘉丰优2号	8.3±0.82 f	338.43±64.06 a	0.91±0.01 ab	22.22±0.07 de
甬优7850	7.81±0.73 f	287.34±20.85 ab	0.91±0.02 ab	21.31±0.13 f
甬优8050	8.67±0.44 ef	256.35±19.47 bc	0.94±0.00 a	22.24±0.43 de
深两优332	11.48±0.74 cd	177.91±5.67 de	0.88±0.00bc	19.33±0.11 g
中浙优8号	11.04±0.72 cde	170.34±6.60 de	0.87±0.00c	21.99±0.26 ef
泰两优217	9.76±0.63 def	205.23±5.86 cde	0.87±0.01 c	19.49±0.13 g
嘉58	14.33±0.51 ab	100.4±8.04 fg	0.91±0.02 ab	23.23±0.28 c
中浙优1号	11.59±0.67 cd	155.86±17.87 ef	0.92±0.01 a	23.04±0.08 cd
南粳46	11.89±0.84 bcd	104.03±12.96 fg	0.87±0.01 c	25.37±0.16 b
丙709	13.26±1.15 bc	89.58±20.23 g	0.82±0.02 d	27.44±0.19 a
嘉禾236	15.84±2.9 a	57.87±11.29 g	0.61±0.02 e	27.81±0.83 a

4.产量性状相关性

相关性分析（表5-3）发现，各指标两两之间基本上都存在显著的相关性。品种实际产量与株高、每穗实粒数、结实率之间呈显著的正相关，而与有效穗数和千粒重呈显著的负相关。其中，每穗实粒数和有效穗数对产量的影响较大。每穗实粒数和有效穗数之间呈极显著的负相关，两者与其他指标的相关性质也均呈现出相反的趋势。

表5-3　株型、产量及其构成因素的相关系数

	株高	穗长	有效穗数	每穗实粒数	结实率	千粒重	实际产量
株高	1						
穗长	0.80**	1					
有效穗数	−0.69**	−0.61*	1				
每穗实粒数	0.69**	0.57*	−0.93**	1			
结实率	0.28	0.28	−0.67*	0.60*	1		
千粒重	−0.32	−0.57*	0.63*	−0.64*	−0.65*	1	
实际产量	0.76**	0.53	−0.89**	0.92**	0.61*	−0.56*	1

注：* $P<0.05$；** $P<0.01$

稻鱼共生系统与水稻单作系统相比，具有种植密度较小、长期淹水、水位较高等多方面的差异。通过比较不同品种的产量及产量构成因素，可以发现适合的水稻品种和相关的品种特征。本研究结果表明，在稻鱼共生系统中，杂交稻相对于常规稻具有明显的产量优势，而籼粳杂交稻产量总体上高于籼型杂交稻。产量的贡献主要来自每穗实粒数和结实率。每穗实粒数少可能是常规稻品种产量的重要限制因素。各品种的有效穗数和产量之间呈极显著的负相关。因此，在有机稻鱼共生系统的水肥管理条件下，控制无效分蘖和小蘖、主攻大穗，通过提高每穗实粒数获得更高的群体颖花量，可能是水稻产量增加的重要途径。

水稻作为我国主要的粮食作物，其健康、优质、高产对于保障我国的粮食安全具有非常重要的作用。随着经济的迅速发展和人们生活水平的提高，人们更加关注稻米的品质与安全性，健康、安全、自然的食品逐渐成为人们消费的主导，绿色、有机产品的市场需求逐渐扩大。传统方式生产的产品面临生产成本、环境压力、市场压力等各种问题，而稻鱼共生系统作为一项典型的生态种养模式，能够利用稻鱼之间的生物互惠，在没有外部化学产品投入的情况下有效地控制杂草、病虫害并增强土壤肥力，具有发展有机农业的得天独厚的条件。我们的研究表明，在选择适合稻鱼共生系统的水稻品种时，优先选择分蘖适中、较耐倒伏，具有较高的每穗实粒数和结实率的品种，更易获得较高的产量效益。在本研究所对比的12个品种中，籼粳

杂交稻'甬优5550''甬优7850''甬优8050',籼型杂交稻'嘉丰优2号'和'深两优332'较适合稻鱼共生系统,可作为推广应用的品种。

(二)田间设施布局的探讨

虽然国家出台的最早的稻田养鱼行业标准是强调要挖建鱼沟、鱼凼的,但是,这些标准最初是在江汉平原、四川盆地等地下水位比较高的平原地区由渔业科技工作者提出的。实际上,在浙江南部的丽水和温州地区的山区梯田区域的传统模式中,是常常没有田间设施的,一是因为传统模式田鱼目标产量低,田鱼密度小,二是因为山区梯田田块小而不规则,却具备了稻田养鱼的种种有利生态条件(梯田流水活氧、较高海拔、气温冷凉、田水溶氧量大、景观屏障防止病虫、代代相传沿用、田间病虫基数小),梯田之上又往往是植被覆盖良好、水源涵养能力较强的森林植被,保证了自流灌溉(图5-8,龙现村稻鱼共生系统景观),加上山区水稻品种更加多样化且有较多的古老品种间夹其中,田间设施很少采用。

图5-8 在具有良好涵养水源能力的森林植被下游的梯田稻鱼共生系统(唐建军 摄)

随着稻鱼共生系统集约化的推进,田鱼预期产量的提高,稻鱼系统田鱼养殖密度不断提高,水稻病虫害管理也因现代品种的过度普及与品种遗传背景而简单化,化肥农药的施用越来越普遍,在平原地区的稻鱼共生模式中,沟坑与鱼凼逐渐变得需要。沟坑式稻田养鱼模式是对传统的平板式的改进。在稻田内挖出一定面积比例的鱼沟、鱼坑,能够增加田面水的体积和田鱼的活动空间,有利于田鱼在田间充分活动且能够提供在水稻收割和非汛期田鱼的暂避场所。鱼坑最宜开在进水口附近或稻田中央,深60~90cm,面积5~10m^2(图5-9)。有的用水泥砖做鱼坑,实现空间的多层次利用,形成永久性的养鱼设施,一般为方形或长方形,既可用作食台,又可用作堆肥坑。同时,在冬季干田种植旱作作物时,鱼坑还可作为鱼种的越冬池。根据田块的大小与形状,开挖鱼沟,沟宽40~100cm、深30~50cm(图5-10)。

图5-9 平原盆地地区（永嘉县）在田头开挖的鱼坑（唐建军 摄）

图5-10 平原盆地地区面积大于3000m²的稻鱼共生田，建议开十字沟（唐建军 摄）

生产实践上，通过田间的沟坑布局，如在田头的鱼坑上方搭上架子，在田埂上种上藤蔓类蔬菜和瓜果类，既可以充分利用阳光资源进行作物生产以获取瓜果蔬菜，同时也可增加农业生态系统的生物多样性，而在植物覆盖下，鱼凼、鱼坑里的水体在夏季高温季节也得到了比较明显的降温效果，从而有利于夏季水体中鱼类的生长与活动（图5-11）。

图5-11 田间沟坑布局形成的稻-鱼-菜立体复合种养体系示意图
2019年摄于广西壮族自治区三江侗族自治县，朱光兰供图

1. 田间沟坑式样探讨

稻田沟坑布局是否会因部分空间用于鱼的避难，压缩了水稻种植空间而导致水稻产量下降？这是许多水稻栽培工作者最为担心的问题。为了分析沟坑面积比例对水稻产量和田鱼产量的影响，我们对分布于各个稻作区的稻鱼系统田间沟坑式样、布局和沟坑面积比例进行了分析。大量的样本分析表明，稻鱼系统田间沟的式样主要有3种基本类型（即环形沟、条形沟和十字沟），根据田块大小可形成环形沟与十字沟结合、环形沟与条形沟结合、多个十字沟、多个条形沟模式，坑的布局可以在田边或田中央等（图5-12）。

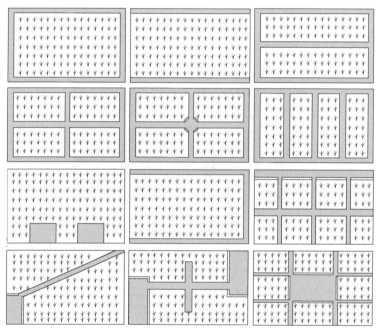

图5-12　稻鱼共生系统中田间沟坑布局主要模式（Chen et al.，2018）

灰色表示沟坑区域

2. 田间沟坑比例探讨

稻鱼共生模式向外推广之初，水稻栽培技术研究人员和农民都有这样一个担心。他们认为，为田鱼开挖的沟坑占据了原来水稻的面积，因而造成水稻的减产是不可避免的。实际情形又是怎么样的呢？

为了回答这个问题，我们在田间沟坑式样和布局分析的基础上，又进一步分析了各类沟坑式样的面积比例及其与水稻产量和田鱼产量变化的关系。我们通过调查取样获得169个样本，其中137个样本的沟坑面积比例小于10%（图5-13a），沟坑式样面积比例与田鱼产量呈正相关（图5-13b）。为了衡量具有沟坑布局的稻鱼系统相比于水稻单作系统下的水稻产量的变化，按照以下公式计算每一组配对的稻鱼系统水稻增产率：水稻产量变化（%）＝（稻鱼系统水稻产量–水稻单作系统产量）/水稻单作产量×100%，水稻产量变化数值为正值或零说明稻鱼系统和单作系统相比可以增加或维持水稻产量，而该数值为负值则意味着稻鱼系统的产量低于单作系统。分析沟坑面积比例与水稻产量变化的相关关系表明，在沟坑面积比例小于10%的范围内，水稻产量变化为正值（即产量增加），且与沟坑面积比例呈正相关，当沟坑面积比例大于10%，水稻产量变化为负值（即产量下降），沟坑面积比例越大，则水稻减产越多（图5-13c）（Hu et al.，2016）。

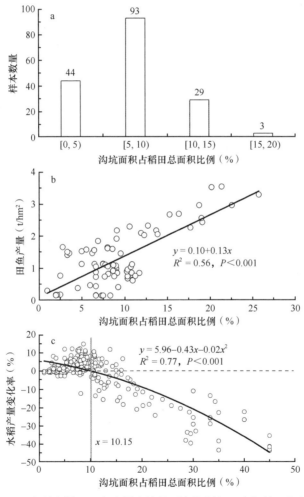

图5-13　水稻产量、田鱼产量和沟坑面积比例相互之间的回归关系

a：沟坑面积占稻田总面积比例不同分组的样本数量；b：田鱼产量与沟坑面积占稻田总面积比例的关系；
c：水稻产量变化率与沟坑面积占稻田总面积比例的线性回归关系

为进一步研究沟坑占用了一定比例（小于10%）的稻田面积不会导致水稻产量下降的原因，我们对上述田间沟坑式样的3种基本类型（即条形沟、十字沟和环形沟）（图5-14）进行了田间试验研究，我们假设，在一定的沟坑比例的田间空间结构里，种植面积减少所导致的水稻产量损失可以通过沟坑结构所带来的边际效应弥补回来（吴雪等，2010）。边际效应的主要原理包括两个方面：①最靠近沟坑的一行水稻与稻田中心的水稻相比具有更大的地上和地下生长空间，整株植株具有更多的接受阳光直接照射的面积；②沟坑附近的区域是田鱼活动较为频繁的区域，具有更高的养分水平。从水稻产量的角度来说，通过沟坑边际效应增加产量和因水稻种植面积减少而减少产量之间存在一个权衡对策。

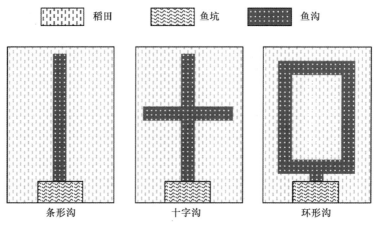

图5-14　3种沟坑类型的示意图（吴雪等，2010）

田间试验在非梯田平坦区域的田块进行，依据田间沟形状的差异设置3个处理：环形沟，记作T1；十字沟，记作T2；条形沟，记作T3。各沟型形状见图5-14，并设无沟坑的处理为对照，每个处理设3次重复，随机排列。田块均为长方形，各沟型相关参数值见表5-4。田鱼的目标产量设为750kg/hm^2，水稻稻谷目标产量设为6t/hm^2。

表5-4　各沟型相关参数值

沟坑类型	田块编号	田块面积（m^2）	沟面积*（m^2）	平均沟宽（m）	沟长（m）	沟深（m）	坑形（长×宽）（m×m）	坑深（cm）
环形沟	1	533	49.2	0.53	82.0	0.23	14.0×2.0	0.7
	2	667	48.0	0.50	80.0	0.23	14.0×2.0	0.8
	3	667	46.0	0.47	92.0	0.20	12.4×2.0	0.7
十字沟	4	667	54.6	0.56	78.0	0.26	8.5×3.0	0.7
	6	1200	71.4	0.60	119.0	0.20	19.5×2.0	0.7

续表

沟坑类型	田块编号	田块面积（m²）	沟面积*（m²）	平均沟宽（m）	沟长（m）	沟深（m）	坑形（长×宽）（m×m）	坑深（cm）
	5	1067	84.9	0.60	130.6	0.20	8.5×3.0	0.7
条形沟	7	667	45.5	0.50	80.0	0.20	15.5×2.0	0.3
	8	667	34.2	0.55	43.2	0.25	10.0×2.7	0.6

注：* 表示沟面积已经考虑并扣除了纵横沟交叉区域的重叠面积

与无沟坑田间设施的处理相比，3个沟坑处理的水稻产量无明显差异，但田鱼的产量潜力均明显高于对照（表5-5）。通过分析水稻产量边际效应的递减规律和沟坑边际对产量的弥补效应，结果表明（图5-15），3种沟坑类型的边际第1行水稻个体平均能够比非邻近沟坑区域的水稻个体增产61.53%，而第2~5行的增产效应则从16.88%逐步降低至10.87%。从稻田的整体水平来看，沟坑边际效应的弥补效应也较为显著，平均达80%左右，且不同沟型的弥补效应不一，在沟宽相同的条件下（约54cm），环形沟对产量损失的弥补效应最佳，达到95.89%，几乎可完全弥补沟

表5-5　田间设施类型对水稻产量、田鱼产量和土壤特性的影响

	对照（无沟坑）	条形沟	十字沟	环形沟
水稻产量（t/hm²）	6.19±0.33	6.11±0.43	6.15±0.45	6.31±0.47
田鱼产量（kg/hm²）	661.80±60.75	700.95±72.90	713.40±59.85	767.7±69.30
土壤紧实度（kPa）	20.49±1.83	30.19±2.34	32.27±2.56	29.33±3.02
土壤有机质（g/kg）	33.17±2.88	32.87±3.03	30.63±2.11	31.89±2.65
土壤总氮（g/kg）	2.97±0.34	3.21±0.25	3.09±3.22	3.17±0.24

注：表中数值为平均数±标准误

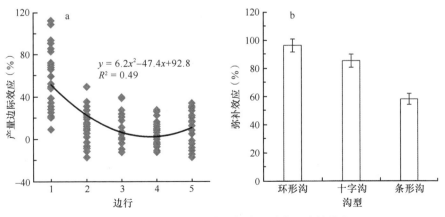

图5-15　田间沟坑水稻产量的边际效应和弥补效应

a：产量边际效应；b：田间设施对产量的弥补效应

坑占地所造成的损失；十字沟次之，为85.58%；条形沟的弥补效应最差，仅可弥补58.02%。从土壤特性看，由于设置沟坑后水分管理有2～3次短暂水分管理的轻度晒田，与对照相比，3个沟坑处理土壤紧实度均提高（表5-5）。由此可见，稻田环形沟模式属于水稻产量变化不显著但田鱼产量增加的稻鱼共生系统的田间最优设施，有利于水稻产量保持和田鱼产量的提高。

当然，基于不同的经营目标（如以水稻为主或以田鱼为主）和其他的沟型考虑因素（深度、宽度和方向等），一定还有更好的沟型模式有待摸索和尝试及优化。正如我们的研究报道（吴雪等，2010）揭示的机理所描述的那样，稻田开沟不减产的原因就是作物群体生长的边际效应对沟坑空间的弥补效应。以此为基础，我们提出，在劳动力或者农业机械许可的情况下，宽窄行的水稻栽培方式[(40cm+20cm)×17cm]更有利于边行优势的发挥，田鱼活动空间大大改善，而每亩总穴数并不会因为宽窄行而减少，但水稻的生长却因为边际效应而大大改善。

3. 计算田间沟宽度的探讨

田间设施工程（沟坑的式样与面积比例）的设置中，沟的宽度设计很重要，对于任何一块稻田，形状和面积一经确定，其边沟的长度也就确定不变。沟的数量和沟的宽度，理论上可根据稻田的面积来确定，我们对沟的数量和沟的宽度的确定进行了探讨。

假定稻田的形状为长方形（图5-16），设L为短边的边长；α为长边对短边的倍数；αL为长边边长；w为最宽沟的宽度；N为沿着长边的沟数量（折算成最宽沟宽度w的当量数）；n为沿着短边的沟数量（折算成最宽沟宽度w的当量数）。

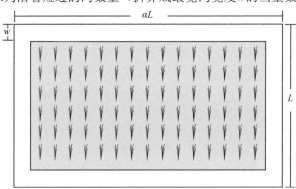

图5-16　稻田沟设计边长和沟宽的示意图

那么可以推算：

稻田面积$S=\alpha L \times L$　　　　　　　　　　　　　　　　　　　　　　（5-1）

沿着长边沟的面积总和为$w \times \alpha L \times N$　　　　　　　　　　　　　　（5-2）

沿着短边沟的面积总和为$w \times L \times n$　　　　　　　　　　　　　　　（5-3）

$$沟面积占比 \beta = \frac{w \times (N \times \alpha L + n \times L)}{\alpha L \times L} \quad (5\text{-}4)$$

设沟面积占比β不能大于1/10，那么，若已知边长（确定的稻田田块边长均可测定得到）、n（沟的数量可以根据田块大小进行取值），可根据以下公式推算出沟宽最大限制值。

$$w = \frac{1}{10} \times \frac{\alpha L}{N\alpha + n} \quad (5\text{-}5)$$

试举例如下。

例1：稻田面积为5亩，挖四面环形沟，四条沟宽度一致，那么随着边长长度的变化，保证沟坑占比小于稻田总面积10%的沟宽w可取最大值的变化情况如表5-6所示。

表5-6　稻田较小(如5亩)的情况下田间沟坑设计的参数

S（亩）	L（m）	n	αL（m）	N	α	β（%）	w最大值（m）
5	20	2	166.75	2	8.34	10	0.89
5	30	2	111.17	2	3.71	10	1.18
5	40	2	83.38	2	2.08	10	1.35
5	50	2	66.70	2	1.33	10	1.43

例如，田块大小为5亩，在挖四面环形沟，并且四条沟宽度一致的情况下，田块短边L为40m（表中第3行的情况），沿着短边沟的数量n为2，长边αL为83.38m，沿着长边沟的数量N为2，长边是短边长度的2.08倍，则在沟坑比不超过10%的要求下，沟的宽度最大为1.35m。即在实际操作中，四条环形沟沟宽相同，最大可以挖到1.35m宽。

例2：稻田田块大小为50亩，挖四面环形沟加十字沟，沿长边沟宽是沿短边沟宽的一半，那么随着边长长度的变化，保证沟坑占比小于稻田总面积10%的沟宽w（沿短边沟宽）可取最大值的变化情况如表5-7所示。

表5-7　稻田较大（如50亩）的情况下田间沟坑设计的参数

S（亩）	L（m）	n	αL（m）	N	α	β（%）	w最大值（m）
50	50	3	667.00	1.5	13.34	10	2.90
50	100	3	333.50	1.5	3.34	10	4.17
50	150	3	222.33	1.5	1.48	10	4.26
50	180	3	185.28	1.5	1.03	10	4.08

计算如下：田块面积为50亩，在挖四面环形沟加十字沟，并且沿长边沟宽是沿短边沟宽的一半的情况下，田块短边L为150m，沿着短边沟的数量n为3，长边aL为222.33m，沿着长边沟的数量N为1.5（经过宽度折算），长边是短边长度的1.48倍，则在沟坑比不超过10%的要求下，沟的宽度最大为4.26m。即在实际操作中，沿短边的3条沟宽度最大可挖到4.26m，而沿长边的3条沟宽度是沿短边的3条沟宽度的一半，为2.13m。

（三）利于田鱼生长的再生稻蓄育技术探讨

青田稻鱼共生系统的水稻生育期为120～150d（每年5～10月）。水稻收获后田鱼仍留在田里生活一段时间，这段时间不再存在稻鱼互利共生效应，田鱼也失去了水稻的庇护作用，如田鱼开始暴露于天敌的虎视眈眈之下，等等。为延长稻鱼共生期，我们探讨了蓄育再生稻以实现延长稻鱼共生时期的可能性与效应。

再生稻就是利用收割后稻桩上存活的休眠芽，在适宜的水、温、光和养分条件下，萌发成再生蘖，进而抽穗、成熟的水稻（林文雄等，2015；徐富贤等，2015）。再生稻适宜我国南方单季稻稻作区中那些光、温资源对于一季稻有余、两季稻不足的区域，如浙江、皖南山区、赣西北、湘北、鄂西山区、福建武夷山区等，可以尝试这种技术。

与水稻单作系统不同，稻鱼共生系统中的水稻在成熟期仍处在淹水状态。因此，原有的水稻单作系统的再生稻技术不能照搬应用。我们注意到，在稻鱼共生系统田间持续15～20cm淹水情况下，主茎基部多数节位（即下部的第1～3个伸长节间所在的节）的潜伏芽因长期淹没在水中而不能萌发生长，只有离水的1～2个高位节位能够发芽，主茎母茎产生再生苗的潜力是基本恒定的，即每个母茎产生1.1～1.5个再生蘖，所以主茎收获时留茬的高度（决定了再生茬的生长时间和基本生物量）与留下有效穗的茎数对再生茬的产量有很大的影响。为此，我们开展了稻鱼共生系统水稻再生的系列技术研究，重点探讨了留茬高度和头茬有效穗茎数对再生稻产量的影响。

比较留茬高度的试验表明，留茬高度40cm的处理产量明显高于留茬高度30cm的处理；在产量结构上，留茬高度40cm的处理每穴有效穗数和结实率显著高于留茬高度30cm的处理，而每穗总颖花数和千粒重两者之间没有显著差异（表5-8）。由于留茬高度20cm的处理在后期生长中完全没有分蘖成穗能力（可能是因为长期淹水状态下潜伏芽的活力低或者已经窒息死亡，没有死亡的低位潜伏芽生长至成熟所需要的时间更长），故不适合作为稻鱼共生系统中再生稻产量构成的考虑对象。

表5-8　主茬稻收割留茬高度对再生稻产量及产量构成因子的影响

留茬高度（cm）	每穴有效穗数	每穗总颖花数	结实率（%）	千粒重（g）	水稻产量（t/hm²）
20	nd	nd	nd	nd	nd
30	8.2b	60.6±23.9a	84.6±1.2b	24.9±0.3a	1.5
40	12.0a	53.2±18.1a	90.9±0.8a	24.2±0.3a	2.1

注：同列中标有具有相同英文字母的不同数值之间不存在着统计上的差异显著性；nd表示未测得相关数据

　　主茬稻的移栽密度对再生稻的产量及产量构成也有显著影响。移栽密度试验表明，水稻主茬产量以每穴插1株、株行距为33cm×17cm的处理（SN）最高；水稻主茬产量以每穴2株，株行距为33cm×35cm的处理（DW）最低；且都与其他处理有显著差异（$P<0.05$）。从再生茬的水稻产量看，以每穴插1株、株行距33cm×23cm处理（SM）和SN处理为高，显著高于其他处理（$P<0.05$），其他处理之间无显著差异（$P>0.05$）。主茬稻和再生稻两茬总产量以SN处理最高，显著高于其他处理（$P<0.05$，图5-17）。

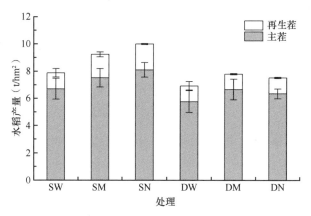

图5-17　不同处理主茬和再生茬的水稻产量

SW：每穴插1株，株行距33cm×35cm；SM：每穴插1株，株行距33cm×23cm；SN：每穴插1株，株行距33cm×17cm；DW：每穴插2株，株行距33cm×35cm；DM：每穴插2株，株行距33cm×35cm；DN：每穴插2株，株行距33cm×17cm。后同

　　不同的移栽株行距处理导致水稻群体密度具有显著差异。宽行会显著降低每亩有效穗数，单株插会得到一定程度的改善。总颖花数会受双株插和株行距的抑制，每穴插2株、株行距33cm×17cm的处理（DN）显著低于其他处理（$P<0.05$），但SN处理与每穴插1株、株行距33cm×23cm的处理（SM）差异不显著（$P>0.05$，表5-9）。

表5-9　不同留茬高度处理对再生茬水稻产量及产量结构的影响

处理	主茬					再生茬	
	穴数 （丛/亩）	有效穗数 （穗/穴）	总颖花数 （万/亩）	结实率 （%）	千粒重 （g）	有效穗数 （穗/穴）	千粒重 （g）
SW	5 772c	9.9±0.8c	177±13ab	95.4±1.4a	24.4±0.2a	14.3±1.2b	23.8±0.4a
SM	8 783b	11.1±1.6a	179±18ab	95.9±0.6a	24.3±0.2a	16.6±0.8a	23.9±0.3a
SN	11 884a	11.6±1.9a	173±21b	95.9±1.1a	24.6±0.2a	9.3±0.6c	23.8±0.3a
DW	5 772c	8.4±0.4d	184±21a	96.8±0.7a	24.7±0.2a	15.5±1.5ab	23.9±0.5a
DM	8 782b	10.1±0.5b	159±9c	96.7±1.0a	24.6±0.1a	9.5±1.2c	23.7±0.6
DN	11 884a	11.6±08a	146±12d	97.1±1.0a	24.7±0.2a	8.1±0.9d	23.8±0.1

注：同列不同小写字母表示不同处理间差异显著（$P<0.05$）

综上可见，由于田鱼养殖保证了稻鱼系统内具有充足的养分，在生产中可以通过提高稻田内水稻种植密度来实现产量的增加，宽行保证了田鱼的活动空间，窄株保证了水稻总丛数。此外，在长期淹水的稻鱼系统中再生稻的留茬高度应该在40cm，主茬移栽时选用单本插和宽行窄株［(40+20)cm×30m］的株行距，可以保证头茬和再生茬产量维持在一个较高的水平（唐建军等，2015）。

再生稻在青田稻鱼模式里的运用，在一定程度上可以解决南方稻作区土地效率不高和劳动力短缺的矛盾，并且能够延长水稻和田鱼的共生时间（延长60～90d），有利于田鱼在一季稻收获后相当一段时间内的生长，显著提高稻田中水稻和田鱼总产出。与双季稻相比，少了"双抢"期间稻田翻耕对田鱼的伤害，劳动力成本也大大下降。

（四）稻鱼种养协同技术探讨

从单纯的水稻种植转变为种养结合，稻田生态系统的结构和功能都发生了一系列变化。因而与不同于一般的水面养殖的稻田养鱼技术需要进行改进一样，水稻栽培技术也必须做出多方面的改变，才能建立一个崭新的技术体系。为了提高稻鱼模式的效益，除了从传统模式中汲取经验技术，还要做出与系统特征相适应的新改进。科学地说，由于稻鱼共生体系引进了新的生产对象，原来在水稻单作情况下比较成熟的水稻栽培技术体系已经不再适用，浅水分蘖、间歇灌溉、干干湿湿的稻田水分管理模式，以及病虫草害的管理模式、养分管理模式、收获模式等，都必须发生相应的改进。实际上，同一空间里，有稻如何养鱼，同有鱼如何种稻一样，都是一个崭新的研究课题，必须有一个完整体系的重大改革。有稻的情况下如何养鱼，是因为稻田环境不同于其他水体环境，要照顾到水稻生长对水分的需求，一般都是浅水水层（15～30cm，前期水浅，后期适当加深）管理模式，所以这种情况下的鱼苗投放密度、投饵管理、鱼病防治等都需有新策略和更详尽周全的方案（水体容纳量因水深减少而大幅度减少），否则水生生物极易受到伤害，水体环境也更容易受到破坏。同样，有鱼的情况下如何种稻，就是考虑到栽培水稻的过程中，田里还有养殖的水产生物存在，不能直接套用原来的水稻高产栽培模式，水分和养分管理、病虫草害控制、收获等其他农艺措施，都必须做出相应乃至重大的技术革命。所以，稻鱼共生系统的技术研发是栽培学和养殖学的技术革命。

因此针对稻鱼共生系统的特点，我们探讨协同种养技术，通过长期试验研究，确定稻鱼共生系统的水稻种植密度的下限和田鱼养殖密度的上限，在保证水稻产量不降低（与水稻单作系统相比）、水土环境质量不下降的前提下提高田鱼的产量。

1. 水稻种植密度的下限确定

目前水稻栽培有育秧移栽、抛秧及直播3种方式。稻鱼共生体系比较适宜采用育秧移栽水稻，以实现有目的地构建比较适合水生生物活动的空间。抛秧和直播方式是水稻省力栽培体技术体系中经常采用的方法，省工省时，但在稻鱼共生系统中使用较少，主要原因是后两种栽培方式：①水稻扎根较浅，容易因田鱼的活动而浮苗，影响群体基本苗；②水稻群体内个体排布杂乱，不利于鱼类在稻丛中游动；③稻株排列不规则，不利于群体内通风透光等。

稻鱼模式由于需要考虑鲤鱼在稻田中的活动，水稻的栽插密度和普通水稻种植相比需要适度降低（即稀疏种植，行距建议改成宽窄行，株距扩大到30cm）。但种植密度的设置需要考虑不同品种的分蘖力，也要考虑移栽方式的特点（手插、抛秧）和鲤鱼的苗龄、密度因素。初步研究表明，青田稻鱼模式种植'中浙优1号'以30cm×30cm[或者（40+20）cm×30cm]的密度比较合适，即插植密度在11.11万穴/hm²左右，每穴12个有效穗，成熟时有效穗9万个/亩，考虑到边际效应，平均每穴需要11～13个有效穗，每穗总粒数230粒，结实率85%左右，千粒重23g，这样能够获得山区条件下的6t/hm²左右的中高产水平。所以，对于移栽基本苗较少的杂交稻，生育前期促生分蘖十分重要。实际上，稻鱼共生系统中水稻产量主要受制于有效穗数。因为考虑到田鱼的活动，所以栽插密度不可太高。这就限制了水稻群体基本苗数，而分蘖期又无法做到浅水管理，使得分蘖过程受限，因此最高总茎蘖数一般都偏低，但稻鱼共生情况下群体起伏变化比较缓和（没有正常水稻栽培情况下的大增大减情形），最终成穗率也比较高。可以认为，水稻群体苗数远远低于正常水稻栽培水平，这从而成为稻鱼共生技术体系下水稻产量提高的制约因素。一方面，如果株行距过于狭小，则可能影响田鱼的行为，田鱼在水稻高度密条件下，尤其是在生育后期，是不太愿意进入稻丛之间活动的。另一方面，水稻群体密度过大的田块，由于作物群体相对郁闭，透光性弱，能够到达水体的光线较少，水中的藻类及其他浮游植物生长就比较少，能够为鱼类所取食的资源（整个食物链）都比较少，鱼自然不太愿意游入密闭的水稻群体中。鉴于上面两个因素，稻鱼共生技术体系中比较偏向于水稻稀植，有效穗数目标也不能太高。水稻产量策略建议以大穗取胜比较可行。

在人工插秧的生产条件下（青田县多数仍然采用人工插秧），可利用大秧移栽来促进早期水稻和田鱼的互惠效应。初期为了促进水稻分蘖，建议浅水灌溉管理，使用较大的秧苗可以适当提升水位（大苗的体内裂生通气组织相对发达，有利于向下输送氧气），既有利于田鱼的活动。而较大的秧苗即使在田鱼活跃地扰动下也不易倒苗，能够快速返青分蘖建群。

通过水稻栽培密度田间试验，我们比较研究了两种水稻种植密度对水稻产量的影响。结果表明，适当稀疏种植水稻（30cm×35cm）、增加田鱼养殖密度（田鱼产量由300kg/hm^{2}提升到750kg/hm^2）可以兼顾性地提高田鱼产量和保持水稻产量（图5-18）。由此可见，适当稀植，同时增加田鱼投放密度，可以兼顾两者效益。

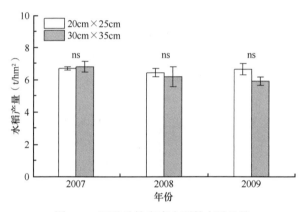

图5-18　两种种植密度水稻的产量比较

2. 田鱼养殖密度上限的确定

一般，青田县稻鱼模式的养鱼密度：单养成鱼的稻田放养密度为冬片6000～7500尾/hm^2；成鱼套养鱼种的稻田为冬片3000尾/hm^2，夏花30 000尾/hm^2；单养鱼种的稻田为夏花60 000～90 000尾/hm^2。

毋庸置疑，稻田生态系统对田鱼个体具有一定的容纳量。养殖密度过高，不但会导致田鱼群内部竞争加剧而引起养鱼效益的下降，而且会对水稻产量产生一些负面影响。过于剧烈的田鱼活动直接干扰到水稻的返青分蘖建群，过多的养分导致水稻贪青徒长和病虫害加剧。不过，在一定范围内，水稻和田鱼产量与放养密度呈正相关。对田鱼密度的产量效应研究结果（表5-10）表明，冬片（鱼苗体长15cm左右）放养密度由3000尾/hm^{2}提高到4500～6000尾/hm^2、夏花（鱼苗体长5cm左右）放养密度由22 500尾/hm^{2}提高到33 750～45 000尾/hm^2，均对成活率没有显著的不利影响，总体上却能显著提高田鱼的收获产量，而水稻产量也在不同程度上有所增加。

表5-10　不同规格田鱼放养密度对产量和成活率的影响

	投放密度 （尾/hm²）	田鱼产量 （kg/hm²）	田鱼成活率 （%）	水稻产量 （kg/hm²）
冬片	3 000	577.50±129.15a	89.00±4.25a	5 875.05±124.95a
15cm左右	4 500	1 009.05±128.40ab	89.97±2.72a	7 430.55±367.50b
50g左右	6 000	1 159.50±91.50b	52.47±4.08a	7 249.95±348.00b
夏花	22 500	848.25±58.80a	55.93±1.86a	7 354.05±352.95a
5cm左右	33 750	1 286.70±98.25b	59.20±4.50a	8 011.35±411.30a
5g左右	45 000	1 159.50±91.50b	52.47±4.08a	8 481.30±714.90a

　　利用更大规格的夏花鱼苗（每尾15g左右）开展进一步试验，结果表明，是否养鱼与不同的放养密度对水稻产量没有显著性的影响，而随着养鱼密度的增加，田鱼收获产量显著增加，即使达到2159kg/hm²的产量时，仍有随着密度的增加而增加的趋势（表5-11）。但是进一步分析可发现，田鱼产量的增加并不是呈随着密度的增加而呈等比例增加的趋势。在收获产量中扣除初始投入鱼苗重量，可得一个生长季中田鱼的净产量。很显然，与最低密度（5000尾/hm²）相比，随着密度成倍数地增加，田鱼净产量距离理想净产量的差距越来越大。这说明，随着密度的增加，田鱼群体大小越来越接近稻田系统的环境容纳量，群体内部竞争加剧，生长速率下降。

表5-11　鱼放养密度对水稻和田鱼产量的影响

放养密度 （尾/hm²）	水稻产量 （t/hm²）	田鱼收获产量 （kg/hm²）	田鱼净产量*（理想净产量**） （kg/hm²）
5 000	5.04±0.31a	685.75±54.38c	629.91±54.38c
10 000	5.13±0.51a	1 190.75±1 044.43b	1 079.06±104.43bc（1 259.82）
15 000	5.15±0.47a	1 578.25±243.85b	1 410.72±243.85b（1 889.73）
20 000	4.91±0.30a	2 159.00±199.54a	1 935.62±199.54a（2 519.64）

　　注：*净产量=收获产量-投放鱼苗重量；**理想净产量=最小放养密度（5000尾/hm²）的净产量×实际密度/5000；同列不同字母表示在5%水平差异显著

　　我们在试验的基础上，通过成对样本（水稻单作系统和稻鱼共生系统）的分析方法，对田鱼产量水平的稻鱼共生系统进行了分析，为了衡量田鱼产量提高对水稻产量的影响，按照以下公式计算每一组配对的稻鱼系统水稻增产率：水稻产量变化（%）=［（稻鱼系统水稻产量-水稻单作系统产量）/水稻单作系统产量］×100%。水稻产量变化数值为正值，就说明和水稻单作系统相比，稻鱼系统促进了水稻产量的增加；而该数值为负值，则意味着稻鱼系统的产量低于水稻单作系统。分析表明，稻鱼系统模式的水稻增产率随着田鱼产量的增加而呈现先增加后降低的变化趋势。

因此对各系统的田鱼产量和水稻增产率分别进行了二项式线性拟合。通过拟合曲线方程，可以得到各稻鱼系统确保水稻增产的最大田鱼产量理论阈值为2.106t/hm²（95% CI=2.101～2.112）（图5-19）。

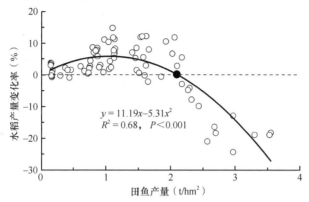

$$y = 11.19x - 5.31x^2$$
$$R^2 = 0.68, \quad P < 0.001$$

图5-19　青田稻鱼系统水稻产量变化率和田鱼产量之间的非线性回归关系
虚线上的黑点代表水稻产量不低于水稻单作系统的田鱼产量阈值

3. 协同种养技术模式分析

通过田间试验，比较研究了不同水产生物密度条件下水稻的种植密度、种植规格和稻田水深对稻田生产量与土壤肥力的影响。结果表明，在水稻产量为6～6.75t/hm²模式下，田鱼目标产量为750～2250kg/hm²可产生共生效应（表5-12）。不同田鱼目标产量模式下的水稻种植技术参数和田鱼的养殖技术参数见表5-12。在田鱼产量为750kg/hm²或小于这个产量水平的模式下，水稻移栽密度25cm×25cm为宜；在田鱼产量为1.5～2.25t/hm²的模式下，则水稻移栽密度需扩大到30cm×30cm，才能有利于田鱼的生长，水稻产量也无显著下降。

表5-12　3种产量模式下水稻和田鱼协调密度对水稻产量、田鱼产量与土壤特性的影响

田鱼目标产量	750kg/hm²	1500kg/hm²	2250kg/hm²
水稻种植规格（cm）	25×25	25×30	30×30
鱼苗投放（冬片）（尾/亩）	300	600	900
鱼苗投放（夏花）（尾/亩）	600	900	1200
水稻产量（t/hm²）	6.65±0.4701	6.58±0.6302	6.60±0.5138
鱼（t/hm²）	0.80±0.0483	1.40±0.1172	2.08±0.1572
土壤有机质（g/kg）	30.72±2.35	32.92±3.09	35.01±3.11
土壤总氮（g/kg）	2.09±0.08	2.32±0.13	2.97±0.17

注：表中数值为平均值±标准误

（五）稻田水深协同管理技术探讨

解决稻鱼共生系统中水稻和水产两类生物的空间需求，以及差异性地满足水稻和水产生物对水分的要求，使得稻田生态系统的水分管理变得非常的敏感和技巧化。对于水产生物，自然是水层越深越有活动空间，对个体成长更有益处。但是，水稻虽然是湿生植物，但对水层的要求却不是越多越好、越深越好。恰恰相反，水稻的细胞分裂对氧气的依赖性很强，或者说，只在有足够氧气的情况下水稻生长点的细胞才能进行分裂，新蘖和主茎顶端生长才能进行。在缺乏足够氧气的淹水情况下，水稻的细胞只能进行细胞伸长，而无法进行细胞分裂。从这个角度而言，水稻是不耐水淹的。而对于水稻分蘖（分蘖是水稻群体形成的关键，也是产量构成的重要基础），淹水缺氧对其抑制作用十分明显。所以，以往的水稻高产栽培过程中，推荐的水分管理策略是"干干湿湿、三干三湿"。具体技术是"前期：浅水插秧，深水返青，浅水分蘖；中期：排水晒田控苗，浅水孕穗、抽穗；后期：干湿交替灌浆结实，切勿过早断水"。毫无疑问，这种水分管理方式在稻鱼共生系统中已经不再适用，或者无法继续沿用。哪怕是在稻田挖了沟坑和鱼凼，原来的水分管理方式也是无法直接套用的。作物栽培界很多专家对稻鱼共生系统可行性的很多疑惑，都是基于"水稻和水产生物这两种一起生活在稻田里的生物，它们的水分管理需求是明显不一样的"这样一个基本事实而产生的。

为了解决水稻需要浅水管理与水产生物需要深水管理之间的矛盾，通过田间试验系统比较研究了稻田水深15cm、20cm、25cm对鱼和水稻的影响。结果表明，稻田水深在15～25cm，水深对水稻分蘖、生长不存在明显影响（表5-13）。不同的水深处理，水稻和田鱼的产量均无明显变化（表5-14）。试验还表明，稻田水深对土壤有机质和土壤总氮有明显影响，水稻整个生育期内，稻田水深为25cm的试验处理的土壤机质和土壤总氮含量明显高于15cm和20cm的试验处理（表5-15）。

表5-13　稻田水深对水稻生长发育的影响

试验点	水深处理（cm）	株高（cm）		茎蘖数变化（万/亩）		有效穗数（万/亩）
		移栽期	收获期	移栽后27d	移栽后70d	
青田龙现村	前10后15	38.45±0.60	106.62±0.89	8.25±0.26	9.88±0.35	9.52±0.16
青田龙现村	全程15	38.17±0.41	106.89±0.97	8.92±0.37	10.19±0.32	9.95±0.18

表5-14　稻田水深对水稻和田鱼产量的影响

试验点	水深处理（cm）	水稻产量（kg/亩）	田鱼产量（kg/亩）
瑞安市高楼乡	15	534.27±30.25	68.95±4.80
	20	521.18±46.61	72.70±9.67
	25	505.75±32.17	74.87±3.83

续表

试验点	水深处理（cm）	水稻产量（kg/亩）	田鱼产量（kg/亩）
青田县方山乡	前10后15	376.62±14.78	29.40±0.98
	全程15	359.13±22.19	32.34±2.14

表5-15　稻田不同水深处理对土壤特性的影响

淹水深度	15cm	20cm	25cm
土壤有机质（g/kg）	31.57±2.33	32.04±3.55	35.27±2.96
土壤总氮（g/kg）	2.87±0.24	2.92±0.31	3.02±0.29

注：表中数值为平均值±标准误

这些研究结果对青田稻鱼系统的提升很有指导意义。正如前述，水稻和田鱼对水分与养分的基本需求存在巨大的差异。稻鱼模式的水肥管理的主要目标是在不影响田鱼正常生长的前提下，保持水稻根系活力，获得较好的水稻群体构型和产量结构（有效穗数、粒数和粒重）。

正确处理好水稻浅水与田鱼深水的需求矛盾很重要。水稻有几个水分敏感期，主要在分蘖期和生殖生长期（孕穗期、灌浆期等），一般水稻生长前期需要浅水灌溉以利于促进分蘖，而分蘖后期则需要深水控制分蘖。因此，根据水稻不同生长阶段的特点，适时调节水位。在水稻生长初期，鱼苗个体也小，可以浅灌。分蘖期10cm的水深经试验表明对田鱼冬片（约为50g/尾）生长没有影响。如果鱼苗体型更小就可以使用更低的水位。因此，从插秧到分蘖后期田面水位可以控制在6～10cm，以利于秧苗扎根、返青、发根和分蘖。中期正值水稻孕穗，需要大量水分，田水逐渐加深到15～20cm，这时田鱼逐渐长大，游动强度加大，食量增加，加深水位有利田鱼生长。晚期水稻抽穗、灌浆、成熟，要经常调整水位，一般应保持在15cm左右。另外，对于采用沟坑模式的田块，可以在分蘖后期进行晒田，以促进水稻根系生长和茎秆粗壮。晒田时要慢慢放水，使田鱼有充分时间游进鱼沟、鱼坑。此期间还要注意观察鱼情，及时向沟坑内加注新水，并在晒田后及时复水。

（六）稻鱼共生系统的氮素协同施用技术

与水稻单作系统不同，稻鱼共生系统同时有化肥氮和饲料氮输入稻田，而且稻鱼共生系统中田鱼通过摄食饵料及田间杂草等其他生物等方式加快了系统中的氮素循环过程，将更多氮素固定在系统中，并通过饲料残渣和粪便排泄等方式使得氮素以水稻更容易利用的形态输入到土壤中。因此，稻鱼共生系统如何合理使用化肥氮和饲料氮对提高氮素利用效率、减少化肥氮输入及降低污染很重要。本书的第四章已揭示了田鱼对田间资源的转化利用，水稻和田鱼对稻鱼共生系统中化肥氮与饲料氮的互补利用的规律。基于这些规律，我们进一步研究了在不同化肥氮和饲料氮的组合下稻鱼共生系统中水稻与田鱼的产量、氮素利用的变化，探讨稻鱼共生系统氮素协同施用的途径。

我们设计的田间试验在浙江青田仁庄镇进行。试验采用完全随机区组设计，在田鱼的目标产量为1.5t/hm²、总氮投入120kg/hm²的情况下，设6个化肥氮和饲料氮的组合处理，3次重复。6个处理：①水稻单种，化肥氮100%（RM）；②鱼单养，饲料氮100%（FM-feed 100%）；③稻鱼共作，化肥氮100%，不喂饲料（RF-feed 0%）；④稻鱼共作，化肥氮75%＋饲料氮25%（RF-feed 25%）；⑤稻鱼共作，化肥氮56%＋饲料氮44%（RF-feed 44%）；⑥稻鱼共作，化肥氮37.5%＋饲料氮62.5%（RF-feed 62.5%）。

研究表明，在总氮投入120kg/hm²的情况下，协调化肥氮和饲料氮的比例，不同处理间水稻产量没有显著差异（$F_{5,12}=0.740$，$P=0.586$）（图5-20）；但是田鱼产量差异显著（$F_{5,12}=25.284$，$P=0.000$）（图5-21）。随着饲料配比的增加，RF-feed 0%、

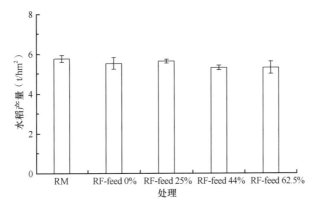

图5-20　不同处理水稻的产量

数据为平均值±标准误；后同

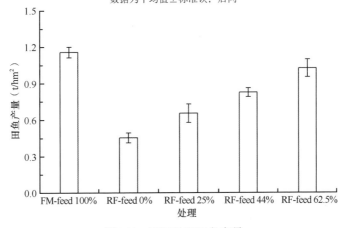

图5-21　不同处理田鱼产量

RF-feed 25%、RF-feed 44%、RF-feed 62.5%、FM-feed 100%处理的田鱼产量依次增加，分别为（454.87±43.95）kg/hm²、（655.62±36.29）kg/hm²、（829.01±75.08）kg/hm²、（955.62±34.84）kg/hm²、（1124.20±73.81）kg/hm²。

各处理间初始氮含量（$F_{5,12}=0.964$，$P=0.477$）、试验后氮含量（$F_{5,12}=0.728$，$P=0.618$）及Δ氮（$F_{5,12}=0.540$，$P=0.743$）都没有显著差异（表5-16）。各处理间初始磷含量、实验后磷含量及Δ磷（$F_{5,12}=0.676$，$P=0.650$）也没有显著差异（表5-17）。

表5-16　不同处理稻田表层土壤试验前后氮含量对比及氮素平衡情况（单位：g/kg）

处理	FM-feed 100%	RM	RF-feed 0%	RF-feed 25%	RF-feed 44%	RF-feed 62.5%
初始氮含量	1.49±0.03	1.43±0.04	1.53±0.09	1.55±0.07	1.54±0.05	1.43±0.03
试验后氮含量	1.51±0.02	1.48±0.10	1.47±0.03	1.56±0.05	1.60±0.05	1.57±0.08
Δ氮	0.02±0.02	0.05±0.01	−0.06±0.10	0.01±0.12	0.06±0.07	0.14±0.08

注：表中数值为平均值±标准误；Δ氮=试验后氮含量−初始氮含量

表5-17　不同处理稻田表层土壤试验前后磷含量对比及磷素平衡情况（单位：g/kg）

处理	FM-feed 100%	RM	RF-feed 0%	RF-feed 25%	RF-feed 44%	RF-feed 62.5%
初始磷含量	0.29±0.01	0.29±0.01	0.28±0.01	0.30±0.01	0.31±0.01	0.28±0.01
试验后磷含量	0.29±0.01	0.28±0.01	0.26±0.01	0.26±0.01	0.28±0.01	0.26±0.02
Δ磷	0.00±0.01	−0.01±0.01	−0.02±0.01	−0.03±0.02	−0.02±0.01	−0.02±0.01

注：表中数值为平均值±标准误；Δ磷=试验后磷含量−初始磷含量

不同处理鱼体氮输出差异显著（$F_{4,10}=24.215$，$P=0.000$）（图5-22），随着田鱼产量的增加，氮输出增大；水稻氮输出差异不显著（$F_{4,10}=2.521$，$P=0.107$）；各处理环境（稻田表层土壤）中Δ氮为正，即表明部分氮从鱼体释放到稻田环境中，从而使得土壤增肥。FM-feed 100%处理释放到环境中的氮素含量明显高于其他几个处理，RF-feed 0%、RF-feed 25%、RF-feed 44%、RF-feed 62.5%这4个处理系统流向环境的氮差异不显著（$F_{4,10}=0.232$，$P=0.914$）。

鱼单养（FM-feed 100%）处理系统总氮利用率明显低于其他处理，其他4个处理系统总氮利用率差异不显著（$F_{4,10}=0.232$，$P=0.914$）（氮利用率＝氮输出/氮输入×100%）。FM-feed 100%、RM、RF-feed 0%、RF-feed 25%、RF-feed 44%、RF-feed 62.5% 总氮利用率分别为（17.3±0.98）%、（88.6%±2.48）%、（86.0±6.87）%、（91.1±1.73）%、（88.8±1.33）%、（87.6±5.60）%。

随着饲料氮配比增加，RF-feed 25%、RF-feed 44%、RF-feed 62.5% 3个处理鱼体氮输出逐渐增加（图5-22），但是田鱼对饲料氮利用率逐渐降低（图5-23），分别是（28.9±6.06）%、（24.8±1.79）%、（23.9±2.77）%，只是差异并不显著（$F_{2,6}$=0.453，P=0.656）；水稻对饲料氮利用率逐渐增加（图5-23），分别是（35.6±3.64）%、（49.7±4.73）%、（56.2±6.41）%，但是差异不显著（$F_{2,6}$=4.373，P=0.067）；饲料氮总利用率逐渐增加，分别为64.5%、74.5%、80.2%，差异也不显著（$F_{2,6}$=1.360，P=0.326）。

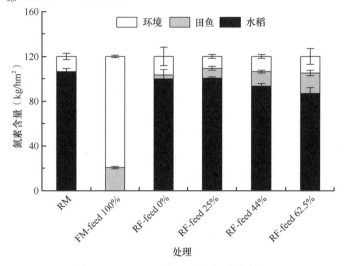

图5-22　不同处理氮平衡与氮流向情况

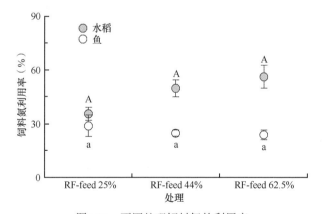

图5-23　不同处理饲料氮的利用率

数值为平均值±标准误。不同处理是在同一环境条件下进行的，因此假定各个处理中田鱼对田间资源的利用和水稻对稻田氮素的利用相似，只计算不同处理饲料氮的表观利用率，即①田鱼对饲料氮利用率=鱼体总氮输出／饲料总氮，②水稻对饲料氮利用率=（水稻总氮输出−化肥总氮输入）／饲料总氮

　　由此可见，稻鱼共生系统在总氮素投入均为120kg/hm²的设计下，随着饲料氮比例的升高，水稻产量不变，但田鱼产量增加，由于未被利用的饲料氮在土壤中可逐渐被水稻吸收利用，水稻的氮肥只需要总量的37%，而且停留在水体和土壤中的饲

料氮大大减少（与鱼单养处理比），当饲料氮和化肥氮的比重分别为62.5%与37.5%时，系统能很好地维持系统氮平衡和稻鱼产量。

（七）稻鱼共生系统中病虫草害控制

浙南山区稻鱼共生系统传承千年，至少一路走来没有遇到过毁灭性病虫草害，说明丘陵山区发展稻鱼共生系统有其自然合理性，也一定包含科学合理性。①丘陵山区的农林系统合为一体，增加了生物多样性，增强了系统稳定性，增强抵御病虫草害的能力。②丘陵山区由于地势地貌的阻隔，不同集水区（山坳、田坳）之间有了天然隔离，有助于防止病虫的扩散传播。③在作物种类布局上，正如前面所论及的那样，农田边际（田头地尾）种植蔬菜、瓜果等旱作植物，构建不同的生物群落，有利于减缓水稻和田鱼病虫的传播。④在一个山坳这样的景观单元内，我们强烈建议水稻品种多样化布局，通过丰富水稻群体的遗传多样性来阻隔和防止水稻致病生理小种的传播，建议采用"1～2个主栽品种的面积占80%；2～4个传统品种合计面积占15%；特殊用途的品种如黑米或者红米占5%"的品种布局策略。⑤养鱼稻田由于鱼类的活动和取食，一般水稻的病虫害明显减轻，正常情况下不需要用药物进行防治，尤其是连续多年实施稻鱼共生的稻田系统。

对青田和周边地区的稻鱼模式调研结果表明，田鱼在稻田中的取食活动，可帮助除去95%以上的杂草和部分病虫害，从而大大降低农药的使用。与水稻单作系统比，农药使用可降低68%（Xie et al.，2011）。但是，为了获得更好的生产效益，稻鱼模式仍然需要关注病虫草害控制的问题，除了前面强调的生态学角度（景观阻隔、遗传多样性阻隔等），还建议经营者科学地采用多种手段相结合的方式。一是物理防治：通过设置诱虫灯防虫害。二是生物防治：药剂与天敌结合防病虫草害。三是农业防治：加强品种栽培管理，提高水稻自身的防抗能力。四是化学防治：作为最后采用的手段，既要能够杀死病虫害，又要避免鱼类受到毒害。这要求选择高效且对鱼类低毒的农药，并控制用药量，如敌百虫、乐果、叶蝉散、杀虫脒、敌枯净和稻瘟净等。在施药时，应尽量减少药物和田鱼的直接接触。喷洒前需将稻田水加深至20cm以上，为减少药物落水中，粉剂应趁露水未干时施用，而水剂在晴天露水干后施用，顺风喷药并在喷药完成后立即换新水，换水时要边排边灌，以防干晒造成死鱼。

（八）稻鱼共生系统中的饲料投放策略探讨

青田传统稻鱼系统中田鱼以取食田间资源为主，田鱼自然生产力维持在225kg/hm^{2}上下。增加养鱼密度是提升稻鱼共生系统效益的重要手段。随着青田稻鱼系统的发展，人们逐渐投放农家饲料（米糠、菜籽饼、麦麸等）和配合饲料。如何在保持青田稻鱼系统的特点的同时提升田鱼产量，其中饲料投放是关键。为此，我们在研究协同种养（水稻种植下限和田鱼养殖密度上限）的同时，研究田鱼饲料管理策略（包括饲料类型和投放时段）。

1. 饲料类型

要提高稻鱼共生系统中田鱼的生产力，需要有效的饲料投入。在合理的投喂量范围内，田鱼的生长速率随饲料量的增加而增加。饲料过少则促进生长作用小，饲料过多则造成浪费且污染水体。一般而言，投入的饲料保证在1～2h能被吃完是较合适的。配合饲料的日投饲率（指每天所投饲料量占养殖对象体重的百分数）控制在2%～5%，能取得较好的经济效益。在传统的青田稻鱼模式中，农民往往投喂一些农家饲料（米糠和麦麸等）来促进田鱼的生长。商业配合饲料的出现，大大方便了农民的饲养环节并提高了经济效率。为了比较配合饲料和农家饲料的区别，我们设计了100%配合饲料、50%配合饲料+50%农家饲料、25%配合饲料+75%农家饲料和100%农家饲料4种投喂方式。试验结果表明（表5-18），保持投入总量不变，随着配合饲料投喂比例的增加，产量有明显的增加趋势。与完全使用农家饲料相比，完全使用配合饲料使田鱼产量增加了16.8%。当然，配合饲料的使用也会增加农民的生产成本。

表5-18　饲料投入结构对产量和成活率的影响

投饵策略	田鱼产量（kg/hm²）	田鱼成活率（%）	水稻产量（kg/hm²）
0%配合饲料+100%农家饲料	1771.50±161.40	1236.90±11.25	5978.70±626.10
25%配合饲料+75%农家饲料	1824.00±223.35	1264.90±118.35	6342.15±383.70
50%配合饲料+50%农家饲料	1918.50±56.70	1257.00±85.50	7257.30±146.85
100%配合饲料+0%农家饲料	2068.50±99.00	1066.50±219.00	6571.65±176.25

目前商业化配合饲料主要有颗粒沉底型和膨化漂浮型两大类型。为了进一步分析两种类型商业化配合饲料的饲养效果，设计了100%农家饲料、50%农家饲料+50%沉底型饲料（混合饲料）、100%沉底型饲料和100%漂浮型饲料4种投喂类型。试验的田鱼产量结果如图5-24所示，结果表明，沉底型和漂浮型饲料都能显著提升田鱼产量，分别比农家饲料增产200%和325%。该增产效果大大超过了上一个试验，可能是该试验的田鱼投放密度和规格都偏小，田鱼群体具有更大的生长空间的原因。值得注意的是，与沉底型饲料相比，漂浮型饲料处理增产41%。田鱼虽然天生是底栖鱼类，但是在稻田中也能很大程度地利用漂浮在水面上的浮萍和浮游藻类，在养殖过程中易于驯化出对漂浮型饲料的适应性。沉底型饲料沉入水底后如果不能被及时地利用，很容易因为流失造成浪费，而漂浮型饲料一方面十分便于田鱼发现而取食，另一方面也不易于散开而流失掉。因此，在养殖过程中漂浮型饲料的利用率会高于沉底型饲料，而且其组分经过膨化加工，会更适合田鱼消化吸收。

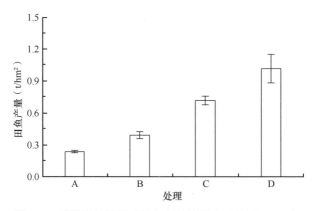

图5-24 投喂饲料类型对田鱼产量的影响（吴雪，2012）

A：投喂100%农家饲料（米糠和麦麸；4.86kg/小区）；B：投喂50%农家饲料（2.43kg/小区）和50%沉底型饲料（2.43kg/小区）；C：投喂沉底型饲料（4.86kg/小区）；D：投喂漂浮型饲料（4.86kg/小区）。后同

　　从不同类型田鱼饲料的利用率、各处理氮平衡和氮利用情况来看（表5-19），漂浮型饲料氮表观利用率最高，达73.05%；沉底型饲料为48.72%；混合饲料为45.70%；农家饲料为38.17%。不同类型田鱼饲料的转化率情况与饲料氮利用率情况类似，由高到低依次为漂浮型饲料＞沉底型饲料＞混合饲料＞农家饲料。

表5-19　不同处理氮素表观平衡与氮利用情况

处理		A	B	C	D
氮投入（kg/hm²）	化肥	127.50	127.50	127.50	127.50
	饲料	13.25	21.00	39.19	37.82
	总投入	140.75	148.50	166.69	165.32
氮输出（kg/hm²）	籽粒	81.13±7.65a	78.58±4.56a	79.64±1.20a	73.75±3.99a
	秸秆	34.92±3.29a	34.78±2.02a	34.18±0.51a	34.38±1.86a
	鱼体	5.06±0.17a	9.60±1.03b	19.09±1.27c	27.63±3.79d
	总输出	121.10	122.96	132.91	135.76
Δ氮（kg/hm²）	氮输出－氮输入	−19.65	−25.56	−33.78	−29.56
总氮表观利用率（%）		86.04	82.80	79.73	82.12
饲料氮表观利用率（%）		38.17	45.70	48.72	73.05
饲料转化率（%）		0.24±0.01a	0.45±0.05b	0.90±0.06c	1.30±0.18d

　　注：Δ氮=氮输出−氮输入；总氮表观利用效率=氮总输出/氮总输入；饲料氮表观利用率=鱼体中氮含量的增加值/饲料中氮含量；饲料转化率=鱼体增重量/饲料的消耗量；不同字母表示在不同处理下差异显著（$P<0.05$）。

　　A：农家饲料；B：50%农家饲料+50%沉底型饲料（混合饲料）；C：沉底型饲料；D：漂浮型饲料

　　各处理氮的输入均大于输出。籽粒与秸秆氮输出在各处理间没有明显差异；投喂漂浮型饲料的处理鱼体氮输出最高，占总氮投入的16.71%，投喂农家饲料的处理鱼体氮输出最低，仅占总氮投入的3.60%。总氮表观利用率为农家饲料处理最高，达86.04%，其次是混合饲料82.80%和漂浮型饲料82.12%，沉底型饲料总氮表观利用率最低，为79.73%。

对不同饲料喂养田鱼的粗蛋白、粗脂肪和灰分分析表明（表5-20），不同的饲料类型未对田鱼的粗蛋白、粗脂肪和灰分产生明显影响。不同饲料类型（农家饲料、沉底型饲料和漂浮型饲料）对田鱼口味品质、氨基酸含量是否有影响，尚待进一步研究。

表5-20　不同处理田鱼的粗蛋白、粗脂肪和灰分差异

处理	A	B	C	D
粗蛋白（%）	16.4±0.04	16.6±0.05	16.8±0.05	17.4±0.11
粗脂肪（%）	4.6±0.02	4.6±0.05	4.9±0.03	4.8±0.03
灰分（%）	1.46±0.01	1.45±0.02	1.46±0.01	1.47±0.02

注：A为农家饲料；B为50%农家饲料+50%沉底型饲料（混合饲料）；C为沉底型饲料；D为漂浮型饲料

2. 饲料投放时间策略

从生态学的角度看，生物个体的生长（常常以体重为指标）和种群增长都有相似规律，即其增长行为表现为逻辑斯谛增长曲线（也称"大S生长曲线"）。为建立合理的饲料投放时间与投放方式，我们通过田间试验，观测了生活在稻田里的青田田鱼的增长动态。结果发现，稻田里的田鱼鱼苗从夏花（体重约5g，体长约7.0cm）开始，在一个水稻生长季节（140d），田鱼体重增长过程呈直线型（图5-25a）。而田鱼鱼苗从冬片（体重约50g，体长约16.0cm）开始，在一个水稻生长季节（140d），田鱼体重增长呈大S生长曲线（图5-25b），也即田鱼的生长速度在不同

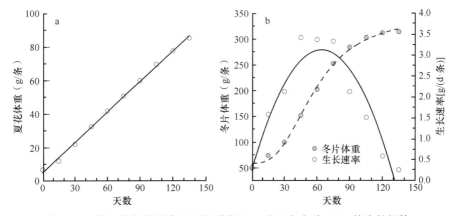

图5-25　在2%的投饵强度下田鱼夏花（a）和田鱼冬片（b）的生长规律

阶段是不同的，鱼苗（冬片）进入稻田后45～90d这一时段生长快，其他时段相对较慢。因此，以生产出成品田鱼为主的稻鱼系统，可根据田鱼在稻田中的生长规律设计投饵策略，即在田鱼快速生长的时段，以蛋白质含量高的配合饲料为主，在生长缓慢的时段（接近收获期）以农家饲料为主（图5-25b）。

三、提升青田稻鱼共生系统的技术集成

在上述田间布局、品种筛选、协同种养技术、氮素协同施用技术、稻田水深的协同管理等技术环节探讨的基础上，我们根据传统青田稻鱼共生系统中物种互惠的原理，同时根据田鱼生长发育特性和在稻田中的活动规律，结合现代稻作的操作要求和稻田状况，建立了田间设施（式样和比例）、投放密度、稻田水深调控、饲料投放等技术参数（表5-21），形成了稻鱼共生系统操作规程（吴敏芳等，2018）。将田间设施（式样和比例）、投放密度、稻田水深调控、饲料投放等技术集成，设计出不同田鱼目标产量水平的稻鱼共生新模式（表5-21），并通过田间试验，对田鱼目标产量为375kg/hm²（传统模式）、750kg/hm²（提升模式1）和1500kg/hm²（提升模式2）3种模式下稻鱼系统的表现（水稻产量、田鱼产量、田间水体总氮含量等）进行比较（表5-22），与传统稻鱼系统的产量模式相比，目标产量提升的两个技术集成模式，田鱼产量分别为（0.84±0.05）t/hm²和（1.53±0.08）t/hm²；水稻产量稳定在6.24～6.33t/hm²；稻田水体氮磷含量未明显增加（表5-22）。由此可见，传统稻鱼系统提升的技术集成模式，在提高田鱼产量的同时，可保持水稻稳定和稻田环境不受污染，而且可不同程度地降低化肥的使用。

表5-21　不同田鱼目标产量模式下稻鱼共生系统的技术参数

田鱼目标产量	375kg/hm²	750kg/hm²	1 500kg/hm²	2 250kg/hm²
田间布局及沟坑占比	环形沟，占比5%～10%，或无沟	环形沟，占比5%～10%	环形沟+直行沟，占比小于10%	环形沟+十字沟，占比小于10%
水稻种植规格	25cm×25cm	25cm×25cm	25cm×30cm	30cm×30cm
稻田水深调控	15～20cm	15～20cm	20～25cm	25～30cm
鱼苗投放密度（冬片）	2 250尾/hm²	4 500尾/hm²	6 750尾/hm²	9 000尾/hm²
鱼苗投放密度（夏花）	4 500尾/hm²	9 000尾/hm²	13 500尾/hm²	18 000尾/hm²
配合饲料投放（饲料中含氮5.37%，含磷1.46%）	农家饲料或150kg/hm²	375kg/hm²	750kg/hm²	1 500kg/hm²
化肥施用	基肥+追肥	复合肥作基肥，600 kg/hm²	复合肥作基肥，480kg/hm²	复合肥作基肥，420kg/hm²
化肥氮/饲料氮协同比例	90%化肥氮以上	80%化肥氮，20%饲料氮	60%化肥氮，40%饲料氮	40%化肥氮，60%饲料氮

表5-22　不同田鱼产量模式下的技术集成效应

产量模式*	水稻产量 （t/hm²）	田鱼产量 （t/hm²）	水体总氮含量 （mg/L）	水体总磷含量 （mg/L）	土壤总氮含量 （g/kg）	土壤总磷含量 （g/kg）
375kg/hm²	6.32±0.54	0.35±0.02	0.47±0.05	0.11±0.01	2.74±0.24	0.36±0.05
750kg/hm²	6.33±0.38	0.84±0.05	0.53±0.04	0.15±0.02	3.02±0.35	0.45±0.04
1500kg/hm²	6.24±0.57	1.53±0.08	0.62±0.04	0.18±0.01	3.61±0.42	0.46±0.03

注：* 不同产量模式的技术参数见表5-19

参 考 文 献

陈坚, 谢坚, 吴雪, 杨星星, 陈欣, 洪小括, 唐建军. 2010. 稻田养鱼鱼苗规格和密度效应试验. 浙江农业科学, (3): 662-664.

陈介武, 吴敏芳. 2014. 试析青田稻田养鱼的历史渊源. 中国农业大学学报, 31(3): 147-150.

郭梁, 任伟征, 胡亮亮, 张剑, 罗均, 谌洪光, 姚红光, 陈欣. 2017. 传统稻鱼系统中"田鲤鱼"的形态特征. 应用生态学报, 28(2): 665-672.

李向东, 季书勤, 高旺盛, 陈源泉, 王汉芳, 郭瑞, 张德奇. 2007. 传统农业技术向现代农业技术的转变、继承、改造和提升. 中国农学通报, 23(10): 41-45.

林文雄, 陈鸿飞, 张志兴, 徐倩华, 屠乃美, 方长旬, 任万军. 2015. 再生稻产量形成的生理生态特性与关键栽培技术的研究与展望. 中国生态农业学报, 23(4): 392-401.

闵庆文. 2010. 农业文化遗产及其动态保护前沿话题. 北京: 中国环境科学出版社: 329-332.

饶汉宗, 陈胜. 2015. 青田县耕地土壤养分变化趋势及科学施肥对策研究进展. 现代农业科技, (1): 191-194.

史晓宇, 怀燕, 邹爱雷, 王岳钧, 赵璐峰, 胡亮亮, 郭梁, 吴敏芳, 唐建军, 陈欣. 2019. 适于稻鱼共生系统的水稻品种筛选. 浙江农业科学, 60(10): 1737-1741.

宋家永, 任江萍, 尹钧. 2005. 用现代生物技术改造传统农业. 中国农业科技导报, 7(3): 35-37.

唐建军, 吴敏芳, 陈欣, 张剑, 吴文进, 任伟征, 谢坚, 胡亮亮, 孙翠萍, 吴雪. 2015. 一种适合于南方稻鱼共生系统的再生稻蓄育栽培方法: 中国, ZL201510187987.7.

唐建军, 谢坚, 陈欣, 吴雪, 李娜娜. 2011. 一种用于南方稻鱼系统中稻飞虱防治的方法: 中国, 201110066406.6.

吴敏芳, 陈欣, 唐建军, 胡亮亮, 怀燕, 邹爱雷, 赵玲玲, 陈利芬, 陈微微. 2018. 山区稻鱼共生技术规程: 中国, DB331121/T015.

吴敏芳, 郭梁, 王晨, 张剑, 任伟征, 胡亮亮, 唐建军, 陈欣. 2016. 不同施肥方式对稻鱼系统水稻产量和养分动态的影响. 浙江农业科学, 57(8): 1170-1173.

吴敏芳, 张剑, 陈欣, 胡亮亮, 任伟征, 孙翠萍, 唐建军. 2014. 提升稻鱼共生模式的若干关键技术研究. 中国农学通报, 30(33): 51-55.

吴敏芳, 张剑, 胡亮亮, 任伟征, 郭梁, 唐建军, 陈欣. 2016. 稻鱼系统中再生稻生产关键技术. 中国稻米, (6): 80-82.

吴雪. 2012. 稻鱼系统养分循环利用研究. 杭州: 浙江大学硕士学位论文.

吴雪, 谢坚, 陈欣, 陈坚, 杨星星, 洪小括, 陈志俭, 陈瑜, 唐建军. 2010. 稻鱼系统中不同沟型边际弥补效果及经济效益分析. 中国生态农业学报, 18(5): 995-999.

谢坚, 屠乃美, 唐建军, 陈欣. 2008. 农田边界与生物多样性研究进展. 中国生态农业学报, 16(2): 506-510.

徐富贤, 熊洪, 张林, 朱永川, 蒋鹏, 郭晓艺, 刘茂. 2015. 再生稻产量形成特点与关键调控技术研究进展. 中国农业科学, 48(9): 1702-1717.

杨星星, 谢坚, 陈欣, 陈坚, 吴雪, 洪小括, 唐建军. 2010. 稻鱼共生系统不同水深对水稻和鱼的效应. 贵州农业科学, (2):73-74.

章家恩, 陆敬雄, 黄兆祥, 许荣宝, 赵本良. 2005. 鸭稻共作生态系统的实践与理论问题探讨. 生态科学, 24(1): 49-51.

章家恩, 陆敬雄, 张光辉, 骆世明. 2002. 鸭稻共作生态农业模式的功能与效益分析. 生态科学, 21(1): 6-10.

Chen X, Hu L. 2018. Method 6: rice-fish co-culture // Luo S M. Agroecological Rice Production in China: Restoring Biological Interactions. Rome: Food and Agriculture Organization of the United Nation.

Hu L L, Ren W Z, Tang J J, Li N N, Zhang J, Chen X. 2013. The productivity of traditional rice-fish co-culture can be increased without increasing nitrogen loss to the environment. Agriculture Ecosystems & Environment, 177(2): 28-34.

Hu L L, Zhang J, Ren W Z, Guo L Cheng Y X, Li J Y, Li K X, Zhu Z W, Zhang J E, Luo S M, Cheng L, Tang J J, Chen X. 2016. Can the co-cultivation of rice and fish help sustain rice production? Scientific Reports, 6: 28728.

Ren W Z, Hu L L, Guo L, Zhang J, Tang L, Zhang E T, Zhang J E, Luo S M, Tang J J, Chen X. 2018. Preservation of the genetic diversity of a local common carp in the agricultural heritage rice-fish system. Proceedings of the National Academy of Sciences of the United States of America, 115(3): E546-E554.

Xie J, Hu L L, Tang J J, Wu X, Li N N, Yuan Y G, Yang H S, Zhang J E, Luo S M, Chen X. 2011. Ecological mechanisms underlying the sustainability of the agricultural heritage rice-fish coculture system. Proceedings of the National Academy of Sciences of the United States of America, 108(50): E1381-E1387.

第六章 青田稻鱼共生系统保护与应用的启示意义

20世纪以来，随着农业生物品种遗传改良的成功和少数高产品种的大面积集约化生产，传统农业系统逐渐被现代集约化农业系统取代，存留在传统农业系统中的种质资源和遗传多样性也随之丢失（Esquinas-Alcazar，2005；FAO，2013；Bonnin et al.，2014；Dyer et al.，2014）。因而在现代集约化农业发展过程中，如何保护农家种质资源的遗传多样性一直受到国际关注，传统农业系统在维持种质资源遗传多样性中的作用机理的研究也日益受到重视（Jarvis et al.，2008；Deletre et al.，2011；Labeyrie et al.，2016）。2002年，联合国粮食及农业组织（FAO）和联合国环境开发署（UNDP）启动全球重要农业文化遗产系统（GIAHS）项目，在全球范围研究和辨认重要的传统农业系统，以促进传统农业中生物多样性和知识的原生境保护（Koohanfkan and Furtado，2004）。

青田稻鱼共生系统于2005年被列入全球重要农业文化遗产系统（GIAHS）项目，我们即开始探讨传统稻鱼共生系统及其存留的遗传多样性；并从传统农业保护的角度，论述借鉴全球重要农业文化遗产青田稻鱼共生系统保护的经验，开展南方地区各类传统稻鱼系统的保护；同时，从发展潜力的角度，分析了我国南方稻作区发展稻鱼系统的潜力及其对全球稻作区的启迪。

第一节 青田稻鱼共生系统的保护

现代社会的快速发展，必然会对青田稻鱼共生系统产生影响。如何保护青田稻鱼共生系统的内涵，同时让其不断适应自然条件和社会环境的发展，是亟须研究的问题。这里，我们从稻鱼系统和田鱼遗传多样性农家保护的角度进行论述。

一、青田稻鱼共生系统保护模式探讨

青田县稻鱼共生系统作为世界重要农业文化遗产，随着当前社会经济的快速发展，其保护与可持续发展面临诸多挑战和问题。例如，随着现代生产方式和生活方式的改变，传统种植模式的消失，大量劳动力外出就业，留守村民不依赖其增加收入，导致稻田养鱼面积逐渐减少，甚至出现"只种稻不养鱼"或"只养鱼不种稻"的局面；传统的农用锄草、杀虫工具闲置不用，多施用化肥、农药、除草剂等更简单易行的方法。此外，青田和周边地区多山地，稻田以梯田和小块坝田为主。在当地小农户农业生产中，很少有大面积连片稻田，机械化程度不高，人工和土地成本在完成土地流转进行规模化经营时就会日渐突出，人工成本比例加大。这与许多其

他地方的现代化稻田生态种养模式很不一样。而正是以上这些特点，加速了当地农业劳动力的流失，尤其是参与水稻种植业的劳动力。

针对上述问题，近10年来，青田县开展了以稻鱼系统为核心的产业结构优化调整工作。田鱼作为当地市场仍十分受欢迎的水产品，吸引了不少年轻企业家投入到以田鱼生产为主导的稻田生态养殖中，在田鱼的生产过程中又逐渐开发出优质稻米产品的生产链。当更多的企业带着专业化技术和资金进入的时候，青田的稻鱼模式在生态种养结合的技术设施、生产效益和商业化运作等方面都将得到更大的提升。全球重要农业文化遗产稻鱼共生系统的保护工作逐渐被摸索出来，并形成了新的多样化的发展模式，如方山模式（通过博物教育和研学等途径带动保护）、仁庄模式（通过发展稻鱼生产为特色的科研与产业带动保护）、小舟山模式（通过农旅结合带动保护）等。

（一）方山稻鱼文化传承模式

方山乡位于北纬27°59′、东经120°30′，地处青田县东南面，背靠温州，接壤瓯海与瑞安，总面积40.17km²，有333hm²的稻鱼系统，拥有超过1200年的稻鱼共生发展历史，是全球重要农业文化遗产青田稻鱼共生系统的重要保护地。为保护和延续稻鱼共生系统，近年来在全球重要农业文化遗产保护核心地龙现村等村落建立了稻鱼共生系统博物园、农业文化遗产宣传教育展示馆、农耕学校，收集与展示大量传统农耕工具、传统稻鱼共生种养技艺等，并开展农业文化遗产知识教育。在保护区实施稻鱼共生传统种养模式，建立青田田鱼原种场和推进传统繁育技术，并筹建稻鱼共生系统博物馆。

（二）仁庄稻鱼科技产业化模式

仁庄镇位于北纬128°02′、东经120°14′，地处青田县西南部，全镇总面积93km²。该镇耕地面积679.6hm²，稻鱼系统530hm²，历史悠久，是全球重要农业文化遗产青田稻鱼共生系统的重要保护地。近年来，仁庄镇与著者团队合作，在保持传统稻鱼系统的基础上，提升稻鱼系统，建设标准化稻田，养鱼面积达180hm²，同时在粮食生产功能区建立稻鱼共生高效生态的农业生产模式和稻鱼共生精品园，实施稻鱼共生"一亩田、百斤鱼、千斤稻、万元钱"工程，进一步提升稻鱼共生产业，包括对稻米、田鱼进行深加工，制成特色大米、鱼干、鱼罐头等。稻鱼共生产业的发展，进一步促进稻鱼共生系统的保护，田鱼原种的农家保护得到落实和发展。

（三）小舟山稻鱼农旅模式

小舟山乡位于北纬28°13′12″、东经120°22′48″，地处浙江省青田县东南部，拥有260hm²的梯田，从山脚到山顶共有500多级，梯田随山势而建，规模宏大，气势磅礴，是浙南地区现保存最好的梯田之一。小舟山梯田稻鱼系统历史悠久，本地产的晚粳、红米等传统品种得到延续，并获得有机稻米认证。近年来，小舟山利用梯田春季油菜花、夏天稻鱼系统，吸引了大量旅游者和摄影者，年旅游人数18万人次，旅游收入480万元。近年来，小舟山吸引到上亿元民间投资，吸引了在海外打工的年轻人回国返乡创业，建立了田鱼育苗基地、稻鱼系统有机米基地，对稻鱼共生系统的保护起到了很好的作用（诸葛菁，2018）。

二、青田稻鱼共生系统遗传多样性的农家保护途径

随着现代农业的发展，高产品种的不断培育和大面积应用，传统品种不断丢失，造成了严重的农作物品种"遗传侵蚀"，降低了农作物的遗传多样性（Singh，2015；Esquinas-Alcazar，2005；Bisht et al.，2014；Achtak et al.，2010；Deu et al.，2008）。为此，如何保护作物遗传多样性，受到国际的关注（Esquinas-Alcazar，2005）。

目前，农业种质资源遗传多样性的保护以异地保护（*ex situ* conservation），即在全球范围内收集种质资源、建立大型种质资源库（germplasm bank），作为主要途径（Plucknett et al.，1987），但异地保护是静态的保护，在种质资源库保存可能会丧失其在原生境的适应性变化和产生遗传变异的机会，在实践操作中还有种子活力不断下降的现象发生，因而国际上提出农家保护（on-farm conservation）作为保护种质资源的补充途径（Altieri and Merrick，1987；Brush，1995；卢宝荣等，2002；Tiranti and Negri，2007）。农家保护是基于农民在生产活动中不断选择和管理农业生物遗传多样性，因而可维持农业生物的进化过程以便继续形成遗传多样性。由于传统农业系统是农家遗传多样性资源存留的重要场所，同时也是农家保护实施的重要场所（Almekinders et al.，1994；FAO，2007；Jarvis et al.，2008；Vargas-Ponce et al.，2009；Parra et al.，2010；Boettcher and Hoffmann，2011；FAO，2013），因此保护全球重要传统农业系统是农家遗传多样性保护的重要保障（Altieri and Merrick，1987；Achtak et al.，2010），正如自然生态系统生物多样性的保护一样，人们通过优先保护"生物多样性热点区域（biodiversity hotspot）"来达到生物多样性保护的目的（Myers et al.，2000）。

第三章的叙述已表明，青田稻鱼系统保育有高的田鱼种群遗传多样性。随着现代农业的发展，高产优质的鲤鱼品种的育成，我们又该如何保护好青田田鱼的遗传多样性呢？近10多年来，我们从农家保护的角度进行了探索，取得了令人欣慰的成果。

（一）农家保护点的建立

在青田稻鱼系统里，许多农户均保有种鱼并自繁鱼苗，且不同农户间通过赠送鱼苗和借种繁苗等方式交换种质，因此田鱼的有效种群和遗传多样性维持在较高的

水平。然而，随着传统稻田养鱼模式的集约化，鱼苗的需求增加，传统的育苗方式无法满足农户自身的生产需求。专业化的鱼种场逐渐成为该地区的主要苗种来源。然而现代的鱼种场普遍缺乏先进的种质管理理念和有效措施，近交衰退的现象时有发生，不利于青田田鱼种群的维持。因此，在对青田稻鱼系统分布区域采样分析的基础上，我们选取了25个村作为单元进行动态观测，这些村大多数农户经营稻鱼系统，并有农户从事田鱼繁育（即第三章所述的A类农户或B类农户）。每个村选择3～5户长期从事稻田养鱼并繁育鱼苗的农户（A类农户和B类农户）为农家保护的基本单元，在青田县人民政府有关职能部门的支持下，建立青田田鱼农家保护的网络（表6-1），在不干扰农户生产、保存田鱼亲本和繁育鱼苗的基础上，跟踪分析田鱼的遗传多样性。

表6-1　青田田鱼遗传种质多样性保护点信息

乡镇名称	地理位置	参与农户数量（户）	亲鱼保有规模（尾）
方山	27°99′N，120°30′E	6	300
巨浦	28°15′N，120°04′E	3	250
仁庄	28°03′N，120°17′E	3	435
小舟山	28°26′N，120°39′E	6	400
温溪	28°19′N，120°39′E	5	370
东源	28°18′N，120°14′E	1	50
章旦	28°11′N，120°22′E	4	350

（二）田鱼表型和遗传多样性状态

对农家保护点田鱼的表型多样性调查表明，青田稻鱼系统内目前仍保育有表型多样的田鱼，其中体色为红色、黑色和花色的比例较高（图3-2）。以村为单元的调查发现，不同乡镇对颜色偏好明显不同（表6-2）。

表6-2　青田及周边稻鱼系统农户对3种田鱼表型（颜色）的偏好

乡镇名称	地理位置	调查的村数量	田鱼表型（颜色）偏好		
			红色	黑色	花色*
方山	27°99′N，120°30′E	5	2	3	1
仁庄	28°03′N，120°17′E	7	2	3	1
小舟山	28°26′N，120°39′E	4	1	3	2
章旦	28°11′N，120°22′E	3	2	3	1
石溪	28°21′N，120°25′E	3	2	1	2
吴坑	28°24′N，120°41′E	3	1	3	2
温溪	28°19′N，120°39′E	3	1	3	2

续表

乡镇名称	地理位置	调查的村数量	田鱼表型（颜色）偏好		
			红色	黑色	花色*
巨浦	28°15′N，120°04′E	2	3	1	2
季宅	28°46′N，120°18′E	2	3	1	2
桂峰	27°92′N，120°27′E	2	1	3	2
枫岭	27°88′N，120°25′E	3	2	1	3
金川	27°92′N，120°42′E	3	1	3	2
碧莲	28°27′N，120°61′E	2	1	3	2
大若岩	28°32′N，120°56′E	2	1	3	2
茗岙	28°27′N，120°54′E	4	1	2	3

*1：调查农户中大于75%的农户偏好此种颜色的田鱼；2：调查农户中25%～75%的农户偏好此种颜色的田鱼；3：调查农户中小于25%的农户偏好此种颜色的田鱼

注：这里的"花色"就是各种程度的红黑色搭配

以村为单元，对农家保护点（农户为基本单元）田鱼的遗传多样性进行采样分析，每个农户采集田鱼样本30尾（每个农户采样数小于其保有种鱼数）。采用E-zup柱式动物基因组提取试剂盒（上海生工生物工程技术服务有限公司）提取DNA，微卫星分析遗传多态性，使用GenALEx计算群体遗传多样性指标（等位基因数N_a、期望杂合度H_e等）。结果表明，农家保护网络中，以村为单元的田鱼种群期望杂合度保持在较高的水平（图6-1），等位基因数N_a在9.56～11.67，期望杂合度H_e在0.78～0.80，高于野生鲤鱼种群的平均水平（N_a=7.71，H_e=0.71）和养殖鲤鱼种群的平均水平（N_a=5.37，H_e=0.62）（任伟征，2016）。

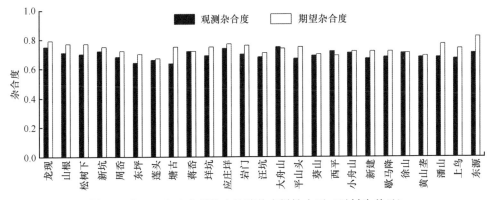

图6-1 青田田鱼农家保护点的遗传多样性水平（以村为单元）

（三）青田稻鱼系统田鱼遗传多样性保护的思考

上述分析可见，通过农家保护的途径可以保持田鱼种群较高的遗传多样性，与自然生态系统不同,农业系统承担生产功能,因而遗传多样性的农家保护拟与生产密切结合,对于青田稻鱼系统可从以下几个方面考虑。一是在全球重要农业文化遗产的核心保护区维持原有的传统稻鱼模式,将其作为青田田鱼的一个重要种质库;二是在青田不同地区建立代表性的鱼种保护示范点(表6-3),结合政府主导的扶贫计划、乡村振兴计划和田鱼放流计划等,给予财政和项目支持;三是控制青田田鱼向外引种后规模化养殖返销对本地种源的冲击,建立种质繁育和生产消费的市场隔离机制;四是以开发利用促进保护,建立标准化鱼种场,引进企业和技术,从青田田鱼中选育出商品化品系,作为稻田养鱼种苗大力推广(以纯黑色为佳),同时也可适当进行观赏鱼品种的选育。青田田鱼作为我国著名的"红鲤"类型之一,观赏性远超"江西三红"(玻璃红鲤、兴国红鲤、荷包红鲤),甚至可以和日本锦鲤媲美。青田田鱼在体色和形态上表现出的丰富变异,使其除用于生产外,在观赏鱼育种上也具有极大潜力。

表6-3 青田田鱼种质多样性保护点农户名单(2019年度)

序号	乡镇村名	农户姓名
1	方山乡奎岩庄村	阮Y琴
2	方山乡松树下村	金Y品
3	方山乡周岙村	朱X青
4	巨浦乡徐山村	金M才
5	巨浦乡西坑村	钟R勇
6	巨浦乡坑下村	邱Y平
7	仁庄镇应庄垟村	陈G美
8	仁庄镇夏严村	吴X勤
9	仁庄镇金垟村	徐G洪
10	小舟山乡葵山村	邹P标
11	小舟山乡葵山村	杜Y玺
12	小舟山乡小舟山村	刘Y如
13	温溪镇汪坑村	汪C平
14	温溪镇汪坑村	邹Y兴
15	温溪镇汪坑村	邹Y田
16	温溪镇汪坑村	邹Y华
17	温溪镇汪坑村	邹Y锡
18	东源镇莲底垟村	叶H强
19	章旦乡新旦村	徐G南
20	章旦乡新旦村	徐Y光
21	章旦乡新旦村	徐G海
22	章旦乡新旦村	徐Z标

第二节　南方地区的传统稻鱼系统及青田稻鱼系统保护经验的借鉴

我国南方（这里泛指四川盆地与长江中下游平原地区及其以南地区）山丘区水热资源丰富，分布有大量稻田，稻作历史悠久。不同区域的人们在长期的生产实践中，创建了各具特色的传统稻鱼共生系统，形成了独特的田鱼种群。但随着现代农业的发展和农村劳动力的转移，一些传统稻鱼系统经验逐渐丢失或失传（郭梁等，2016），因而保护和提升南方地区各具特色的稻鱼系统有着重要意义。本节从传统农业保护的角度，论述借鉴全球重要农业文化遗产青田稻鱼共生系统保护的经验，开展南方地区各类传统稻鱼系统的保护。

一、南方地区传统稻鱼系统的分布与特征

除了对全球重要农业文化遗产青田稻鱼共生系统进行深入研究，我们对目前仍存留在我国南方地区的一些传统稻鱼系统进行了调查分析。分析表明，南方传统稻鱼系统主要分布在水源丰富的山丘区，利用稻田浅水环境和与稻田连接的坑塘等小水面形成了独特的稻鱼系统和田鱼地方种群（表6-4）。

表6-4　我国南方地区主要稻鱼系统分布

稻鱼系统及田鱼名称	系统所在地点名称	地理坐标位置
青田稻鱼系统，青田田鱼	浙江南部山区	27°25′N，118°41′E
武夷山稻鱼系统，武夷山稻花鱼	福建西北武夷山区	27°75′N，117°67′E
辰溪稻鱼系统，辰溪稻花鱼	湖南辰溪县	27°53′N，109°54′E
连南稻鱼系统，连南禾花鱼	广东连南瑶族自治县（简称连南县）	24°17′N，112°02′E
全州稻鱼系统，全州禾花鲤	广西全州县	25°29′N，110°37′E
三江稻鱼系统，三江田鲤	广西三江侗族自治县（简称三江县）	25°22′N，108°53E
融水稻鱼系统，融水田鲤	广西融水苗族自治县（简称融水县）	25°04′N，109°14′E
靖西稻鱼系统，靖西乌鲤	广西靖西市	22°51′N，105°56′E
从江稻鱼鸭系统，从江田鱼	贵州从江县	25°55′N，106°65′E

注：本表所提到的"我国南方地区"，泛指四川盆地与长江中下游平原地区及其以南地区

（一）贵州从江传统稻鱼鸭系统

从江侗族稻鱼鸭系统具有上千年历史（邢小燕，1991），位于贵州黔东南地区（从江县、台江县、荔波县、榕江县等），该地区少数民族占94%以上，其中从江侗族"稻鱼鸭系统"于2011年被评为全球重要农业文化遗产。从江县是稻鱼鸭系统的

核心区，位于贵州省东南部（北纬25°55′、东经106°65′），属于黔南温热双单季稻作区，年平均气温13.8～18.7℃，年平均降水量1050～1250mm，年相对湿度80%，年平均日照时数1284.1h。现有稻田面积1万多公顷，其中保灌面积近7000hm²，实行稻鱼鸭共生系统。水稻、鸭和田鱼3个物种共存于稻田浅水环境中，形成稻鱼鸭共生系统，其中养殖的"田鱼"以青黑色为主，腹部似荷包状。

对青田稻鱼系统的"田鲤鱼"与从江稻鱼鸭系统的"田鲤鱼"进行比较，研究表明，青田田鱼与从江田鱼从形态和系统发育上均明显不同，已形成生活在稻田中的两个独特的田鱼地方种群（郭梁等，2016）。从形态上看，用传统形态学指标如侧线鳞数、尾柄高/尾柄长、臀鳍基长/体长、背鳍条数、头长/体长、背鳍基长/体长、臀鳍条数等进行主成分分析，明显可见青田田鱼和从江田鱼形态上的分离（图6-2a）；地标几何形态测量结果也表明，这两种田鱼形态明显分离，从江田鱼体型较为细长，青田田鱼较为短宽（图6-2b）。

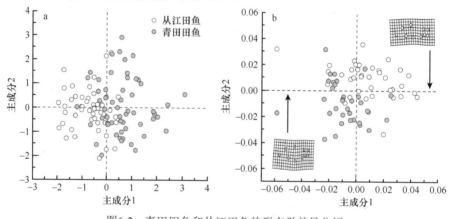

图6-2　青田田鱼和从江田鱼的形态学差异分析

a：传统形态学比较；b：地理几何坐标分析

采用最大似然法对2种稻田系统的种群（青田田鱼与从江田鱼）和6种池塘养殖的种群进行分析并构建系统发育树（phylogenetic tree）（图6-3），青田田鱼与从江田鱼分别归属于不同的大类，其中青田田鱼与芙蓉鲤×红鲫杂交种遗传距离较近，从江田鱼与同类中其他鲤鱼种群遗传距离较远。

（二）福建武夷山传统稻鱼系统

武夷山市位于福建省西北部（北纬27°75′、东经117°67′），当地田鱼名为"稻花鱼"。稻花开过后，田鱼以此为食，生长迅速且味道鲜美，因而得名。据考证，"稻花鱼"作为贡品的做法可追溯到北宋时期，距今有上千年历史。系统中养殖的"田鱼"以青黑色为主。

我们对武夷山传统稻鱼系统的主要分布区域的吴屯乡（北纬27°14′、东经

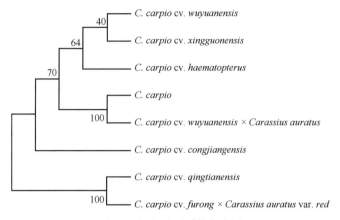

图6-3 鲤鱼种群系统发育树

荷包红鲤 Cyprinus carpio cv. wuyuanensis；兴国红鲤 C. carpio cv. xingguonensis；黑龙江鲤 C. carpio cv. haematopterus；
鲤鱼 C. carpio；荷包红鲤 × 鲫鱼 C. carpio cv. wuyuanensis × Carassius auratus；从江田鱼 C. carpio cv. congjiangensis；
青田田鱼 C. carpio cv. qingtianensis；芙蓉鲤 × 红鲫 C. carpio cv. furong × Carassius auratus var. red

118°13′）进行了取样测定，并与全球重要农业文化遗产——青田稻鱼共生系统和
从江侗族稻鱼鸭系统中的"青田田鲤鱼"与"从江田鱼"进行了遗传距离主成分分
析，结果显示3个种群明显分离（图6-4），其中青田种群和从江种群的遗传距离最
远，而武夷山种群居于两者中间。由于武夷山地区在地理上更靠近青田地区，两个
种群间遗传距离相近，历史上可能存在种质交流。

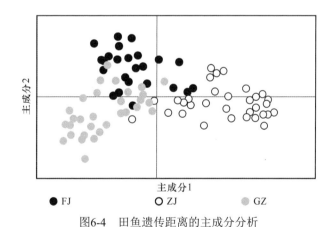

图6-4 田鱼遗传距离的主成分分析

FJ、GZ、ZJ分别表示福建武夷山种群、贵州从江种群和浙江青田种群

（三）湖南辰溪传统稻鱼系统

辰溪县隶属湖南省怀化市，地处北纬27°53′~28°13′、东经109°54′~110°32′。
县域土地总面积为197 681.40hm²，耕地面积为31 908.73hm²，水稻播种面积为

20 440hm²。辰溪县属中亚热带季风湿润气候，境内年平均气温在16.5～17.9℃，年平均降水量为1328.4mm。

辰溪稻鱼共生系统具有两百多年的历史，田鱼在清朝乾隆年间曾是朝廷贡品。据考证，清·道光《辰溪县志·物志传》记载："禾花鱼，田中小鱼，以气化者。"该稻鱼共生系统以稻护鱼，以鱼促稻，将种稻和养鱼有机地结合起来，生产出优质安全的稻谷和鱼类。目前，辰溪县稻花鱼生产面积为18 000hm²，年总产量为10 800t。

辰溪稻花鱼鱼体侧扁被鳞，背部平直，头略平扁，眼大，腹部呈乳白色，尾鳍带红色。2018年，"辰溪稻花鱼"获得国家农产品地理标志认证。目前，全县稻花鱼养殖核心区域面积超过2000hm²，总面积超过10 000hm²。辰溪稻花鱼地理标志保护的区域范围为怀化市辰溪县所辖辰阳镇、孝坪镇、田湾镇、火马冲镇、黄溪口镇、潭湾镇、安坪镇、修溪镇、锦滨镇、船溪乡、长田湾乡、小龙门乡、后塘瑶族乡、苏木溪瑶族乡、罗子山瑶族乡、上蒲溪瑶族乡、仙人湾瑶族乡、龙头庵乡、大水田乡、桥头溪乡、龙泉岩乡、柿溪乡、谭家场乡共计23个乡镇，地理坐标为北纬27°53′25″～28°13′10″、东经109°54′32″～110°32′19″。

（四）广东连南传统稻鱼系统

广东省连南瑶族自治县地处粤北山区，地理坐标为北纬24°17′16″～24°56′2″、东经112°2′2″～112°29′1″。连南属中亚热带季风湿润气候区，年平均气温19.5℃，气候温和宜人，总降水量1660.5mm，雨量充沛且雨热同季。

稻田养鱼在当地历史悠久，早在唐代已有起源，是连南"八排瑶"千百年流传下来的颇具民族特色的耕作方式。最初"八排瑶"的先祖放养稻田鱼是为了节省田间除草的劳动，随后逐渐发展，形成了当地特有的一种生产方式。在连南的稻田养鱼中，瑶民延续了鱼塘养鱼的习惯，在稻田中挖出一个小坑，用来储水，干旱时节田鱼可以在里面栖息，冬天来临时山区气温骤降，瑶民将稻草铺在水坑的上面，为田鱼御寒。目前，连南稻田面积4.55万亩，其中宜渔稻田1.5万多亩，已推广发展稻田养鱼6300亩，成为岭南特色农业之一。

连南"禾花鱼"是广东连南山区稻田养殖的一种土著鲤鱼，因放养在稻田中，以采食田间杂草和落水稻花为主食，因而得名"禾花鱼"。连南"禾花鱼"因为长期在稻田中隔离养殖，形成了该地区特有的生物学特征和独特的生活习性。与外界其他鲤鱼相比，连南"禾花鱼"体色金黄、略带暗红，体型粗壮，具有食性杂、适应性广、繁殖力强等特点，是连南人民经过长期驯化而成的地方性优良品种，具有稳定遗传性状。

（五）广西桂西北传统稻鱼系统

广西桂西北地区的三江、融水、全州、靖西、那坡历史上均有稻鱼系统的分布，因人为因素和自然因素的共同选择形成了不同田鱼类型。

1. 三江田鲤

三江侗族自治县位于广西壮族自治区北部，地处北纬25°22′～26°2′、东经108°53′～109°52′，土地总面积2454km²，耕地面积13 040hm²，稻田面积8420hm²。三江处于低纬度地区，属中亚热带、南岭湿润气候区；全年平均气温为17～19℃，平均降水量在1493mm。

三江稻鱼系统历史悠久，侗乡村寨有在稻田中养禾花鱼的习惯。每年秋天收获水稻的同时，收获稻田的成年田鱼，接着在稻田里放养一批新田鱼苗，第二年夏季移栽中稻前，将长大的田鱼苗暂时存放在田头鱼坑，插秧后田鱼再进入稻田而形成稻鱼共生。

三江的传统稻鱼系统保育出独特的田鱼地方种群，当地俗称为"稻田鲤鱼"，有二月鲤、七月鲤之分。二月鲤在农历2～3月繁殖，进入稻田生长，当年农历7～11月收获，七月鲤在农历7月繁殖，翌年农历5月收获。三江田鲤外形为：口呈马蹄形，身体柔软光滑，呈纺锤形（图6-5）。背鳍基部较长较厚，背鳍和臀鳍均有一根粗壮带锯齿的硬棘，鱼鳞比较嫩。体表呈青灰色，腹部呈浅白色，尾鳍下叶呈橙红色。三江田鲤行为独特，善于钻土觅食，不因稻田涨水而逃跑。三江田鲤于2017年获国家农产品地理标志认证，地域保护范围为广西柳州市三江侗族自治县所有乡镇，包括良口乡、洋溪乡、富禄苗族乡、梅林乡、八江镇、林溪镇、独峒镇、同乐乡、老堡苗族乡、古宜镇、程村乡、丹洲镇、斗江镇、和平乡、高基瑶族乡等15个乡（镇）；地理坐标为北纬25°21′～26°3′、东经108°53′～109°47′，总面积5400hm²，年总产量3500t。

图6-5　三江田鲤（唐建军　摄）

在传统稻鱼系统的基础上，三江近年来发展了"优质稻+再生稻+三江稻田鲤鱼"新模式，田间工程实施十字沟或目形沟，田块面积在0.3hm²以上的，每块稻田在进水口处开挖一个面积占稻田总面积3%～5%的鱼坑（深0.5～1m）（图6-6）。稻田可以按常规排灌，晒田时将鱼集中到鱼沟、鱼坑内，保持沟内水深30cm，坑内水深60～80cm。综合测产表明，三江稻鱼系统新模式在水稻产量稳定的同时，能获得田鱼产量825kg/hm²，经济效益显著（表6-5）。

图6-6　田间沟坑布局形成的稻-鱼-菜立体复合种养体系示意图（唐建军　摄）

表6-5　三江稻鱼系统新模式的产量与经济效益（广西壮族自治区水产技术推广站，2020）

名称	产量（t/hm²）	产值（元/hm²）	净利润（元/hm²）
水稻	8.775（含再生稻）	36 750	15 000
水产品	0.825	41 250	30 000
合计		78 000	45 000

2. 融水田鲤

融水苗族自治县位于北纬25°4′、东经109°14′，面积4665km²，其中山地面积占85.46%，耕地面积占46.59%，水田面积16 133hm²。常年水量充沛，气候温和，年平均气温19.6℃，年平均降水量1284.3mm。

融水苗族村寨有经营传统稻鱼系统的习惯，在长期的生产实践中培育出金边鲤，在稻田中养殖世代流传而来。金边鲤以水稻落花、水中微生物为食，并以脊背处有金黄色的条纹而得名（图6-7）。金边鲤体形粗短、个体小、鱼鳞细、皮薄，全身偏黄色，一般个体在50～250g。金边鲤具有逆流而上特点，不会顺流跑出田块，适合山区小块稻田养殖。

图6-7　广西融水及周边地区分布的金边鲤（唐建军　摄）

2018年，融水田鲤"金边鲤"获得国家农产品地理标志认证，地域保护范围为柳州市融水苗族自治县（融水县）所辖融水镇、和睦镇、大浪镇、永乐镇、三防镇、怀宝镇、洞头镇、香粉乡、四荣乡、安太乡、安陲乡、白云乡、红水乡、拱洞乡、大年乡、良寨乡、同练瑶族乡、汪洞乡、杆洞乡、滚贝侗族乡共计20个乡（镇）206个行政村（社区）。地理坐标为北纬24°49′～25°43′、东经108°34′～109°27′。

近年来，融水大力发展稻田金边禾花鲤立体生态种养新模式，该模式以0.33～0.67hm²为一个小区，设有鱼坑（占稻田总面积7%）、鱼沟（即水稻操作行）、生态瓜果棚和诱虫灯等。融水金边禾花鲤以天然水虫、害虫或稻花为食，投喂米糠或一些剩饭剩菜为辅。稻田养殖金边禾花鲤，不仅粪便可以肥田，滋养水稻，同时还能取食稻田中的害虫以减少水稻生产成本，水稻又为金边禾花鲤提供适宜的生长环境，促进金边禾花鲤生长，实现稳粮增收（表6-6）。

表6-6　融水田鲤立体生态种养新模式的产量与经济效益

（广西壮族自治区水产技术推广站，2020）

名称	产量（kg/hm²）	产值（元/hm²）	净利润（元/hm²）
水稻	7 500	52 500	30 000
水产品	800	45 000	30 000
合计		97 500	60 000

3. 全州禾花鲤

全州县位于广西东北部，地处北纬25°29′36″～26°23′36″、东经110°37′45″～111°29′48，全县地处岭南亚热带季风区，气候温和，雨量充沛，四季分明。多年平均气温17.8℃，年极端最低温度-3.1℃，年极端最高温度42℃。多年平均无霜期299d。年平均降雨日163.3d，年降水量1519.4mm。拥有土地总面积4021.19km²，总水田面积36 613hm²，年生产禾花鲤的稻田总面积（早、中、晚3季）达30 000hm²。年生产禾花鲤总量达8000t。

全州稻田养鱼的历史漫长而悠远，早在汉代就有记载。据传，全州当年一位挑担卖鱼的渔夫在田埂上走路一不小心摔跤，一担从江里捕捞的鲤鱼全掉进了路边的稻田。由于此时的稻田禾苗正在拔节孕穗期，鲤鱼散落到稻株丛中，难以捞捉。渔夫与稻农协商，把进水口和出水口用杉树枝拦好，让鲤鱼在稻田里生活，到水稻成熟收获时，发现以禾花喂食的鲤鱼仔不但长得油光水滑，而且吃起来有一种特有的滋味。从此，聪明的全州人开始特意在稻田里放养和繁育此种鲤鱼，并称之为"禾花鱼"。虽然这只是个传说，但却很可能是稻田养鱼重要起源的证据之一，一种"无心插柳柳成荫"的结果。

全州驯化培育出来的禾花鲤体短、腹大、头小，背部及体侧呈金黄色或青黄色，鳃盖透明紫褐色，腹部紫红色、皮薄，半透明隐约可见内脏，全身色彩亮丽，性格温驯。2012年，全州禾花鲤获得国家农产品地理标志认证，地域范围包括全州县全州镇、龙水镇、凤凰乡、才湾镇、绍水镇、咸水乡、蕉江瑶族乡、安和乡、大西江镇、永岁乡、黄沙河镇、庙头镇、文桥镇、白宝乡、东山瑶族乡、石塘镇、两河乡、枧塘乡等18个乡镇，地理坐标为北纬25°29′36″～26°23′36″、东经110°37′45″～111°29′48″，稻鱼系统接近30 000hm²。

当地农民和技术人员在传统稻田养殖全州禾花鲤的基础上，根据现代生态循环农业原理，将水稻种植与禾花鲤养殖技术、农机和农艺有机结合，通过对稻田实施工程化改造，构建稻、渔共生互促系统，在保证水稻稳产的前提下，大幅度提高稻田经济效益和农民收入，成为一种具有稳稻、促渔、增效、提质、生态等多方面功能的现代生态循环农业发展模式（表6-7）。

表6-7　全州禾花鲤生态种养新模式的产量与经济效益
（广西壮族自治区水产技术推广站，2020）

名称	产量（kg/hm²）	产值（元/hm²）	净利润（元/hm²）
水稻	7 500	45 000	30 000
水产品	1 500	75 000	45 000
合计		120 000	75 000

4. 靖西乌鲤

广西靖西位于北纬22°51′～23°34′、东经105°56′～106°48′，地处中越边境，土地总面积为332 613.48hm²，耕地面积为68 351.35hm²。靖西属亚热带季风气候，年均气温19.1℃，年均降水量1636.3mm。

靖西稻鱼系统历史悠久。《靖西县志》记载，南坡乡有稻田养鱼的习惯，自繁鲤鱼苗，利用稻田养鱼已有100多年历史。底定村与底定自治区级自然保护区毗邻，水资源丰富，自然条件优越。当地群众自繁一种独特的土著鲤（图6-8），鱼侧线鳞以上背部鳞片亮黑，侧鳞以下腹部橘红或银白，胸鳍、臀鳍橘红带黑或银白带黑，尾鳍亮黑。当地种单季稻，每年5月插秧后群众便向稻田投放体长3cm的土著鲤鱼苗，初期投喂玉米等农家饲料，中期和后期基本上不投喂，鱼儿靠觅食稻田中的浮游生物和散落的谷粒，至9月捕捞时鲜鱼个体重150～200g，个别可达400g。

图6-8　广西靖西市及那坡县分布的靖西乌鲤（唐建军　摄）

靖西在传统稻鱼系统的基础上，探讨新的稻鱼生态种养模式，通过对稻鱼共生的农田基础设施改造、合理种养密度设置、合理饵料投入、水位流动管理等技术，取得了良好效益（表6-8）。

表6-8　靖西乌鲤生态种养新模式的产量与经济效益

（广西壮族自治区水产技术推广站，2020）

名称	产量（kg/hm²）	产值（元/hm²）	净利润（元/hm²）
水稻	7 500	45 000	30 000
水产品	750	52 500	37 500
合计		97 500	67 500

二、南方地区传统稻鱼系统田鱼的遗传多样性

如上所述，南方不同区域形成了特点不同的稻鱼系统（也是我国稻鱼共生系统多元起源的另外一种旁证），田鱼表型多样。为此，我们采用分子生物学的方法比较和研究了这些类群田鱼的遗传多样性。

采取县、乡、村、农户层层取样的方法进行取样，在稻鱼系统分布的乡镇随机

选取3～5个村，每个村随机选取3～5个农户作为采样单位（采样点），采样的农户应长期从事稻田养鱼并自繁鱼苗，每个样点中采集田鱼样本30尾，每个农户采样数小于保有种鱼数。将"田鱼"拍照并编号后，剪取尾鳍0.3～0.5cm，保存在95%乙醇中，并长期保存在–20℃下。采用E-zup柱式动物基因组提取试剂盒（上海生工）提取DNA，微卫星分析遗传多态性，使用GenALEx计算群体遗传多样性指标（等位基因数N_a、期望杂合度H_e等）。

结果表明，湖南辰溪、贵州从江、广西全州和三江的传统稻鱼系统的田鱼保留有较高的遗传多样性（图6-9），期望杂合度H_e明显高于养殖普通鲤鱼（*Cyprinus carpio*）的平均值，也高于南方其他区域田鱼的期望杂合度H_e。

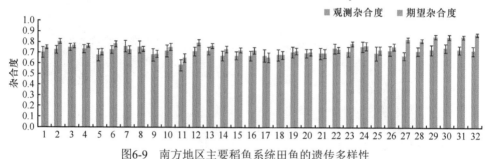

图6-9　南方地区主要稻鱼系统田鱼的遗传多样性

图中1～32分别代表32个地区的田鱼种群，这32个地区依次为：1-武夷山吴屯乡、2-从江刚边、3-从江往洞、4-台江施洞镇、5-金华兰溪、6-金华婺城、7-景宁澄照、8-景宁鹤溪、9-景宁鸬鹚、10-丽水莲都、11-丽水龙泉、12-青田东源、13-青田方山、14-青田季宅、15-青田巨浦、16-青田仁庄、17-青田石溪、18-青田温溪、19-青田吴坑、20-青田小舟山、21-青田章旦、22-瑞安枫岭、23-瑞安金川、24-永嘉碧莲、25-永嘉大若岩、26-永嘉茗岙、27-三江良口、28-三江林溪、29-全州才湾、30-全州龙水、31-辰溪仙人湾、32-辰溪长田湾

不同地区田鱼种群遗传结构的分子方差分析（AMOVA）表明，南方地区田鱼的遗传变异主要位于种群内（92%，$P=0.001$），种群间遗传变异较小（8%，$P=0.001$）。根据Evanno等（2005）的方法，在贝叶斯聚类分析中，设定遗传分组数$K=4$，结果显示，不同区域的田鱼遗传组成明显不同，32个田鱼群体分属4个类群，其中浙东南部分种群（5～26）和闽西北种群（1）的遗传组成相似，桂西北种群（27～30）和湘西北（31、32）的遗传种群相似，而黔东南种群（2～4）为一类（图6-10）。

三、青田稻鱼系统保护与发展经验借鉴

（一）保护经验

自2005年青田稻鱼共生系统被列为首批全球重要农业文化遗产保护项目试点以来，围绕"谁来保护""保护什么""怎么保护""让谁受益"，不断探索保护和发展途径，积累了大量可供南方稻作区借鉴的经验（焦雯珺和闵庆文，2015）。

1. 政府主导、农民主体、多方参与

青田传统稻鱼系统的保护采用以政府为主导、农民为主体，引导社会各界人士

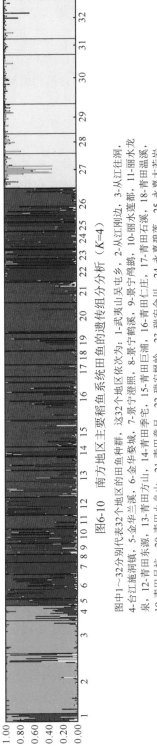

图6-10 南方地区主要稻田鱼的遗传组分分析（K=4）

图中1～32分别代表32个地区的田鱼种群，这32个地区依次为：1-武夷山吴屯乡，2-从江刚边，3-从江往洞，4-台江施洞镇，5-金华兰溪，6-金华婺城，7-景宁澄照，8-景宁鸬鹚，9-景宁鹤溪，10-丽水莲都，11-丽水龙泉，12-青田东源，13-青田方山，14-青田季宅，15-青田巨浦，16-青田仁庄，17-青田石溪，18-青田温溪，19-青田吴坑，20-青田小舟山，21-青田章旦，22-瑞安碧莲，23-瑞安枫岭，24-永嘉碧莲，25-永嘉大若岩，26-永嘉茗岙，27-三江良口，28-三江林溪，29-全州才湾，30-全州龙水，31-辰溪仙人湾，32-辰溪长田湾广泛参与的保护机制，努力为遗产保护形成强大的合力和良好的氛围。

（1）政府主导

青田县委、县政府高度重视稻鱼共生农业文化遗产保护工作。县政府成立了稻鱼共生系统保护领导小组，由副县长担任组长，各有关单位负责人为成员，下设办公室，归口县农业局，统筹协调保护工作。县机构编制委员会（编委）专门在县农业局下设立管理机构"县稻鱼共生产业发展中心"（与县农作物管理站合署），具体负责稻鱼共生保护发展工作。

（2）农民主体

传统稻鱼共生系统中，农民既是受益主体，又是最基础、最直接、最重要的实施者。农民对稻鱼共生系统保护的积极参与事关保护的成败。突出农民主体地位，为增加农民收入，全面落实种粮综合直补、生态补贴等惠农政策，出台政策支持保护地农民搞好生产基础设施建设，支持加强稻鱼共生实用技术培训，帮助打造农业公共品牌（青田田鱼地理标志证明商标、绿色有机食品认证等），确保广大当地农民在遗产保护中得到实惠，最大限度地调动农民参与保护的积极性。

（3）多方参与

传统农业系统的保护是一项系统工程，涉及面广，需要社会各界人士的共同关心、支持和参与。通过多种形式、多种渠道，千方百计地吸引社会各界人士参与，共同做好传统农业的保护工作。例如，青田县精心举办了稻鱼共生农业文化遗产保护的有关仪式、论坛、研讨会、田鱼节等系列主题活动，邀请联合国粮食及农业组织官员、国内外专家学者、各级政府和有关部门领导共同参与，探讨和宣传稻鱼共生系统保护与开发工作。加强稻鱼共生农业文化遗产保护的宣传教育。在龙现核心保护区，培育了一批农业文化遗产保护与开发利用方面的典型示范户，起到了很好的示范带头作用；在龙现村、方山乡学校建立了农业文化遗产宣传教育展示馆，收集并展示了大量传统农耕工具、传统稻鱼共生种养技艺等，并开展了农业文化遗产知识教育。

2. 多元化的保护途径

青田县政府在稻鱼共生系统保护中，始终坚持系统的、动态的、整体的保护原则，突出做好稻鱼共生相关的生物多样性、传统农业耕作方式、传统农业文化和农业景观等方面的保护工作。

（1）保护稻鱼共生传统农业耕作方式

稻鱼共生不仅是一项农业文化遗产，也是一种高效生态的农业生产模式。在保护区实施稻鱼共生传统种养模式，建立青田田鱼原种场和推进传统繁育技术，并在其他地方实施稻鱼共生"百斤鱼、千斤稻、万元钱"工程，开展粮食生产功能区、稻鱼共生精品园和省级生态循环示范区建设工作，提升稻鱼共生产业。

（2）保护稻鱼共生传统农业文化

青田悠久的稻鱼共生历史，孕育了灿烂的稻鱼文化。通过各种节日文化主题活动，如鱼灯表演、田鱼文化节、田鱼烹饪大赛等，进一步弘扬了传统稻鱼文化。青田鱼灯（现已被列入"国家非物质文化遗产"）、尝新饭、祭祖祭神、田鱼干送礼、鱼种作嫁妆等民间习俗，通过稻鱼共生得到传承。出版了《青田传统稻鱼共生技术》（音像资料），鼓励挖掘稻鱼共生文化，创造以田鱼为主题的青田石雕作品。

（3）保护生态环境

稻鱼共生系统是一个天然的生态循环系统，在青田稻鱼系统保护的过程中，重视保护村庄森林植被、稻田生态环境，突出核心保护区方山乡的原生态和生物多样性的保护，保护区内道路、田间操作道的修复中注意原有景观的保护。此外，核心保护区加强村庄环境整治和保洁工作，打造良好的生产生活环境。利用稻鱼共生博物园建设，减轻旅游带来的压力。

3. 科学保护的途径

青田稻鱼共生系统是首批全球重要农业文化遗产保护项目之一。在保护传统稻鱼系统的过程中，始终坚持科学保护的原则，依靠规划驱动、政策促动、学术推动、典型带动，全面推进稻鱼共生农业文化遗产保护的各项工作。

（1）规划驱动

编制完成了《青田稻鱼共生系统保护规划》，将方山乡龙现村划定为核心保护区，将龙现村除外的方山乡全境划定为过渡区。编制了《稻鱼共生博物园建设总体规划》，规划面积5km²，集稻鱼共生系统保护、农业文化遗产展示、农耕文化体验观光为一体。

（2）政策促动

出台了《全球重要农业文化遗产青田稻鱼共生系统保护暂行办法》，明确了保护工作方针、内容、措施、责任主体、经费保障、奖惩机制等。修订完善了青田县地方标准规范《青田田鱼》《稻田养鱼》《山区稻鱼共生技术规范》等，制定了《青田田鱼地理标志证明商标管理办法》，做到依法有序地保护稻鱼共生系统。利用省市县农业项目政策加大对保护项目的财政投入，财政共投入2100多万元，用于规划编制、基础设施、主题活动、产业发展等方面。

（3）学术推动

青田县与中国科学院地理科学与资源研究所、国际亚细亚民俗学会、中国农业博物馆、浙江大学联合成立了青田稻鱼共生农业文化遗产研究中心。青田稻鱼共生产业发展中心与中国科学院多年在青田开展农业文化遗产保护的多方参与机制、生态旅游发展等工作，浙江大学稻鱼共生研究团队自2005年开始连续10多年以青田稻鱼系统为研究对象，围绕稻鱼系统生态作用机制、稻鱼共生关键技术、再生稻鱼共生等课题进行研究。以上研究迄今已发表近百篇研究报告和学术论文，为青田稻鱼共生系统的保护提供了有力的理论支撑。

（4）典型带动

几年来，坚持抓好方山乡龙现村核心保护区建设，根据受威胁的传统农业文化与技术遗产保护要求划定重点保护，推进遗产保护工作，在龙现村核心保护区培育了一批农业文化遗产保护与开发利用方面的典型示范户。

4. 通过传统稻鱼系统的保护实现经济、生态效益

在青田传统稻鱼系统保护的过程中，始终把以民为本作为遗产保护的出发点和落脚点，努力追求遗产保护的经济效益、社会效益和生态效益，让广大农民得到实惠。

（1）经济效益

借助"全球重要农业文化遗产系统"这一金字招牌，大力推进稻鱼共生产业发展，尤其是做好稻鱼共生品牌创建，大大提高了农产品的知名度和市场价格。同时推动以传统稻鱼共生系统为核心的休闲观光业发展，使"青田田鱼"成为当地特色旅游品牌，当地农民群众通过销售田鱼、田鱼干，提供农家乐餐饮服务等获得了巨大收益，不少农民因此收入倍增。

（2）生态效益

在保护稻鱼共生系统的同时，相关生物多样性、传统农业耕作方式、生态环境、自然景观也得到了良好保护，人居环境得到了较好改善，实现了可持续发展目标，获得了较好的生态效应。

（二）发展与借鉴

1. 建立稻鱼品种自然保护区

在现代经济驱使下，不少村民只注重眼前利益，大量引进杂交稻、外来鱼品种，使得地方品种出现消失或退化等方面的问题。建议在传统稻鱼系统分布的区域，选择适宜地点，建立若干个稻鱼品种自然保护区，加强对一些优质地方品种的保护。同时要加强全村植被保护和景观生态保护。

借鉴青田稻鱼共生系统农家保护的方法，我们以广西桂西北地区为例，开展农家保护研究，在桂西北地区全州、融水、三江、靖西4个区域建立农家保护档案，记录农户繁育鱼苗的过程，跟踪田鱼类群，利用微卫星分子标记技术分析田鱼类群遗传多样性。

2. 通过生态旅游实现保护

生态旅游重点在"生态"。立足于不破坏生态环境或尽量减少生态环境危害的前提下，借助旅游业的收入间接补偿农民的收益。开发生态旅游、发展观赏性农业是创造经济收益、扩大知名度、走可持续发展道路的必然趋势。首先，合理开发旅游业对于解决农民有意识地保护稻鱼系统与经济收入低下这一长期矛盾是有利的；

其次，通过旅游吸引外资，用于项目区的生态建设；最后，旅游业的兴盛有利于传统农业文化的保存。

在开发旅游的过程中，切忌"一窝蜂"式地盲目开发，必须有组织、有规划地进行。建议重点开发一些无污染的旅游项目，如举办稻作古农具展览、现场表演稻田农事活动、恢复鱼灯和采茶灯等民俗表演、开发"农家生活一日游"项目、结合当地的石雕艺术开展稻鱼文化展览、展示华侨文化历史等项目。这样，在获得旅游经济收入的同时，也保护和弘扬了当地的传统农业文化，可谓一举多得。

3. 创建稻鱼产品品牌，提高农业效益

实施农产品品牌战略是实现农民创收的又一策略，发展农产品加工业是提升产业化经营水平的重要措施，因而通过宣传活动让更多人不断了解传统稻鱼共生系统，树立品牌形象。同时，要加大稻鱼共生系统的产品开发，如将稻米、田鱼进行深加工，制成特色大米、鱼干、鱼罐头等，努力打造青田稻（鱼）产品、无公害食品、有机食品等品牌，推进农产品的市场化进程。

4. 多方参与保护

农民作为保护传统稻鱼系统的主体和利益的受体，其参与积极性需要充分调动起来。建议成立社区稻鱼共生系统保护协会或技术协会，由村民自愿组成，以村民为主体，同时吸纳政府、企业家、科研人员的参与，负责全村稻鱼共生系统的保护、监督、管理、咨询、宣传与技术培训，以及农产品的市场营销；同时，积极探索各种经营管理模式，如"公司+农户"、产学研一体化模式等，建立由农民、政府、企业、高校、科研院所等组成的多方参与机制。

第三节 青田稻鱼共生系统的应用启迪

稻田浅水环境为许多水产动物提供了生境,也为稻鱼共生产业的发展提供了基础。但是，一个区域的稻田是否适合发展稻鱼共生系统，常常受到当地自然和社会条件的影响，了解这些影响对指导稻鱼系统的发展有重要意义。本节主要从发展潜力的角度分析了我国南方稻作区发展稻鱼系统的潜力及其对全球稻作区的启迪。

一、青田稻鱼系统在南方山区的推广潜力分析

基于传统"青田稻鱼系统"中水稻和田鱼种养结合、互惠互利的内涵，大力提升稻鱼模式的田鱼产量，已经带动了浙江及我国南方稻作区内自然、社会条件类似的地区稻田养鱼的产业化发展，推进了稻田田鱼养殖规模化和当地水稻种植业的稳定发展。例如，浙江省丽水市的景宁县，属经济后进地区，碎片式稻田种粮，收益难以令农民致富。在稻田里用足农药和化肥，每年1亩田里的稻谷不过卖1100元，加上政府补贴的200元，毛收入1300元，除去种子、农药、化肥及劳动力成本1100元/亩，

利润剩下区区200元。近年来，在梯田引入青田稻田养鱼模式，并建立稻田养鱼专业合作社，创建了"山哈"品牌有机大米，经济效益大大提高。据估算，1亩地仅有机大米就至少可收入8000元，再加上田鱼收入（按产量100kg及单价40元/kg计算）也有4000元，扣除土地流转、人工和稻种、鱼种的成本，一亩地纯收入可有1万元。

2008年，贵州省湄潭从青田县引进青田田鱼种鱼并繁苗成功。并于当年7月中旬完成了全县青田鱼苗的稻田投放工作，并在全县创建了9个示范点，示范点面积超过100hm²。经水产技术推广站组织对湄潭县复兴镇两路口村示范点的测产验收，田鱼平均单产为665.7kg/hm²，按最低售价40元/kg计算，可以增加收入26 625元/hm²，加上水稻品质的提高，同等产量的稻谷产值增加35%以上，农民增收效果显著。为使青田田鱼能成为贵州当地农民增收致富的又一支柱产业，贵州省实施青田稻鱼共生系统示范推广，从提高化肥农药的施用效率、减少对水源的污染、增加经济效益等多角度控制化肥农药的施用量，收到明显的效果，有助于建设无公害农业区，有利于生产出无公害的稻谷、鱼类等农产品，提高产品效益，使得贵州部分地区的特色"无公害稻米""无公害鱼类"开始走俏市场。

种养结合的稻鱼系统在全国范围内具有巨大的推广潜力，而青田稻鱼模式又是适用范围最广的模式之一。自2012年起，全国水产技术推广总站在南方稻作区域内开展了稻鱼模式的示范推广，取得了较好的效益，在水稻产量不降低的情况下，每亩稻田获得了一定数量的田鱼产量（表6-9）。

表6-9 稻鱼模式的实践与效益（2013～2015年）

模式地点	模式	种养结合		水稻单作产量（kg/亩）	稻田产值	
		水稻产量（kg/亩）	田鱼产量（kg/亩）		种养结合（元/亩）	水稻单作（元/亩）
浙江丽水	稻鱼共作	536.91	121.73	525.00	10 266.54	1 575.00
四川蓬溪	稻鱼共作	583.36	57.36	538.46	4 867.18	1 507.69
福建邵武	稻鱼共作	531.75	59.18	497.31	4 719.56	1 349.36
江西石城	稻鱼共作	79.73	93.18	72.00	5 636.73	3 744.00
湖南靖州、龙山	稻鱼共作	545.00	147.00	508.00	3 965.20	1 371.60

我国南方山丘区稻田的区域与青田相似，但是否适合推广和应用青田稻鱼系统模式，则需要从自然（气候、灌溉等）和经济条件方面进行深入分析。为此，我们以涵盖传统山区稻鱼共生系统的南方10个省份（浙江、福建、四川、贵州、广西、湖南、江西、云南、重庆和广东）为目标区域进行了推广潜力分析。通过构建了南方10个省份的稻田空间分布和地理信息数据库，通过指标的层级模型和线性加权评分的方法，从自然因素和社会经济因素两个方面初步确定了稻鱼共生系统不同推广

优先等级的地理分布与面积规模，并估测了不同推广情景下稻田的田鱼产量（胡亮亮等，2019）。

（一）南方地区稻鱼系统推广潜力分析

研究选取了影响稻鱼共生系统推广优先等级的15个基础评价指标。根据指标的属性构建了反映指标隶属关系的层级模型（图6-11）。决定推广优先等级的第一等级指标是自然因素和社会经济因素。自然因素等级之下可划分为气候资源、气候不稳定性和土壤条件3个方面；而社会经济因素等级之下可划分为稻田资源、推广便利性和经济水平3个方面。其中气候资源、气候不稳定性和土壤条件分别还能进一步细分。以此类推逐级划分指标，直到所有指标达到可定量测量的15个基础评价指标等级。

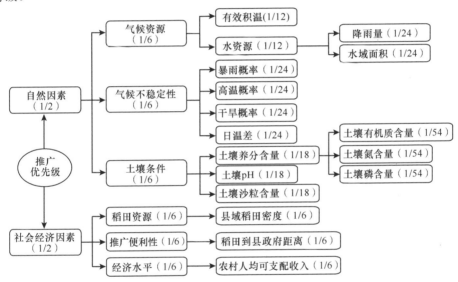

图6-11　稻田用于稻鱼共生系统推广的优先等级评价指标层次结构

括号内数字代表指标的权重

评价指标的权重是根据指标的等级关系确定的。所有指标的总权重为1，按照每个指标的下一级指标被赋予相同的权重的方法逐级分解权重，所得结果如图6-11所示，指标的具体说明见表6-10。

表6-10　评价指标说明（胡亮亮等，2019）

指标	单位	指标性质*	详细说明**
有效积温	d·℃	正向	生长季内≥10℃有效温度的总和
降雨量	mm	正向	生长季内总降雨量，不计微量降雨、雾、露和霜的降水形式

续表

指标	单位	指标性质*	详细说明**
水域面积	hm²	正向	稻田30km半径范围内的内陆水域面积。水域类型包括了河渠、湖泊和水库坑塘
暴雨概率	%	负向	生长季内发生日降雨量≥50mm的天数所占比例
高温概率	%	负向	生长季内日最高温≥35℃的天数所占比例
干旱***概率	%	负向	1998～2017年至少发生一次干旱的年份所占比例
日温差	℃	负向	生长季内日温差的总和
土壤有机质含量	10^{-2}mg/g	正向	表土层土壤的有机质含量
土壤氮含量	10^{-2}mg/g	正向	表土层土壤的氮含量
土壤磷含量	10^{-2}mg/g	正向	表土层土壤的磷含量
土壤pH	$-\log(H^+)$	双向	表土层土壤的水浸pH
土壤沙粒含量	湿重百分比	负向	表土层土壤的沙粒含量
县域稻田密度	%	正向	县级稻田面积占县土地面积的比例
稻田到县政府距离	m	负向	稻田栅格到县政府的欧氏距离
农村人均可支配收入	元	正向	县农村常住人口的人均可支配收入

　　* 正向指标指该指标值越大,指标对应的推广优先等级得分越高;而负向指标相反;双向指标指随着指标的增加,得分先增加后降低;

　　** 气象指标(除了干旱概率)是1998～2017年20个生长季(5月1日至10月31日)的平均值;

　　*** 干旱的判断标准:降雨量连续1个月小于20年平均值的20%,或连续两个月只达到20年平均值的20%～50%,或连续3个月只达到20年平均值的50%～75%

　　研究利用气象资料和农业统计数据,基于地理信息系统构建了研究区域内的稻田地理分布数据库。稻田和水域的空间分布数据(1km×1km栅格)、1km分辨率高程数据和土壤含沙量数据分别来自中国科学院地理科学与资源研究所发布的"2015年中国土地利用现状遥感监测数据"(http://www.resdc.cn/data.aspx?DATAID=184)、"全国DEM 1km数据"(http://www.resdc.cn/data.aspx?DATAID=123)和"中国土壤质地空间分布数据"(http://www.resdc.cn/data.aspx?DATAID=260)。气象数据来自国家气象信息中心的"中国地面气候资料日值数据集(V3.0)"(http://data.cma.cn/data/cdcdetail/dataCode/SURF_CLI_CHN_MUL_DAY_V3.0.html)。在该数据集中选取南方10个省份范围内的气象站点,提取每个站点1998～2017年5月1日至10月31日的日均温、日最高温、日最低温及从每日20:00至次日20:00降雨量的逐日数据。通过日降雨量数据计算每个站点生长季降雨量和半月降雨量。土壤有机质含量(http://www.geodata.cn/data/datadetails.html?dataguid=98241855364896&docId=8625)、N含量(http://www.geodata.cn/data/datadetails.html?dataguid=38868226583858&docid=8626)和P含量(http://www.geodata.cn/data/datadetails.html?dataguid=151018413039070&docid=8624)来自国家地球系统科学数据共享服务平台的土壤科学数据中心。土壤pH来自FAO的HWSD土壤数据集（https://www.hwsd.org/）。将所有土壤数据赋值给稻田栅格，建成数据库。

县农村常住人口人均可支配收入来自各省、市、县的2017年统计年鉴（如果没有发表2017年的统计年鉴，则用最近年份的统计年鉴数据）。

水稻播种面积来源于各省、市、县的2014年统计年鉴。若遇到某省、市2014年数据未发表，则使用最近年份的数据替代。为了获得尽可能高的空间分辨率，优先使用县级范围的数据。当某县级范围数据缺失时，依次采用以下3个方法直到获得数据：①已知水稻产量，则假设空间位置接近的地区的水稻单产水平一致，通过多个已知产量和面积的邻县的平均数据进行估计；②合并缺失数据的县，通过其所属市与其他县的播种面积的差值进行估计；③使用市级范围空间单元和数据。

利用播种面积估算稻田面积。对于单季稻稻作区，以播种面积作为稻田面积，而对于种植双季稻的区域在估算稻田面积时需要扣除复种面积。扣除复种面积的近似做法为：对于有早稻（夏收）和晚稻（秋收）统计的区域，以早稻、晚稻中面积较大者作为稻田面积的估计值；对于有早稻、中稻和一季晚稻、双季晚稻统计的区域，以早稻、中稻和一季晚稻的总和作为稻田面积的估计值。经以上方法估计得到10个省份稻田面积共$12.15 \times 10^6 \text{ hm}^2$。

基于自然因素得分（S_n）和社会经济因素得分（S_s），可将所有稻田栅格的推广优先等级分为4个等级（表6-11），并为不同的推广等级制定相应的推广策略。

表6-11 基于S_n和S_s的推广优先等级分类（胡亮亮等，2019）

等级	判断标准	策略
1	S_n和S_s都高于平均水平*	推广优先等级最高，适合大力推广集约型稻鱼共生模式
2	S_s高于平均水平但S_n低于平均水平	推广优先等级较高，适合推广集约型稻鱼共生模式
3	S_s低于平均水平但S_n高于平均水平	推广优先等级较差，适合根据实际情况推广粗放型或集约型稻鱼共生模式
4	S_s和S_n都低于平均水平	不适合推广，但可由农户自发性地采用稻鱼共生模式

* 平均水平是所有稻田栅格经稻田面积加权的平均值
注：S_n是自然因素得分，S_s是社会经济因素得分

稻鱼共生系统田鱼年总产出量（P）由单位稻田面积田鱼产量和实行稻鱼共生系统的面积决定。从推广的角度而言，实行稻鱼共生系统的面积可分解成稻田总面积和推广率（利用稻鱼共生系统的稻田占总稻田面积的比例）两个部分。

通过指标的层级模型和线性加权评分法对不同稻田的推广优先等级进行评估，并基于自然因素和社会经济因素的推广优先等级分值估算，研究区域内的稻田栅格可划分为4个推广优先等级，总体上来看，等级1和等级2的稻田比等级3与等级4具有更高的聚集性。

（二）南方地区稻鱼系统的发展潜力

属于最适合推广稻鱼共生系统的区域（等级1）和最不适合推广的区域（等级4）大约各占1/3，约为$3.6 \times 10^6 hm^2$，但是仅有16.85%的稻田属于等级2，约为$2.05 \times 10^6 hm^2$（表6-12）。

表6-12　研究区域内稻田不同推广优先等级的面积、得分和生产潜力（胡亮亮等，2019）

等级	稻田面积（$\times 10^6 hm^2$）	面积占比（%）	得分	推广模式	最大田鱼产量*（$10^6 t$）
1	3.59	29.55	0.54±0.04	集约型	3.77
2	2.05	16.85	0.49±0.04	集约型	2.15
3	2.94	24.20	0.46±0.03	粗放型	0.62
				集约型	3.09
4	3.57	29.40	0.41±0.03		

注：表中"得分"为平均值±标准差；*最大田鱼产量是指所有稻田都推广稻鱼共生系统时的田鱼总产量

通过田鱼产量估算简易模型的估算，等级1和等级2的稻田适合推广集约型稻鱼共生模式，这两个等级的稻田每个生长季可产出最大田鱼产量分别为$3.77 \times 10^6 t$和$2.15 \times 10^6 t$；而等级3的稻田适合进行粗放型和集约型模式相结合的推广方式，粗放型和集约型模式最大田鱼产量分别为$0.62 \times 10^6 t$和$3.09 \times 10^6 t$。

从分析结果看，不同省份的稻田总面积差异很大，而各等级稻田所占的比例也有明显的差异（图6-12）。湖南、四川、江西和浙江4省包含了等级1和等级2的大部分稻田，在省内面积占比都超过了50%。重庆的稻田中等级1和等级2的比例也达到了50%，不过在总量上明显小于前4个省份。而在广西、广东、福建、云南和贵州，等级1和等级2的比例都较小，尤其是云南和贵州的稻田基本上都属于等级3和等级4。

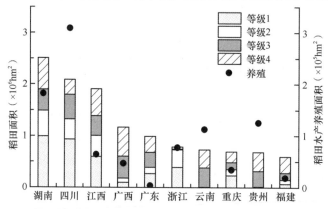

图6-12　不同省份稻田不同推广优先等级的面积和2016年稻田水产养殖面积（胡亮亮等，2019）
左右坐标轴尺度设置为10：1。柱图为稻田面积，黑圆点为稻田水产养殖面积

南方10个省份所有稻田目前仅有8%的面积被用于水产养殖。四川、云南、贵州、湖南和浙江是面积较大的前5个省份，其中，四川、云南、贵州的比例都超过了10%，远高于其他省份。

由于不同省份的推广潜力是不同的，因此所采取的推广策略也应该加以区别。湖南、四川、江西、广东、浙江和重庆6个省份现有稻田水产养殖面积远远没有达到等级1的稻田面积，应该首先着力在这些稻田上，大力推广集约型稻鱼模式；广西和福建的现有稻田水产养殖面积与等级1面积之间差距较小，应该在等级1稻田加以推广的同时，提高目前已有稻鱼共生系统的生产力水平，从粗放型和半粗放型模式向集约型模式转型。云南和贵州现有稻鱼共生面积已经大大超过等级1面积，这主要是因为两省的社会经济条件相对于其他省份而言处于最低的水平，而根据我们的分类标准，两省的稻田98%以上都属于等级3和等级4。云南和贵州的少数民族人口比例大，稻鱼共生系统是他们保障粮食安全和提高生活水平的重要生计手段，因此在自然条件较好的等级3稻田中大力推广以粗放型和半粗放型为主的模式是目前的重点，而且对现有稻鱼共生系统进行技术提升和政府资金支持也是非常重要的（方世贞等，2014；游峥嵘，2015）。

（三）南方地区稻鱼共生系统田鱼的预期产量

不同推广等级的最大田鱼生产潜力具有很大的差异，如图6-13所示，田鱼的预期产量（P）与推广率（r）呈简单线性关系。为了说明稻鱼共生系统推广率与田鱼生产潜力之间的关系，我们首先考虑所有田鱼产量均来自等级1和等级2稻田的情形。图6-14从二维的角度充分展示了田鱼预期产量与r_1（等级1稻田内稻鱼共生系统的推

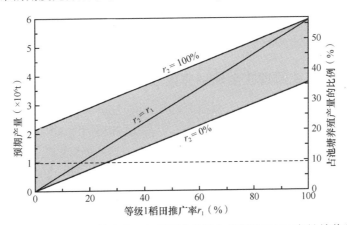

图6-13　等级1和等级2稻田不同推广率田鱼预期产量和与其相当的2016年池塘养殖产量的比例
实线表示在$r_1=r_2$的情形下，预期产量随着r_1增加的变化趋势。阴影部分代表预期产量的可能范围，阴影的上、下边沿分别代表$r_2=100\%$和$r_2=0\%$时预期产量随着r_1增加的变化趋势。虚线表示南方10个省份2016年的稻鱼共生系统田鱼总产量

广率）和r_2（等级2稻田内稻鱼共生系统的推广率）的关系。从计算结果看，等级1和等级2的稻田若完全推广稻鱼共生系统，能产生田鱼$5.9×10^6$t，约等于目前10个省份池塘养殖产量的55%。等级3稻田适合进行粗放型（E）和集约型（I）相结合的推广方式，在不同的推广率下也能获得可观的田鱼产量。各地区的实际情况不同，在粗放型（E）和集约型（I）比例上可能会有较大的差异，因此在田鱼产量预测上也有很大的变幅（图6-14）。从完全采用粗放型模式推广，到粗放和集约型比例相同，再到完全采用集约型模式推广，等级3稻田推广率（r_3）与等级1稻田推广率（r_1）相比，将分别具有约5∶1、2∶1和1.25∶1的当量比（即两个等级的稻田产出等量的田鱼所需要的推广率的比例）。

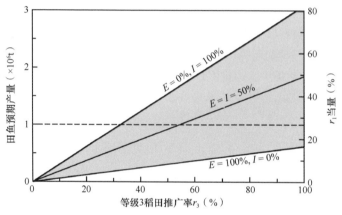

图6-14　等级3稻田基于不同推广率r_3和推广模式比例的田鱼预期产量和与其产量相当的等级1稻田的推广率r_1当量

E：粗放型模式的占比，I：集约型模式的占比。实线表示粗放型模式和集约型模式等比例推广时，田鱼产量随着推广率r_3增加的变化趋势。阴影部分代表预期产量的可能范围，阴影的上、下边沿分别代表全部推广集约化模式和全部推广粗放型模式下的预期产量随着r_3增加的变化趋势。虚线表示南方10个省份2016年的稻鱼共生系统田鱼总产量

二、青田稻鱼系统原理在全球稻作区应用的思考

全球稻田面积为1.63亿hm^2（Monfreda et al.，2008），主要分布在东亚和东南亚的国家与地区（Frei and Becker，2005）。全球稻田面积中90%以上处于不同程度的浅水状态之下，浅水环境不仅是许多水生生物天然的栖息场所，而且为养殖鱼、虾、蟹和鳖等水产动物提供了良好的条件（Halwart and Gupa，2004），也为稻田水产养殖提供了良好的基础。在东南亚的一些国家，利用稻田水土资源将水稻栽培与水产养殖相结合形成的稻-鱼农耕模式（此处的"鱼"是指水产生物的统称，下同）具有悠久的历史（Ruddle，1982；Halwart and Gupa，2004）。从20世纪初开始，印度尼西亚、马来西亚、菲律宾、印度、日本、印度、马达加斯加、苏联、匈牙利、保加利亚、美国及其他一些亚洲国家都进行了稻田养鱼的尝试，至20世纪中期，全

球六大洲的稻作区共28个国家都有了稻鱼系统的分布（Coche，1967），其中近年来以印度尼西亚、孟加拉国、越南、马来西亚、印度、泰国、埃及、菲律宾、日本等国家的发展较快（MacKay，1995；Little，1996；Halwart and Gupa，2004）。例如，2014年印度尼西亚设定了在全国范围内实现100万hm²稻田养鱼的目标，而孟加拉国也已经将发展稻田养鱼作为粮食安全保障的国家战略（Ahmed and Garnett，2011）。稻田养鱼的生产方式与当地的文化、经济和生态环境相结合，在保护当地生物资源多样性和维持农业可持续发展方面发挥重要作用。

大量研究已表明，稻鱼系统在保障粮食安全、保护资源和环境方面具有重要意义。当今世界农业面临资源短缺、环境恶化和食物安全等重大挑战，因而稻鱼系统获得了很好的发展机遇。

首先，由于海洋捕捞渔业对海洋生物多样性的影响，水产养殖成为满足鱼产品需求的重要途径，内陆淡水养殖也日益受到重视。

其次，淡水和耕地作为限制性资源日趋紧张。水产养殖与水稻种植的结合是提高有限的淡水和耕地利用效率的方式之一。

再次，和其他产业相比，水稻种植经济效益低下的问题日益突出，农户水稻种植的积极性受到影响，而稻鱼系统可降低农药化肥的投入，在不降低水稻产量的同时收获水产品，显著地增加了农民的收益，大大促进了农户种植水稻的热情，从而稳定了水稻生产。

最后，人们关于有机食品或绿色食品的意识正在逐步增强。稻鱼共作系统在生产过程中较少使用或不使用化学品，因而产出的稻米或水产品受到消费者的青睐。

虽然全球1.63亿hm²稻田面积中90%以上具备发展稻鱼系统的条件（Halwart，2006），但是目前稻鱼系统的比例仍很低。中国拥有灌溉条件良好的稻田2740万hm²，但其中进行水产养殖的比例也仅占4.48%（李娜娜，2013）。利用稻田资源发展高产高效、环境友好的稻鱼系统，仍面临很多挑战，需要进行如下几个方面的探讨。

（一）稻鱼系统的区域性

虽然具有良好灌溉和水源条件的稻田均可发展稻鱼种养模式，但不同水产生物对温度、土壤、水质、稻田状态要求均有所不同，不同区域的稻作区发展稻鱼系统的模式也不尽相同。例如，中华绒螯蟹要求水体和土壤的pH在7.0以上才能很好地完成其生活史；又如，中华绒螯蟹和中华鳖（*Pelodiscus sinensis*）对温度的要求不同，前者最适水温为20~24℃，而后者最适水温为27~33℃，生态幅狭窄；此外，中华绒螯蟹、小龙虾（*Procambarus clarkii*）等水产生物有打洞穴的习性，会破坏梯田式稻田的保水性。因此，发展稻鱼系统宜根据稻作区具体的情况选择适合的稻鱼共作模式。此外，不同稻作区发展稻鱼模式，也要考虑当地的市场需求和消费习惯。

（二）种养结合的技术体系

与水稻单种和水产生物单养方式不同，稻鱼系统中两大类生物共存在同一空间，因而稻鱼系统的种养技术在田间设施、品种选择、种养密度、肥水管理、饲料喂养等方面都将发生根本性的变化，可持续稻鱼系统的发展需要建立新的技术体系来支持。这一新的技术体系包括以下几个方面：①田间布局。引入水产生物的稻田系统，需要建立利于水产生物避难的田间设施（如沟、坑等）及防逃措施。设计沟、坑比较关键，研究表明，沟和坑面积比例小于10%将不影响水稻产量，十字沟、环形沟等均可较好地提供避难所，且产生很好的边际效应（吴雪等，2010）。②品种选择。选择适于深水的水稻品种和适于浅水的水产生物品系对稻鱼系统良好发展很重要。此外，水稻品种还应考虑高产、优质、耐肥、抗倒伏、抗病虫害等。③水稻种植方式和密度。研究表明，稻鱼系统中水稻适当稀疏种植（如大垄双行、宽窄行等）既有利于水产生物在稻田的活动，也有利于水稻群体的通风透光（孙富余等，2009；王永亮等，2013）。④稻田肥料管理。稻鱼系统中，由于投入的饲料未能完全被水产生物利用，残留在稻田中的饲料被分解后释放出来的氮、磷养分可被水稻利用，因此应减少水稻肥料的投入。研究表明，在水产生物（田鲤鱼）目标产量为1.5t/hm^{2}的情况下，由于水稻利用饲料中的部分氮素，可节省37%化肥氮（Hu et al.，2013）。⑤新型农业机械。稻鱼系统种养结合，对农田设施和农业机械提出了新的要求，如及时研制和配套适于稻鱼系统的水稻带水收割机、大垄双行插秧机、稻田开沟机等。

（三）规模化和品牌产品的创建

适当扩大规模、实行规模化种养是发展可持续现代稻鱼系统的重要因素之一。规模化稻鱼系统模式有利于农民提高水稻和水产品数量、质量及商品化程度，同时也有利于新技术（如新品种、新种养技术、新农业机械的采用等）的推广应用。

由于通常稻鱼系统中农药化肥的使用大幅度减少（在一些情况下甚至不用化肥农药），饲料以农家饲料为主（不含抗生素等），因而稻鱼系统可产出较高质量的水稻和鱼产品。如何让这些产品得到关注和消费者的接受，使产品获得较好的价格，也是促进稻鱼系统稳步发展的关键。实践表明，创建品牌是较好的途径之一。目前，稻鱼系统的稻米品牌有蟹田香米、蟹稻米、龙虾米、鱼米香、稻花鱼大米等，水产生物的品牌有田鲤鱼、清溪乌鳖、红田鱼、稻田河蟹等。这些品牌的创建明显提高了产品的价格，经营者的积极性得到提高，进而也促进了稻鱼系统的稳定发展。当然，在实践中也发现，注册了商标，并不等于创建了品牌。商标只是一个牌子，还不具备品牌效应。实践也证明，各级地方政府有积极推进公共品牌建设的责任，完全依靠经营主体去创建品牌，不利于推动稻鱼共生产业的区域发展。

参 考 文 献

方世贞, 李正友, 罗永成, 钟玲. 2014. 贵州省黔东南州稻田养鱼现状及发展对策. 贵州畜牧兽医, 38(1): 61-63.

广西壮族自治区水产技术推广站. 2020. 广西新型稻渔种养20例. 南宁: 广西人民出版社.

胡亮亮, 赵璐峰, 唐建军, 郭梁, 丁丽莲, 张剑, 任伟征, 陈欣. 2019. 稻鱼共生系统的推广潜力分析——以中国南方10省为例. 中国生态农业学报（中英文）, 27(7): 981-993.

焦雯珺, 闵庆文. 2015. 浙江青田稻鱼共生系统. 北京: 中国农业出版社.

李娜娜. 2013. 中国主要稻田养殖模式生态分析. 杭州: 浙江大学硕士学位论文.

卢宝荣, 朱有勇, 王云月. 2002. 农作物遗传多样性农家保护的现状及前景. 生物多样性, 10(4): 409-415.

任伟征. 2016. 传统稻鱼系统的遗传多样性及功能特征. 杭州: 浙江大学博士学位论文.

孙富余, 于凤泉, 李志强, 于永清, 田春晖. 2009. 稻蟹种养生产中水稻优化栽植方案初探. 辽宁农业科学, (2): 39-41.

王永亮, 冯春, 刘洪宇. 2013. 辽宁台安县稻田养蟹. 黑龙江科技信息, (19): 288.

吴雪, 谢坚, 陈欣, 陈坚, 杨星星, 洪小括, 陈志俭, 陈瑜, 唐建军. 2010. 稻鱼系统中不同沟型边际弥补效果及经济效益分析. 中国生态农业学报, 18(5): 995-999.

邢小燕. 1991. 贵州少数民族与稻田养鱼. 中国水产, (3): 45.

游峥嵘. 2015. 云南省稻田养鱼产业现状及发展对策研究. 武汉: 华中师范大学硕士学位论文.

诸葛菁. 2018. 农旅融合的对策探讨——以青田县小舟山乡为例. 丽水学院学报, 40(1): 40-43.

Achtak H, Ater M, Oukabli A, Santoni S, Kjellberg F, Khadari B. 2010. Traditional agroecosystems as conservatories and incubators of cultivated plant varietal diversity: the case of fig (*Ficus carica* L.) in Morocco. BMC Plant Biology, 10: 28.

Ahmed N, Garnett S T. 2011. Integrated rice-fish farming in Bangladesh: meeting the challenges of food security. Food Security, 3(1): 81-92.

Almekinders C, Louwaars N, Debruijn G, 1994. Local seed systems and their importance for an improved seed supply in developing countries. Euphytica, 78: 207-216.

Altieri M A, Merrick L C. 1987. *In situ* conservation of crop genetic resources through maintenance of traditional farming systems. Economic Botany, 41: 86-96.

Bisht I S, Pandravada S R, Rana J C, Malik S K, Singh A, Singh P B, Ahmed F, Bansal K C. 2014. Subsistence farming, agrobiodiversity, and sustainable agriculture: a case study. Agroecology and Sustainable Food Systems, 38: 890-912.

Boettcher P, Hoffmann I. 2011. Protecting indigenous livestock diversity. Science, 334: 1058.

Bonnin I, Bonneuil C, Goffaux R, Montalent P, Goldringer I. 2014. Explaining the decrease in the genetic diversity of wheat in France over the 20th century. Agriculture, Ecosystems & Environment, 195: 183-192.

Brush S B. 1995. *In situ* conservation of landrace in center of crop diversity. Crop Science, 35: 346-354.

Coche A. 1967. Fish culture in rice fields a world-wide synthesis. Hydrobiologia, 30(1): 1-44.

Deletre M, McKey D B, Hodkinson T R. 2011. Marriage exchanges, seed exchanges, and the dynamics of manioc diversity. Proceedings of the National Academy of Sciences of the United States of America, 108(45): 18249-18254.

Deu M, Sagnard F, Chantereau J, Calatayud C, Hérault D, Mariac C, Pham J L, Vigouroux Y, Kapran I, Traore P S, Mamadou A, Gerard B, Ndjeunga J, Bezancon G. 2008. Niger-wide assessment of *in situ* sorghum genetic diversity with microsatellite markers. Theoretical and Applied Genetics, 116: 903-913.

Dyer G A, Lopez-Feldman A, Yunez-Naude A, Taylor J E. 2014. Genetic erosion in maize's center of origin. Proceedings of the National Academy of Sciences of the United States of America, 111(39): 14094-14099.

Esquinas-Alcazar J. 2005. Protecting crop genetic diversity for food security: political, ethical and technical challenges. Nature Reviews Genetics, 6: 946-953.

Evanno G, Regnaut S, Goudet J. 2005. Detecting the number of clusters of individuals using the software STRUCTURE: a simulation study. Molecular Ecology, 14: 2611-2620.

FAO. 2007. The state of the world's animal genetic resources for food and agriculture. Rome: FAO.

FAO. 2013. *In vivo* conservation of animal genetic resources. Rome: FAO.

FAO. 2015. The second report on the state of the world's animal genetic resources for food and agriculture. Rome: FAO Commission on Genetic Resources for Food and Agriculture Assessments.

Frei M, Becker K. 2005. Integrated rice-fish culture: coupled production saves resources. Natural Resource Forum, 29(2): 135-143.

Halwart M, Gupa M V. 2004. Culture of fish in rice fields. Rome: FAO.

Halwart M. 2006. Biodiversity and nutrition in rice-based aquatic ecosystems. Journal of Food Composition and Analysis, 19(6-7): 747-751.

Hu L L, Ren W Z, Tang J J, Li N N, Zhang J, Chen X. 2013. The productivity of traditional rice-fish co-culture can be increased without increasing nitrogen loss to the environment. Agriculture, Ecosystems & Environment, 177: 28-34.

Jarvis D I, Brown A H D, Cuong P H, Collado-Panduro L, Latournerie-Moreno L, Gyawali S, Tanto T, Sawadogo M, Mar I, Sadiki M, Hue N T N, Arias-Reyes L, Balma D, Bajracharya J, Castillo F, Rijal D, Belqadi L, Ranag R, Saidi, S, Ouedraogo J, Zangre R, Rhrib K, Chavez J L, Schoen D J, Sthapit B, De Santis P, Fadda C, Hodgkin T. 2008. A global perspective of the richness and evenness of traditional crop-variety diversity maintained by farming communities. Proceedings of the National Academy of Sciences of the United States of America, 105: 5326-5331.

Koohanfkan P, Furtado J. 2004. Traditional rice-fish systems as Globally Indigenous Agricultural Heritage Systems (GIAHS). International Rice Commission Newsletter, 53: 66-74.

Labeyrie V, Thomas M, Muthamia Z K, Leclerc C. 2016. Seed exchange networks, ethnicity, and sorghum diversity. Proceedings of the National Academy of Sciences of the United States of America, 113(1): 98-103.

Little D C, Surintaraseree P, Innes T N. 1996. Fish culture in rainfed rice fields of northeast Thailand. Aquaculture, 140(4): 295-321.

MacKay K T. 1995. Rice-fish culture in China. Ottawa: International Development Research Centre.

Monfreda C, Ramankutty N, Foley J A. 2008. Farming the planet: 2. Geographic distribution of crop areas, yields, physiological types, and net primary production in the year 2000. Global Biogeochemical Cycles, 22(1): 1-19.

Myers N, Mittermeier R A, Mittermeier C G, da Fonseca G A B, Kent J. 2000. Biodiversity hotspots for conservation priorities. Nature, 403: 853-858.

Parra F, Casas A, Manuel Penaloza-Ramirez J, Cortes-Palomec A C, Rocha-Ramirez V, Gonzalez-Rodriguez A. 2010. Evolution under domestication: ongoing artificial selection and divergence of wild and managed *Stenocereus pruinosus* (Cactaceae) populations in the Tehuacan Valley, Mexico. Annals of Botany, 106: 483-496.

Plucknett D L, Smith N H J, Williams J T, Anishetty N M. 1987. Gene Bank and the World Food. Princeton: Princeton University Press.

Ruddle K. 1982. Traditional integrated farming systems and rural development: the example of ricefield fisheries in Southeast-Asia. Agricultural Administration, 10(1): 1-11.

Singh E, Sharma O P, Jain H K, Sharma A, Ojha M L, Saini V P. 2015. Microsatellite based genetic diversity and differentiation of common carp, *Cyprinus carpio* in Rajasthan (India). National Academy Science Letters, 38: 193-196.

Tang J J, Xie J, Chen X, Yu L Q. 2009. Can rice genetic diversity reduce *Echinochloa crusgalli* infestation? Weed Research, 49: 47-54.

Tiranti B, Negri V. 2007. Selective microenvironmental effects play a role in shaping genetic diversity and structure in a *Phaseolus vulgaris* L. landrace: implications for on-farm conservation. Molecular Ecology, 16: 4942-4955.

Vargas-Ponce O, Zizumbo-Villarreal D, Martinez-Castillo J, Coello-Coello J, Colunga-Garcia Marin P. 2009. Diversity and structure of landraces of agave grown for spirits under traditional agriculture: a comparison with wild populations of *A. angustifolia* (Agavaceae) and commercial plantations of *A. tequilana*. American Journal of Botany, 96: 448-457.

附录I 浙江大学生命科学学院101实验室关于稻渔共生生态系统生态学研究的论文、著作、专利和软件著作权

一、公开发表的论文（姓名尾部标注"*"者为通信作者）

陈坚, 谢坚, 吴雪, 杨星星, 陈欣, 洪小括, 唐建军*. 2010. 稻田养鱼鱼苗规格和密度效应试验. 浙江农业科学, (3): 662-664.

陈欣. 2018. 稻渔综合种养技术规范（第1部分：通则）解析. 中国水产, (7): 90-91.

陈欣, 唐建军. 2013. 农业系统中生物多样性利用的研究现状与未来思考. 中国生态农业学报, 21(1): 54-60.

丁伟华, 李娜娜, 任伟征, 胡亮亮, 陈欣, 唐建军*. 2013. 传统稻鱼系统生产力提升对稻田水体环境的影响. 中国生态农业学报, 21(3): 308-314.

郭梁, 任伟征, 胡亮亮, 张剑, 罗均, 谌洪光, 姚红光, 陈欣*. 2017. 传统稻鱼系统中"田鲤鱼"的形态特征. 应用生态学报, 28(2): 649-656.

郭梁, 孙翠萍, 任伟征, 张剑, 唐建军, 胡亮亮, 陈欣*. 2016. 水生动物碳氮稳定同位素富集系数的整合分析. 应用生态学报, 27(2): 601-610.

韩豪华, 周勇军, 陈欣*, 余柳青. 2007. 抗草潜力不同的水稻品种混合种植对稗草的抑制作用. 中国水稻科学, 22(3): 319-322.

胡亮亮, 唐建军, 张剑, 任伟征, 郭梁, Matthias Halwart, 李可心, 朱泽闻, 钱银龙, 吴敏芳, 陈欣*. 2015. 稻-鱼系统的发展与未来思考. 中国生态农业学报, 23(3): 268-275.

胡亮亮, 赵璐峰, 唐建军, 郭梁, 丁丽莲, 张剑, 任伟征, 陈欣*. 2019. 稻鱼共生系统的推广潜力分析——以中国南方10省为例. 中国生态农业学报, 27(7): 981-993.

史晓宇, 怀燕, 邹爱雷, 王岳钧, 赵璐峰, 胡亮亮, 郭梁, 吴敏芳, 唐建军, 陈欣*. 2019. 适于稻鱼共生系统的水稻品种筛选. 浙江农业科学, 60(10): 1737-1741.

唐建军, 胡亮亮, 陈欣*. 2020. 传统农业回顾与稻渔产业发展思考. 农业现代化研究, 41(5): 727-736.

唐建军, 李巍, 吕修涛, 王岳钧, 丁雪燕, 蒋军, 汤亚斌, 李坚明, 张金保, 杜军, 游宇, 李晓东, 李斌, 成永旭, 窦志, 高辉, 陈欣*. 2020. 中国稻渔综合种养产业的发展现状与若干思考. 中国稻米, 26(5): 1-10.

王晨, 胡亮亮, 唐建军, 郭梁, 任伟征, 丁丽莲, 怀燕, 王岳钧, 陈欣*. 2018. 稻鱼种养型农场的特征与效应分析. 农业现代化研究, 39(5): 875-882.

王寒, 唐建军, 谢坚, 陈欣*. 2007. 稻田生态系统多个物种共存对病虫草害的控制. 应用生态学报, 18(5): 1134-1138.

吴春华, 陈欣. 2004. 农药对农区生物多样性的影响. 应用生态学报, 15(2): 341-344.

吴敏芳, 郭梁, 王晨, 张剑, 任伟征, 胡亮亮, 陈欣, 唐建军*. 2016. 不同施肥方式对稻鱼系统水稻产量和养分动态的影响. 浙江农业科学, (8): 1170-1173.

吴敏芳, 张剑, 陈欣, 胡亮亮, 任伟征, 孙翠萍, 唐建军*. 2014. 提升稻鱼共生模式的若干关键技术研究. 中国农学通报, 30(33): 51-55.

吴敏芳, 张剑, 胡亮亮, 任伟征, 郭梁, 唐建军, 陈欣. 2016. 稻鱼系统中再生稻生产关键技术. 中国稻米, (6): 80-82.

吴雪, 谢坚, 陈欣, 陈坚, 杨星星, 洪小括, 陈志俭, 陈瑜, 唐建军*. 2010. 稻鱼系统中不同沟型边际弥补效果及经济效益分析. 中国生态农业学报, 18(5): 995-999.

谢坚, 刘领, 陈欣, 陈坚, 杨星星, 唐建军*. 2009. 传统稻鱼系统病虫草害控制. 科技通报, 25(6): 801-805.

谢坚, 屠乃美, 唐建军, 陈欣*. 2008. 农田边界与生物多样性研究进展. 中国生态农业学报, 16(2): 506-510.

杨星星, 谢坚, 陈欣, 陈坚, 吴雪, 洪小括, 唐建军*. 2010. 稻鱼共生系统不同水深对水稻和鱼的效应. 贵州农业科学, (2): 73-74.

张剑, 胡亮亮, 任伟征, 郭梁, 吴敏芳, 唐建军, 陈欣*. 2017. 稻鱼系统中田鱼对资源的利用及对水稻生长的影响. 应用生态学报, 28(1): 299-307.

Guo Liang, Hu Liangliang, Zhao Lufeng, Shi Xiaoyu, Ji Zijun, Ding Lilian, Ren Weizheng, Zhang Jian, Tang Jianjun, Chen Xin*. 2019. Coupling rice with fish for sustainable yields and soil fertility in China. *Rice Science*, 27(3): 175-179.

Hu Liangliang, Guo Liang, Zhao Lufeng, Shi Xiaoyu, Ren Weizheng, Zhang Jian, Tang Jianjun, Chen Xin*. 2020. Productivity and the complementary use of nitrogen in the coupled rice-crab system. *Agricultural Systems*, 178: 102742.

Hu Liangliang, Ren Weizheng, Tang Jianjun, Li Nana, Zhang Jian, Chen Xin*. 2013. The productivity of traditional rice-fish co-culture can be increased without increasing nitrogen loss to the environment. *Agriculture Ecosystems & Environment*, 177(2): 28-34.

Hu Liangliang, Zhang Jian, Ren Weizheng, Guo Liang, Cheng Yongxu, Li Jiayao, Li Kexin, Zhu Zewen, Zhang Jiaen, Luo Shiming, Cheng Lei, Tang Jianjun*, Chen Xin*. 2016. Can the co-cultivation of rice and fish help sustain rice production? *Scientific Reports*, 6: 28728.

Ren Weizheng, Hu Liangliang, Guo Liang, Zhang Jian, Tang Lu, Zhang Entao, Zhang Jiaen, Luo Shiming, Tang Jianjun*, Chen Xin*. 2018. Preservation of the genetic diversity of a local common carp in the agricultural heritage rice-fish system. *Proceedings of the National Academy of Sciences of the United States of America*, 115(3): E546-E554.

Ren Weizheng, Hu Liangliang, Zhang Jian, Sun Cuiping, Tang Jianjun, Yuan Yongge, Chen Xin*. 2014. Can positive interactions between cultivated species help to sustain modern agriculture? *Frontiers in Ecology and the Environment*, 12(9): 507-514.

Tang Jianjun, Xie Jian, Chen Xin*. 2009. Can rice genetic diversity reduce *Echinochloa crus-galli* infestation? *Weed Research*, 49: 47-55.

Tang Jianjun, Xu Liming, Chen Xin[*], Hu Shuijin. 2009. Interaction between C_4 barnyard grass and C_3 upland rice under elevated CO_2: impact of mycorrhizae. *Acta Oecologica-International Journal of Ecology*, 35(2): 227-235.

Xie Jian, Hu Liangliang, Tang Jianjun, Wu Xue, Li Nana, Yuan Yongge, Yang Haishui, Zhang Jiaen, Luo Shiming, Chen Xin[*]. 2011. Ecological mechanisms underlying the sustainability of the agricultural heritage rice-fish coculture system. *Proceedings of the National Academy of Sciences of the United States of America*, 108(50): E1381-E1387.

Xie Jian, Wu Xue, Tang Jianjun, Zhang Jiaen, Chen Xin[*]. 2010. Chemical fertilizer reduction and soil fertility maintenance in rice-fish coculture system. *Frontiers of Agriculture in China*, 4(4): 422-429.

Xie Jian, Wu Xue, Tang Jianjun, Zhang Jiaen, Luo Shiming, Chen Xin[*]. 2011. Conservation of traditional rice varieties in a globally important agricultural heritage system (GIAHS): rice-fish co-culture. *Agricultural Sciences in China*, 10(5): 754-761.

Zhang Jiaen, Xu Rongbao, Chen Xin[*], Quan Guoming. 2009. Effects of duck activities on a weed community under a transplanted rice-duck farming system in southern China. *Weed Biology & Management*, 9(3): 250-257.

Zhang Jiaen, Zhao Benliang, Chen Xin[*]. 2009. Insect damage reduction while maintaining rice yield in duck-rice farming compared with mono rice farming. *Journal of Sustainable Agriculture*, 33(8): 801-809.

Zhang Jian, Hu Liangliang, Ren Weizheng, Guo Liang, Tang Jianjun, Shu Miaoan, Chen Xin[*]. 2016. Rice-soft shell turtle coculture effects on yield and its environment. *Agriculture Ecosystems & Environment*, 224: 116-122.

二、学术著作

陈欣, 唐建军, 胡亮亮. 2019. 生态型种养结合原理与实践. 北京: 中国农业出版社.

陈欣, 唐建军, 胡亮亮, 何磊, 王晨. 2018. 长江中下游地区生态农场调查分析 // 高尚宾, 李季, 乔玉辉, 徐志宇. 中国生态农场案例调查报告. 北京: 中国农业出版社: 102-141.

骆世明, 陈欣, 章家恩. 2010. 农业生物多样性利用. 北京: 化学工业出版社.

闵庆文, 陈欣, 刘某承. 2015. 稻田生态农业: 典型案例研究. 北京: 中国环境出版社.

肖放, 陈欣, 成永旭. 2019. 稻渔综合种养技术模式及案例. 北京: 中国农业出版社.

Chen Xin, Hu Liangliang. 2018. Method 6: rice-fish co-culture // Luo Shiming. Agroecological Rice Production in China: Restoring Biological Interactions. Rome: Food and Agriculture Organization of the United Nation.

Chen Xin, Wu Xue, Li Nana, Ren Weizheng, Hu Liangliang, Xie Jian, Wang Han, Tang Jianjun[*]. 2011. Globally important agricultural heritage system (GIAHS) rice-fish system in China: an ecological and economic analysis // Li Pingping. Advances in Ecological Research. Zhenjiang:

Jiangsu University Press: 126-137.

三、获得授权及申请获得受理公开的相关技术国家发明专利

唐建军, 吴敏芳, 陈欣, 张剑, 任伟征, 谢坚, 胡亮亮, 孙翠萍, 吴雪. 2018. 一种适合于南方稻鱼系统再生稻蓄育的栽培方法: 中国, 201510187987.7.

唐建军, 奚业文, 陈欣. 2019. 一种稻田小龙虾生态育苗的方法: 中国, 201911325767.0.

唐建军, 奚业文, 陈欣. 2020. 一种稻田稻虾鳖生态养殖暨小龙虾苗种定向选育的方法. 中国, 202010422744.8.

唐建军, 谢坚, 陈欣, 胡亮亮, 吴雪, 李娜娜. 2013. 一种用于南方稻鱼系统中稻飞虱防治的方法: 中国, 201110066406.1.

唐建军, 谢坚, 陈欣, 胡亮亮. 2019. 一种原味田鱼干的制作方法: 中国, 201910327130.9.

奚业文, 唐建军, 陈欣. 2019. 一种稻田小龙虾秋放冬养春捕的方法: 中国, 201910981702.5.

四、国家认证通过的虚拟仿真实验系统与软件著作权

陈欣, 唐建军, 何磊, 程磊. 2019. 基于稳定性同位素技术的生态系统氮素运转虚拟仿真实验. 中华人民共和国教育部认证通过并在线使用.

陈欣, 唐建军, 何磊, 程磊. 2019. 基于稳定性同位素技术的生态系统氮素运转虚拟仿真实验. 中华人民共和国软件著作权, 登记号: 2019SR0848881.

附录 II 浙江大学生命科学学院101实验室关于稻渔共生生态系统生态学研究的博士后出站报告及博士、硕士和学士学位论文

一、博士后出站报告

胡亮亮. 2016. 稻鱼系统的生态效应及其在中国发展前景的初探.

任伟征. 2019. 稻鱼共生系统的土壤微生物特征.

二、博士学位论文

谢坚. 2011. 农田物种间相互作用的生态系统功能——以全球重要农业文化遗产"稻鱼系统"为研究范例.

胡亮亮. 2014. 农业生物种间互惠的生态系统功能.

任伟征. 2015. 传统稻鱼系统的遗传多样性及功能特征.

郭梁. 2020. 稻渔系统土壤氮素的维持及其生态学机理.

三、硕士学位论文

韩豪华. 2007. 利用水稻遗传多样性控制稻田稗草研究.

王寒. 2008. 农田系统中物种间相互作用的生态学效应：以传统稻鱼系统为研究范例.

吴雪. 2012. 稻鱼系统养分循环利用研究.

李娜娜. 2013. 中国主要稻田养殖模式生态分析.

丁伟华. 2014. 稻田水产养殖的潜力和经济效益分析.

孙翠萍. 2015. 水产动物对稻田资源的利用特征: 稳定性同位素分析.

唐露. 2018. 重要传统农业稻鱼鸭系统的水稻遗传多样性.

王晨. 2018. 稻鱼种养型农场的特征与效应分析.

四、学士学位论文

王宁婧. 2018. 传统农业系统中的遗传多样性研究——以贵州从江侗乡稻鱼鸭系统中水稻地方品种为例.

张恩涛. 2018. 稻鱼共作对土壤肥力及水稻产量的影响.

赵邦伟. 2018. 稻鱼型生态农场的经济分析.

王子豪. 2019. 稻鱼共生系统的土壤氮素特征分析.

林思琪. 2020. 稻鱼共生系统土壤甲烷排放相关微生物分析.